万川
reflections

一步万里阔

DEN NYE FISKEN

制造三文鱼

海洋生态危机与经济不平等

[挪威]西蒙·塞特尔(Simen Sætre)
[挪威]谢蒂尔·厄斯特利(Kjetil Østli)
——著
梁友平 李菁菁
——译

中国工人出版社

图书在版编目（CIP）数据

制造三文鱼：海洋生态危机与经济不平等 /（挪威）西蒙·塞特尔，（挪威）谢蒂尔·厄斯特利著；梁友平，李菁菁译. 北京：中国工人出版社，2024. 12. -- ISBN 978-7-5008-8481-1

Ⅰ. F316.49

中国国家版本馆 CIP 数据核字第 20249GU529 号

著作权合同登记号：图字 01–2023–4713

制造三文鱼：海洋生态危机与经济不平等

出 版 人	董 宽
责任编辑	杨 轶
责任校对	张 彦
责任印制	黄 丽
出版发行	中国工人出版社
地 址	北京市东城区鼓楼外大街 45 号 邮编：100120
网 址	http://www.wp-china.com
电 话	（010）62005043（总编室）
	（010）62005039（印制管理中心）
	（010）62001780（万川文化出版中心）
发行热线	（010）82029051 62383056
经 销	各地书店
印 刷	北京盛通印刷股份有限公司
开 本	880 毫米 × 1230 毫米 1/32
印 张	13.125
字 数	260 千字
版 次	2025 年 1 月第 1 版 2025 年 1 月第 1 次印刷
定 价	88.00 元

目　录

前　言

人类已征服世界，
现在将鱼作为下一个驯养目标

人类为何要驯养鱼类?

人类在进化的过程中，产生了可以站立起来的脚趾，直立行走的躯体，握紧和制造工具的双手，咀嚼食物的牙齿。人类可以长距离地追踪猎物，直到它们累得瘫倒在地，在人类面前瑟瑟发抖。

人类获取了火种，火让人类能够烤制和蒸煮食物、取暖、抵御天敌。此后，人类用于咀嚼食物的时间减少了，从而有了更多的时间思考。肉类食物富含的脂肪和营养，不仅赋予了人类充沛的精力，而且促进了大脑容量的增长。这有利于人类进行深入的思考，进而发展出规划和组织事务的能力。人类开始学习群居生活和团

队分工。在人类社群中，一些人采集坚果和浆果，哺育孩子；一些人用兽皮缝制衣服，制作箭头及其他的简单工具；还有一些人负责站岗放哨或狩猎。当各种动物逐渐围绕在人类周围的时候，人类又设计出了轮子进行迁移。人类逐渐学习了更多的知识，累积了更多的经验。在篝火旁取暖，并将火种保存起来。自此，大自然将舞台留给了非洲灵长类动物中拥有最大脑容量的那群动物，他们实现了进化过程中质的飞跃，开发了终极潜能。

当智人告别他们的远亲和近亲时——黑猩猩、狒狒以及弗洛勒斯人和直立人，狩猎工具已经被他们打磨得无坚不摧。人类的足迹逐渐遍布全球。人类成为技艺高超的猎人，所到之处，所有的大型动物——美洲乳齿象、猛犸象和爱尔兰麋鹿等——都倒在他们的“利刃”之下。此时，尼安德特人——人类的亲戚——已消失在历史长河之中。

然后，事情逐渐发生变化。人类越来越不愿意在森林和山谷中居无定所地生活。最后，人类找到一个地区，定居下来。一万多年前，许多人放弃了游牧、狩猎、采集野果的生活方式，开始在湿润、肥沃的地区安顿下来，并建立了部落，接下来是村庄、城镇和国家。人类社会中出现了酋长、规则和法律，人类开始以新的眼光看待自然。现在，人类学会了以“利用、征服、耕种、改造、培育”等方式对待大自然。人类曾经不断地寻找食物，而现在开始自主地制作和创造食物。一些研究表明，在新石器时期，人类的平均寿命是比较短的，身材也比较矮小，然而人口数量却实现了显著的增长。

发生这种变化的原因是什么？一种理论认为，随着人口数量越来越多，人类生活的主要区域里可捕猎的大型动物越来越少，而通过耕种获得食物变得更加可靠，特别是在气候发生变化的时候，这种获取食物的方式就变得愈加重要。如果人类存在的全部意义就是活着，就会忽略一些对人类而言至关重要的事情：好奇心和创造力，以及将命运掌握在自己手中的想法和动力。人类在驯服和驯化自然界生物的过程中，也经历过失败。但人类成功地“驯服了”——种植——野生小麦、水稻、大麦、豆角、豌豆、土豆。人类还捕捉了很多动物，但并未吃掉它们，而是把它们当作家养的牲畜。

野马是一种擅长跋涉的动物，人类将捕获的小野马驯养，它们长大后成为可以拉车和驮载重物的牲畜。人类还驯服了野牛，成功地捕获了丛林中的野鸡，并为了持续不断地获取鸡蛋和斗鸡而喂养它们。人类将野猪驯养成为一种更温顺的家畜，它可以提供大量的肉食，如人类喜欢的培根。人类还种植了很多种类的植物，并制造了相应的工具来进一步发展农耕事业。人类驯化了更多种类的动物，除了我们常见的马和牛，还有驴、水牛、骆驼、火鸡、羊驼、鸽子、鹅、牦牛、大象等数不清的动物。

当人类开始驯化野生动物，并干预它们的繁殖时，不知道这种行为会延续至今。今天，人类和牲畜的数量已经占据了这个星球上哺乳动物的96%。野生动物呢？它们为数不多，只占4%左右。

人类在驯化的过程中也让这些动物发生了一系列变化。查尔斯·达尔文曾对此进行了反思。他曾提出一个问题：为什么不同物种的家养动物会有很多共同点？

例如，动物在被驯化的过程中，其面部特征往往会发生改变。与野生祖先相比，被人类驯养的动物发育出下垂的耳朵、更小的牙齿、更小的大脑，它们身体中的肌肉量更少，但是胃囊变得更大。它们依赖母乳的发育期变得更长。特别是与它们的野生动物亲属相比，大脑萎缩了不少。

达尔文将此称为“驯化综合征”。人类驯化动物的目的是改变动物的行为和体型，使其繁殖出为自己所用的后代。通过这种方式，我们可以说，智人已变成“神”，或者说是一种像神一样的物种，统治着自然界。

人类在进化的过程中迈出了一大步，历经数万年，开辟了一条崭新的道路，但这是一条没有地图可用的道路。然而，我们需要知道，任何重大的变革都会伴随着相应的后果，有些后果在短期内是可以被预见的，但有些后果在更严重的问题产生之前是不可预见的。虽然在我们看来，人类的很多行为的出发点是善意的，但仍有可能对大自然造成无法弥补的伤害。

人类不断进化，并通过发明更多的机器开启了工业革命。然而，随着地球上人口数量不断增加，各地发生饥荒的消息也频繁地传来。于是，人类不得不想出新的办法应对饥荒问题。一场新的革命随之而来，它被称为绿色革命——人类如何才能更有效地生产出更多的食物？绿色革命建立在人类社会工业化的基础之上。机器在田间工作，肥料使植物快速生长，化学杀虫剂使人类能够对抗害虫和真菌。为了进一步提高肉类产量，人类利用工业原理，对已经被驯化的动植物进行繁殖。人类秉承理想主义，以极大的热情促使作物的产量达到最大化，并使动物生长速度变得更快。

然而，在这种有些盲目的乐观主义之下，或许隐藏着更大的危机。英国动物福利活动家露丝·哈里森在 1964 年撰写的《动物机器》一书中批评了人类社会中的"工业化畜牧生产""动物工厂"。美国海洋生物学家蕾切尔·卡森在 1963 年挪威文版的《寂静的春天》一书中，向人类社会警告了化学杀虫剂的危险。杀虫剂在消灭病虫害的同时，可能也会对包括人类在内的其他物种，造成化学伤害。许多杀虫剂会在自然环境中残留多年。一些人将其称为污染物，而这些污染物毒害人类的方式，与其使用范围和扩散度有关。

当今活跃在全球的许多环保运动组织认为，工业化对农业产生的影响，对人类的生活方式产生了副作用。看起来我们生活得更富有了，但这对地球上的其他物种造成了伤害。人类的各类活动污染了大气层，污染了海洋，在地图上再也找不到一块未被人类染指的土地。

根据生物学家爱德华·O. 威尔逊的说法，人类对地球的破坏，不但给自己，而且给其他物种带来了危险。他认为，今天的世界“拥有星球大战的文明、石器时代的情感、中世纪的制度和神一样的科技”，人类“除了在大部分时间里表现得像猿类和基因有限的生命，在其他时间中就像‘神’”。

从这个角度来看，人类的智慧和创造欲实际上是自身的敌人。这个概念在歌德的《浮士德》和玛丽·雪莱的《弗兰肯斯坦》中都得到了深刻的反映。在这些作品中，人类用自己的大脑创造了伟大但令人非常恐惧的事物。在歌德的笔下，人类的雄心勃勃的计划破坏了大自然的平衡，酿成了社会发展的悲剧。雪莱认为，人类进行的新发明实际上是制造怪物。

面对这些警告，不少人仍然保持乐观。他们认为，智慧已经让人类发展到了今天，那么它也可以拯救人类。人类可以通过开展新的研究和智能创新来解决问题。如果气温变高，人类将开发新技术来改变这种状况。如果大气中充满了二氧化碳，人类将收集这些气体，并予以净化。如果这个地球上的野生动物被吃光了，人类还可以饲养更多的牲畜。如果海里的鱼变少了呢？人类可以养殖更多的鱼来作为我们的食物。

是的，海里的鱼。这样来看，难道它们不应该被人类驯化吗？

有人说，人类对鱼的驯化，始于河流干涸时搁浅在河底的鱼。也有人认为，人类最初驯养的鱼，是那些在涨潮时游入潟湖，退潮时滞留在湖中的鱼。确实，在当今的欧洲，人类驯养鳟鱼的经验已经非常丰富——建立孵化场，再将孵化出来的幼鱼放归江河。人类可以建立一套成熟的鳟鱼养殖体系。

还有一些人在驯养鱼类的过程中发现了商机。人们最喜欢吃哪种鱼？最愿意为哪种鱼从腰包里掏出更多的钱？

三文鱼！

是的，三文鱼，鱼中之王，它们能在瀑布和激流中逆流而上。这种美丽又狂野的生物，鳞片闪闪发光，鱼肉看上去是非常诱人的橘红色，充满了神秘感，也进一步激发了人们的食欲。这是一种非常适合节日聚餐和高档餐厅烹饪的高档鱼。

那么，人类能否成为三文鱼的主人？

人类已经是牛、羊、猪、马、鸡、猫、骆驼、狗的主人了……但是三文鱼呢？20世纪50年代，一些人开始尝试在海峡使用浮网捕捞三文鱼。他们把野生三文鱼困在峡湾和小海湾里，但三文鱼表现得狂野不安，难以被驯服。

接下来，我们就要开始讲述为何撰写这本书了。我们二人于2016年开始对挪威的三文鱼养殖业进行调查，撰写了一系列调研报告和文章。在这个过程中，我们获知，许多在挪威从事三文鱼研究的人员一直感到被打压。我们试图对他们进行电话采访，但结果令人震惊。“我不想讨论这件事。这会毁了我的假期。”一位研究人员在电话中说。另一个人则直接拒绝接听我们的电话。在我们试图进行电话采访的人员中，三分之一接听电话的人告诉我们：“如果你在挪威对三文鱼有任何负面的看法，那么必须做好可能会遭受打击的思想准备。”

今天，我们生活在挪威这样一个海鲜大国。然而，这些在挪威从事三文鱼等鱼类养殖的研究人员，因为三文鱼陷入了麻烦和冲突，并为此遭受某种打击。

他们害怕被人们认为在三文鱼的问题上持负面态度，害怕失去政府、机构和公众的信任。他们中的一些人甚至已经被迫离开了这个领域。这给我们留下了深刻的印象。科研人员应该寻求真理，为人类社会提供知识。当他们不敢公开发表自己的意见时，对于挪威社会来说，这或许是一个不祥之兆。

在我们调研的过程中，挪威这个“海鲜大国”似乎是一个充满未解之谜和争议的地方。在一个以金钱说话的地方，必然存在着一些双重角色，一些人既是批评者，又是活动家。在三文鱼产业中，很多律师的“神秘客户”想攻击三文鱼研究机构，以及那些给挪威政府写秘密邮件曝光三文鱼问题的说客。挪威的三文鱼养殖业可谓是一个前线战场。

付出了5年的努力，我们终于明白了事情的真相，并带着不断发现的新问题进行深入调查。在过去的几十年间，一个让人富得流油的产业在挪威诞生了。据《福布斯》报道，当今世界上30岁以下最富有的人中，有3位是挪威三文鱼养殖企业继承人。在过去的10年间，涌现了37名新的海鲜产业的亿万富翁。他们受到政府的欢迎，受到行业媒体的吹捧，受到憧憬着三文鱼养殖的光明未来的政界人士的赞扬。世人将其称为挪威的“三文鱼神话”。在挪威，受到行业赞助的书籍不断出版，政府机构也对“三文鱼神话”大加称赞。挪威的政治家认为，如果未来某一天挪威的石油资源枯竭了，三文鱼养殖业可以拯救这个国家，政治家还将三文鱼养殖业纳入了可持续性发展、对气候友善和为全世界的人类提供食品的重要规划。

上述种种做法都为“三文鱼神话”清除了障碍，让它在挪威蓬勃发展。我们听不到任何批评意见，它们都被官方驳回了。另外，在昂贵的律师费的加持和说客的活动影响之下，这个行业里的所有障碍纷纷倒下。但这种财富和权力的建立，是以牺牲其他事物作为代价的。养殖三文鱼本身不会说话，它们是人工培育的，网箱中的三文鱼生长速度飞快，甚至它们的心脏会因发育过快无法承受压力而破裂。而以三文鱼身上的海虱为生的濑鱼，也因为在拥挤不堪的网箱中工作而死去。挪威峡湾中的小虾、龙虾和其他鱼类，甚至包括挪威野生三文鱼，都被认为是“濒危物种”——挪威的科研人员也在对此进行研究。但问题在于，一方有权力、金钱和政府的支持，另一方则缺少必要的资金和支持。

在调查的过程中，我们发现“三文鱼神话”自诞生以来始终伴随着诸多问题。当问题出现时，人类的解决方法又过于草率。不久之后，糟糕的后果就伴随而来，而更多的问题也纷至沓来。人类终于意识到，挪威的三文鱼养殖业并不是什么神话，而是一系列人类行为导致的种种意想不到的后果，并产生了大量问题。

当人类将一个新物种放入挪威的峡湾，并按下了“生存”的开始键，接下来会发生什么?

这就是我们想要回答的问题。这个问题的答案就在这本书中。

现在，让我们一起开车上路，去拜访开创这个“神话”事业的先驱吧!

1

“新鱼种”诞生

我们的车在坐落于一条僻静街道上的小房子前停了下来，这里距奥斯环境和生物科技大学仅几步之遥。

一位身着格子衬衫和灰色毛衣的91岁老人在门口迎接我们。他眯缝着眼，抿着嘴，行动依然敏捷。他看起来身体健康，依然对生活怀抱着强烈的好奇心。他告诉我们，他一直工作到88岁才离开工作岗位。一双用木头制作的鞋摆放在他家门口的台阶前。他的名字叫特里格沃·耶德莱姆。

请大家记住这个名字：特里格沃·耶德莱姆。正是他开创了挪威三文鱼养殖的历史。如果你沿着挪威的海岸线驾车行驶，能够看见不少三文鱼养殖设施，这些都是他的“智慧结晶”，他可以被称为挪威创造三文鱼亿万财富的鼻祖。

一开始，耶德莱姆不愿过多地和我们谈论自己的事情，他更愿谈论关于他的老师的事情。

“我的老师是哈拉尔·谢沃尔德。他一直在沿着挪威的海岸线进行研究和观察，寻找科研课题。‘在这里可以做些什么!’他对我讲过挪威三文鱼养殖业先驱的事迹。‘这些人需要帮助!他们不能这样饲养野生动物，’我的老师告诉我，‘野生动物不适合圈养在一个渔网里。’”

谈起他的老师，这位91岁的老人非常激动，能够感到他对老师的崇拜之情。

“谢沃尔德的思想非常活跃，总是在思考着如何创新。”

我们走进耶德莱姆的小房子，坐下来一起喝了杯咖啡。我们从20世纪60年代谈起。当时有一家名叫美威的小公司，开始在挪威的小海湾里，使用网箱养殖三文鱼。渔民格兰特维特兄弟（斯沃特、奥沃）后来发明并制作了更大的网箱，他们将野生三文鱼放入其中，再将大型网箱置入大海，最终取得了巨大的成功。于是，他们通过养殖三文鱼赚到大钱的消息在挪威沿海地区传开了。

“不过，这种网箱中的野生三文鱼的生存状态其实存在很大的问题，它们看起来非常不安。谢沃尔德对我说：‘我们的工作来了！我们必须帮助他们发展这个产业！’”

于是，耶德莱姆成为见证挪威三文鱼养殖业腾飞的重要一员。

早年间，耶德莱姆的研究领域是养殖羊。他的家族在挪威是专业的养殖户，他发表的绝大多数科研论文的主题都是养殖羊。按理说，他本应将毕生精力奉献给挪威的养殖羊研究事业。但20世纪60年代在美国访学期间，他改变了研究课题。因为耶德莱姆在那里结识了世界知名的科研人员杰伊·劳伦斯·勒什，后者是家畜基因和繁殖研究领域的世界顶尖学者。有些人将勒什称为科学繁殖方法的创始人，而这种方法也是绿色革命在人类社会不断发展的重要助力之一。

当时，一阵利用工业工艺进行高效的食品生产的风吹遍了全世界。这阵风，或者说这种大趋势，让学习农业的耶德莱姆前往美国进行改良羊毛品质的繁殖研究。后来，谢沃尔德也来到美国，当时他是挪威家畜繁殖研究所的教授。当时还是一名年轻学者的谢沃尔德拍着耶德莱姆的肩膀说：“我们必须到沿海地区去，去那里进行研究。”谢沃尔德认为，他们可以将家畜繁殖的原理应用于三文鱼养殖研究，将更多的农业知识用于鱼类研究。

最初，耶德莱姆对此持怀疑态度。

他说：“我对三文鱼一窍不通。”但谢沃尔德鼓励他说："我们都一样！"

谢沃尔德是一位有远见的人，他的心中有着宏伟的规划。他回到挪威首都奥斯陆后，立刻约见了当时的挪威农业大臣。谢沃尔德将关于养殖三文鱼的想法向挪威农业大臣和盘托出，并得到了认可，挪威农业部为他拨了专项研究款。于是，谢沃尔德派出自己的学生，并告诉他们："我们将沿着挪威的海岸线寻找一个最合适建立三文鱼研究站的地方。"最终，他们将位于挪威莫勒·鲁姆达尔郡的松达瑟拉选定为研究站所在地。

年轻的耶德莱姆从美国回来后，紧张不安地驾车回到以养羊为生的父亲家，他需要向家人说明这件事。

他的父亲问："你要从事三文鱼研究工作？这是为什么？"

耶德莱姆向父亲解释了他们的想法，父亲则一脸严肃地看着自己的儿子。

"特里格沃，你作了一个错误的决定。"

站在耶德莱姆后面的兄弟也默不作声。不过，尽管父亲极力反对，耶德莱姆还是离开了曾经的研究领域，开始致力于三文鱼研究。

耶德莱姆两手紧握在一起，激动地告诉我们："我们当时全身心地投入了这项事业！"

让我们一探当时三文鱼养殖研究站的风貌。远远望去，它宛如一座工厂中的庞大车间，内部井然有序地排列着 216 个巨型水槽。在这些水槽的底部，无数个细小的黑色身影在水中穿梭，而清澈的水流在水槽中潺潺流动，发出轻柔的水声。整个车间内弥漫着饲料特有的气味，同时，垃圾粉碎机处理鱼粪时溅出的残渣，时不时地沾到衣物上。研究人员手持记录本，围绕养殖设施巡视，一切工作在耶德莱姆的指导下有条不紊地进行。他负责将从挪威主要三文鱼产区河流中捕获的鱼类集中至此。不时有人送来装有受精鱼卵的玻璃或塑料容器，这些珍贵的货物通过陆路、水路或空运抵达。研究站中的鱼卵来自挪威各地的河流，包括沃苏河，那里的三文鱼因经历洪水和激流的洗礼而格外肥美。纳姆森河也汇集了来自欧洲各地的三文鱼鱼卵。还有来自阿尔塔河的鱼卵，那里是挪威国王的垂钓胜地。在这些大型水槽中，小鱼苗来自挪威的多条河流，如默尔克河、尼达尔河、莱达尔河、埃特纳河、苏尔那河、德利瓦河、劳玛河以及尕玉拉河。

耶德莱姆不满足于仅仅从41条挪威河流和1条瑞典河流中获取遗传物质。每条鱼都有独特的特点，它只适应自己曾经生活过的河流环境。有的鱼来自漫长的河流，为了逆流而上，它们的体内储备了大量脂肪。而有的鱼来自挪威北部较短的河流，因此它们必须迅速成长，以便在短暂的夏季完成产卵。

这些鱼拥有独特的个性，洄游本能深植于它们的记忆深处。它们在河流中成长至足够大后，便开始寻找通往海洋的咸水之路，然后在大海中巡游数年。对于人类来说，几年后它们如何通过嗅觉或体内的导航系统精确地洄游到出生和生活过的河流，仍是一个谜。

然而，此时此刻，这些鱼在研究站的大水槽中游动，每天的生长情况都被测量和记录，哪条鱼长得快，哪条鱼体重最大。

耶德莱姆回忆道："最初，情况令人非常担忧。"当他走进车间时，水槽中的鱼惊慌失措，试图像在河流中那样隐蔽起来。在新环境中，它们非常紧张。此外，许多鱼神秘地消失了。研究人员记录下消失的数目，鱼的数量减少成为一个未解之谜。最终，耶德莱姆找到了原因。

"我发现有的小鱼有'两个尾巴'，也就是说一条鱼正在吞食另一条鱼，它们相互吞食。"三文鱼是食肉动物，甚至会吃同类。"人们如何驯养一只野生动物呢?"耶德莱姆潇洒地坐在椅子上，摘下一个助听器，将听力最好的耳朵对着我们。

他解释说，一些鱼比其他鱼更能适应水槽生活。经过三代繁殖，新的鱼苗停止了相互吞食。

"我们更倾向于推荐来自纳姆森河的三文鱼。但我们选择的养殖河流不仅限于纳姆森河，还包括许多条河流，它们被推荐给养殖者建立养殖设施。被精选出的鱼生长得更快、寿命更长。"

基因杂交导致新孵化的三文鱼的特性发生了变化。为了找出最佳的养殖三文鱼品种，研究人员与养殖者进行了合作。他们向养殖业的先驱——格兰特维特兄弟——送去了幼鱼，这些幼鱼已经准备从河流游向海洋。

“一天，斯沃特来到研究站，他严肃地对我说：‘特里格沃，这条鱼很特别。’我问他：‘怎么回事?’他回答说：‘这条鱼异常平静，而且生长速度惊人。’这是斯沃特亲眼所见！斯沃特讲述这个情况后，许多人都想尝试养殖三文鱼。”这是一个重大突破。

“我们清楚地看到，驯养三文鱼成功了，它开始像一种家畜了。”耶德莱姆拿出了书籍和泛黄的文件，他一页一页地翻阅，指着其中一页上的曲线图，展示了三文鱼的生长情况。

“第一代是野生三文鱼，然后我们精心挑选了快速生长的品种。”耶德莱姆的声音低沉，语速也变得缓慢。“我们观察到了15%的增长率！”他激动地敲打着桌子，以至咖啡都从杯子里溅了出来。“仅仅经过一代的繁殖，就增长了15%。你可以想象大家庆祝成功时的激动心情！”他向我们展示了一本书，书名是《饲养三文鱼（像家畜一样饲养）》。这本书是基于他授课的讲义撰写的，详细地记录了他的整个实验过程。

书中阐述了繁殖工作的唯一一个目的——生产出一种符合消费者口味的新鱼种。归根结底，这一切都与基因有关。每一个基因在鱼体内都扮演着特殊的角色。在繁殖过程中，人们需要充分利用基因的潜力，通常这是通过精心选择实现的。关键是繁殖的方法。如果将动物在近亲之间进行交配，这被称为近亲繁殖，那么鱼可能变得非常相似，生命力也可能变得很弱。

“清洁繁殖”这个概念在动物养殖领域，特别是在水产养殖中，指的是一种避免近亲繁殖的育种方法。具体来说，它涉及将无血缘关系或血缘关系较远的同一物种生物进行配对繁殖。这种方法可以充分利用遗传多样性，通过精心选择和配对，以期获得具有理想特征的新品种，如生长速度快、抗病能力强、肉质好等。

想象一下，当实验取得如此卓越的成果时，研究人员有多么兴奋！再看看那些统计数字的上升曲线和表格！

那么，未来还要进行什么实验呢？是将三文鱼与淡水鳟鱼进行交配？还是将鳟鱼与北极红点鲑鱼进行交配？

此后，研究站还进行了不同物种之间的杂交实验。很快，人们看到水槽中出现了一些奇怪的鱼，红点鲑鱼、淡水鳟鱼、海水鳟鱼与三文鱼混养在一起。当投放驼峰三文鱼时，鱼都死了。但是当投放彩虹鳟鱼时，研究人员发现，“水变浑浊了，它们的染色体可以相互配对了”。这表明在某些情况下，不同物种之间的杂交可能导致染色体的相互作用，尽管这可能带来一些不可预测的后果。

杂交三文鱼与北极红点鲑鱼一度被看好，经过三年培育，新品种在多个方面超越了亲本。但鱼身上异常的颜色变化引起了销售者的担忧，导致实验项目最终被放弃。

1975 年，研究人员注意到了死鱼现象：鱼身覆盖着黏液，呈现蓝色，鱼儿受真菌折磨，且身体内外寄生虫肆虐。三代虫的折磨让鱼很痛苦，这种寄生虫在挪威是新出现的，进而引发了对其来源的疑问。有人猜测，寄生虫可能与瑞典进口鱼苗有关。

此后，这种寄生虫传播开来，当时挪威的 50 条河流都被它们入侵了。

一个新的议题——生物安全——摆在了挪威这个年轻的三文鱼养殖国家面前。看来，跨过国界运送生物物质，导致三文鱼养殖业面临着很大的风险和挑战。

“对于我们这些研究人员而言，那确实是一段颇为煎熬的时期。”耶德莱姆在自己的著作中回忆道。

当时，各地的人们纷纷热议着发展与丰收，而在众多话语中，最关键的便是“促进鱼类增重”。耶德莱姆身体微微前倾，再次轻敲桌面，强调着他们取得的成就：“我们从培养水槽中筛选出生长迅速的鱼种，然后将它们送往养殖场。成效如何呢？结果显而易见！我们的三文鱼在养殖环境中茁壮成长，为养殖业带来了意想不到的高效益。”

随着胜利的希望在他心中重新燃起，他的眼中闪烁着兴奋的光芒。他们接下来的目标是培育出更优质的养殖三文鱼，改进饲料，提高鱼的抗病能力，推迟性成熟以避免过早繁殖消耗体力，并塑造理想的三文鱼体型。如果鱼的体型参差不齐，消费者往往会认为质量不佳。他们致力于提升三文鱼的品质，调控肉质的脂肪含量，确保鱼肉呈现恰到好处的橘红色。

他们发现，通过稍微提高水温、增强光照，能够提高三文鱼的生长速度。

当被问及是否对三文鱼产生了感情时，耶德莱姆靠在椅背上，谨慎地回答："我不敢这么说，这和养一条狗的感觉毕竟不同。"

耶德莱姆的书架上，摆满了鱼类繁殖的专业书籍，以及一些基督教文学作品，透露了他作为基督教徒的信仰。"如果'人们不篡改造物的规则'，你会怎样认为呢？"这个问题让他有些惊讶，但实际上，人们并不需要对此过分深思。"如果我能减少一半的饲料消耗，同时增加财富，那么繁殖工作无疑是积极乐观的。我认为，繁殖家畜的工作是对人类文明作出的最好的贡献之一。"他说道。"然而，难道人们不是依然遵循着造物的规则吗？"他反问道。"我还想提出关于基因技术的问题。"他继续说。

"你对当今的三文鱼养殖产业有什么看法？"

"我非常振奋，从未有人见过规模如此之大的养殖产业。就连谢沃尔德也未曾见过。看看我们的沿海地区吧！回想 1971 年，那时它是个新鲜事物，但后来它变成一个传奇。所有这一切都发生在我们的有生之年。”

繁殖工作自1971年开始，此后每一代三文鱼繁殖都能带来15亿挪威克朗的利润。在国际评估中，该研究站的研究条件被认为是世界顶级的。这个研究站经历了多次变革，最终归属水基因（AquaGen）公司，后来被全球最大的家禽育种集团EW集团收购。耶德莱姆在三文鱼养殖业之外并不出名，但他获得了美国作家保罗·格林伯格的认可，被誉为“三文鱼养殖之父”。

耶德莱姆博士的三文鱼养殖项目的基因库源自41条挪威河流，如今这些三文鱼已在世界各地的养殖设施中繁衍生息。与野生同类相比，养殖三文鱼的生长速度几乎快了一倍，为全球数百万名寿司爱好者提供了鲜美的食材。现在，让我们回顾获得这一成就的历程。这些充满希望的实验如何转变为耶德莱姆毕生从事的科研项目。

2

建功立业的先驱

1975年冬季，一张具有历史意义的照片记录了发生在挪威海岸线上的一幕：三位男士驾驶着一辆改装大巴，沿着海岸线缓缓行驶。这辆大巴不仅是他们的交通工具，而且是他们的居住和工作空间——内设床铺、办公室以及一个微型实验室。他们亲切地将这辆车命名为“宝瓶座”。这个团队由海洋学家奥拉夫·汉森领导，辅以他的助手考尔·桑德托夫和秘书尼尔斯·瑞斯奈斯。他们每到一个养殖场，便会停下车来，敲响养殖户的门，与他们交流。养殖户充满好奇：他们是谁？他们从哪里来？他们还去过什么地方？其他养殖户又是如何评论的？

在《1974年和1975年养鱼场登记报告》(以下简称《报告》)中，汉森和他的团队记录了沿海之行的所见所感。他们描述了那些身着毛衣的男性如何在峡湾中忙碌地修建网箱或掌舵航行。空气中弥漫着海藻、海水和鱼内脏的混合气味。那些自制的简陋网箱，常常被随意地钉在一起，漂浮在水面上。养殖户每天做的第一件事便是检查这些网箱是否正常，然后在夜幕降临前再次巡视。尽管他们身处这股浪潮之中，怀揣着赚钱的希望，但对于未来的发展方向知之甚少。这正是一个充满开拓性的时期，从业者正处于摸索之中。他们饲养的是一种并不完全了解的鱼类。在松达瑟拉研究站，人们确实在繁殖一种优良品种三文鱼。这些鱼被圈养在网箱中，但本质上仍然是野生三文鱼。突然，所有的鱼都死了，没有人知道它们患了什么病。打电话给兽医是没有意义的，因为兽医也不知道该如何提供建议。

《报告》的作者——“宝瓶座”上的三位调查者——指出，渔民的知识水平普遍较低，为他们举办专业培训班是迫在眉睫的任务。他们还提到，大多数养殖户在没有实践经验和培训经历的情况下开始驯养新物种。虽然那些与牲畜打交道的人可能具有一定的优势，但在海水中建造养殖设施并饲养鱼类，并非易事。三人小组一共记录了180个养殖场，其中156个是所谓的规模比较大的，也就是说每个养殖场的年产量是1000多千克。其他的养殖场大多是由业余爱好者建造的，因此很难统计。此外，不断涌现出未被登记的、不规范的养殖设施，包括未被承认的人工授精鱼卵孵化场。违法鱼类屠宰、养殖事件比比皆是。

《报告》记录的最严峻的问题是养殖环境的卫生状况。《报告》的作者对水质进行了细致的检测，包括溶解氧含量、盐度、温度以及海底沉积物。他们发现，养殖网箱间距过近，且多建于浅水区，导致鱼类排泄物和残余饲料随处可见，鱼类的生活环境极为恶劣。作者强调，“在挪威，没有哪个食品生产行业的卫生规则比这里更匮乏”，饲料投放设备从未被彻底清理，养殖场周围随处可见腐烂的饲料残渣、废料和设备，散发出刺鼻的恶臭。作者对这些养殖场产出的鱼是否适合制作腌鱼表示怀疑，认为在如此糟糕的卫生条件下，鱼类很难存活。这种情况普遍存在，并将对未来市场产生严重的负面影响。

《报告》还指出，投喂饲料是一项费时费力的工作。养殖户购买了大量冷冻毛鳞鱼、鲱鱼和鳕鱼内脏，这些饲料磨碎后，需要手工投喂给三文鱼。如果毛鳞鱼变质，三文鱼便会生病。许多渔工因长期投喂饲料而手腕受伤。《报告》中写道：“在如此原始且劳动密集的饲料加工和饲养技术下，任何现代畜牧业部门都无法生存。”

鱼类疾病的快速传播也是养殖业面临的问题。在挪威西部沿海地区，估计有 80%～90%的养殖鱼类患有弧菌病，这是一种导致鱼类失去食欲、出现溃疡和脓肿的细菌性疾病。在某些地区，甚至有一半的鱼在宰杀前就已经死亡。此外，养殖网箱周围还有大量野生鱼类，如绿青鳕，它们对网箱内养殖鱼的生长环境构成威胁。

海虱的泛滥同样严重。《报告》指出，连续多年在空间有限的环境中饲养大量鱼类，显著地提高了海虱传染的风险。由于缺乏有效的海虱灭杀方法，人们不得不使用福尔马林。为了养殖三文鱼，人们不得不将其在福尔马林溶液中浸泡，这是一项艰苦的工作。一些养殖户尝试了各种“土方法”，包括使用大蒜和洋葱，但这些方法的效果有限，且腐烂的洋葱在养殖场周围散发着恶臭。

《报告》最后指出，新产业的创立是一个自然选择的过程，只有最具适应性的人才能生存。在新教道德观的推动下，养殖户与自然力量作斗争，而那些适应能力差的人最终被淘汰。这就是一个“大鱼吃小鱼”的产业，跟不上形势的养殖户将逐渐消失。养殖措施不断更新，新的研究成果被应用，这种努力是由坚定不移的目标推动的。

在提交给挪威渔业局和中央统计局的报告中，作者指出，“由于鲑鱼价格相对较高，所以与养殖三文鱼相比，近年来人们对鲑鱼的兴趣显著提高”。但捕捞野生鲑鱼的难度要大得多。因此，养殖户清楚地认识到，优质的养殖三文鱼和灵活的营销策略可以令这一产业稳定发展，并增加收入。

一些成功的例子激励了其他人。他们心想："如果格兰特维特兄弟能做到，我们也能!"这两位来自海特拉的兄弟是最早使用网箱养鱼的人，他们将网箱固定在框架上并置入水中，圈养鱼类。

有人将挪威养殖三文鱼产业的诞生日确定为1970年5月28日，格兰特维特兄弟在这一天将16,000条鲑鱼幼苗投入大海。但如果你仔细观察当时的照片，就会发现在围栏后面站着一位被遗忘的地区警长阿尔纳·拉切，他来自海特拉。那么，他是三文鱼养殖业之父吗？不是，因为他是从英格尔·霍尔伯格警长那里得到了养殖设施的草图。当水泵开始冒烟时，霍尔伯格正在把鱼放入水箱，这让鱼处于危险之中。在最后一刻，他抓住了网箱，将鱼转移到海里，这一举动非常有效。他与拉切保持联系，拉切绘制了格兰特维特兄弟放置在研究站中培育鲑鱼的网箱图纸。此后，耶德莱姆才开始研究养殖三文鱼。那么，霍尔伯格是真正的英雄吗？也不是，因为莫温克尔先生，一位来自卑尔根的正装绅士，已经将鲑鱼养在一个僻静峡湾的围塘中了。他以自己姓氏的前几个字母命名了"Mowi"（美威）公司，后来美威公司成为世界上最大的三文鱼生产商，即今天的美威公司。但也许他也不是第一个养殖三文鱼的人。别忘了来自斯科尔文的维克兄弟，还有洛温德地区那些追赶潮流的人，他们也作出了许多贡献。事实是，许多人作出了贡献，但没有人完成全部工作。格兰特维特兄弟设置的网箱是科技方面的发明。1975年，渔业局的报告认为，格兰特维特兄弟的成功激发了人们的养殖热情，即使在缺乏经验和知识的情况下，养殖户也开始大规模养殖三文鱼。

三文鱼养殖热是否与当年的淘金热潮一样？在养殖者撰写的报告中，那些先驱被认为有些愚蠢，这是对他们的一个沉重打击。人们说，这简直是在开玩笑！没必要大力发展三文鱼养殖业。当有人出售养殖三文鱼时，人们会说："我们不会去蹚这一摊脏水！"他们看不起那些从事三文鱼养殖的人，称他们是一群"没有教养的强盗"。

尽管有人反对，但是养殖户还是听到了支持的声音。三文鱼的产量提高了，养殖技术得到发展，鱼儿发育得更快了，养殖场的规模扩大了，市场拓宽了，销售渠道畅通了，需求不断增加。一句话，人们喜欢吃三文鱼。

其间，养殖户也遭受了一些挫折，深层次的问题拖了三文鱼养殖业发展的后腿。海特拉疾病，也就是冷水弧菌病，就是问题之一。大批三文鱼死掉了，一些养殖场破产了，他们必须找出一种可以解救三文鱼的疫苗。布雷姆内斯综合征——以三文鱼贫血症病毒（ILA）被人们所知——给予了养殖户无情的打击，但人们找到了办法对付这种病。1987年，养殖产业一共使用了50吨抗生素对付三文鱼罹患的各种疾病。整个挪威使用的抗生素的60%被用于三文鱼养殖业，其中的四分之三溶解到网箱底部的环境之中。在这种传言之下，人们仍然找出了一种解决办法——以一种新的疫苗控制了疾病，从而取代了抗生素。

总体来说，尽管三文鱼养殖业在早期面临了诸多挑战和质疑，但随着养殖技术的进步和市场需求的增长，它已经成长为一个成熟且充满潜力的产业。养殖户的坚持不懈和创新精神，加之政府政策的扶持，共同促进了该产业的发展和繁荣。然而，这一新兴产业带来的损害和污染，从挪威沿海一直延伸到世界各地的峡湾，其影响范围之广，让人不禁联想起古代北欧海盗的征伐路线，从挪威西海岸一路扩展至苏格兰、冰岛、法罗群岛乃至北美的文兰①。

苏格兰人是养殖三文鱼的先驱，并成立了名为“耕海”的公司。在爱尔兰，一位生物学教师在克莱尔岛开启了养殖业务，雇用了上百名员工。在法罗群岛，几乎所有的峡湾和河口都被用于三文鱼养殖。冰岛人在格林达维克尝试建立养殖设施。在澳大利亚，尽管水温较高，塔斯马尼亚岛还是引进了挪威的投资，开始养殖三文鱼。加拿大西海岸的小城纳奈莫，利用太平洋三文鱼进行养殖实验。智利的统治者皮诺切特发现出口三文鱼能赚取更多的外汇，因此也加入了这一行业。

曾经，三文鱼作为一种奢侈食品，只在节日或餐馆

① 10—11 世纪北欧维京探险家莱夫·埃里克松在北美建立的聚落，疑指今加拿大纽芬兰岛。——译者注（本书中的页下注，均为译者所作。）

中才能享用，或者被沿海渔民留下食用。而现在，三文鱼已成为许多人日常餐桌上的菜肴。

1985年，养殖三文鱼市场委员会在挪威所有报纸上刊登了一则广告。广告宣告儿童疾病已成为过去，养殖业最初的动荡时期已经结束，字里行间洋溢着青春的自信。广告以诗歌的形式呈现，内容如下：

格罗和考勒[①]喜欢吃三文鱼。
全年的餐桌上都有三文鱼。
警官与牧师也偏爱三文鱼。
日常或节日聚餐总少不了它。
从朋克到怪人，无人不爱三文鱼。
品尝三文鱼是快乐的。
它是最容易料理的食材。
三文鱼能煮能煎，还能烧烤和熏制。
无论是大人还是孩子，都对它喜爱有加。
留着胡子的老人也对三文鱼情有独钟。
失败者或胜利者都乐于享受三文鱼的美味。
旅途中的职业女性也钟情于三文鱼的美味。
三文鱼既美观又美味，既经济又实惠。
挪威以盛产三文鱼闻名，它代表着高品质的食品。

---

① 格罗·布伦特兰曾任两届工党首相，考勒·维洛克曾任保守党首相。

同年，挪威开展了开拓日本市场的活动，目的是激发日本消费者对挪威养殖三文鱼的兴趣。然而，这违背了日本的传统饮食习惯。虽然日本人每年食用大量鱼类，但很少选择三文鱼，他们认为三文鱼口感不佳，颜色异常，且担心寄生虫。在日本，传统的寿司使用金枪鱼制作。

比扬·埃瑞克·奥尔森的使命就是改变这一习惯。他深刻地理解日本文化，能说一口流利的日语，并且精通日本武术“合气道”。每年，他都会在日本居住数月，其间，他成功地向日本民众展示了三文鱼的优点。

市场导购员用日语称呼三文鱼为“noruee saamon”。由于厨师和销售商相对保守，奥尔森将目标对准了家庭主妇，最终她们开始购买三文鱼。当三文鱼销售合作社（FOS）在20世纪90年代初破产时，挪威仍有大量冷冻三文鱼库存。奥尔森和他的团队成功地向日本出口了5,000吨三文鱼。从此，三文鱼在日本市场上占据了一席之地。三文鱼开始被用于制作寿司，随着寿司作为健康食品在全球流行，三文鱼也进入了世界各地开设寿司店的城市，无论是街头小餐馆还是商店售卖的寿司，都能在其中见到三文鱼的身影。

1989年，也就是“宝瓶座”大巴车巡游挪威西海岸14周年，《新科学家》杂志的记者访问了挪威，报道了蓬勃发展的三文鱼养殖产业。记者激动地写到，挪威培育出了一种超级三文鱼，非常适合网箱养殖。每一代三文鱼的生长速度都比上一代快。耶德莱姆表示，“这简直太奇妙了”，“如果按照现在的生长速度，18年后，三文鱼的大小将是现在的两倍，这比陆地上任何家畜的生长速度都要快”。该杂志还写到，新的养殖产业已经改变了挪威沿海地区，已有747家养殖场建立，而且养殖场的建设申请如雪片般飞来。挪威议会宣布：“没有任何一个产业的发展速度像三文鱼养殖业这样快。”1980年的产量为6,800吨，而10年后的年产量高达161,500吨，增长速度惊人。这篇杂志报道发表时，三文鱼养殖业从业人员为7,000人。小规模养殖企业众多，分布广泛。三文鱼养殖业已成为一种出口产业，预计全球对养殖海产品的需求将持续增长。

一些书籍带着怀旧情绪描述过去，不过人们取得成功的同时，似乎失去了一些东西。挪威创业家艾尔灵·奥斯蓝在他撰写的《利用海洋》一书中说：“我们认为这个产业发展得太快了，三文鱼养殖业并没有像一些挪威政治家希望的那样，从高速发展中获得更大的好处”，“就像80年代中期发生的事情一样，常常因为要求最大限度地提高产量，发放越来越多的养殖场执照，从而引发了产业发展的经济阵痛”。

伯恩特·克里斯蒂安森和奥德·斯特朗合著的《国家权力反对三文鱼养殖的创业者》暗示了一种衰退。两位作者在书中表示，“在发展过程中，我们逐渐失去了应有的道德”，“新兴的沿海产业变成尖锐的肘部区域，激烈的竞争有时带有相互残杀的特点，资本的权力直接统治基层”。挪威养殖三文鱼的发展道路上似乎竖立着一块指示牌，上面写着“经济学比生物学重要得多”。挪威当局滥用权力，受到了社会的猛烈抨击。这本书中的主要人物之一是来自奥斯特瑞的三文鱼养殖创业者恩德·伦德霍夫德，他听到了这样的议论后表示，“你必须记住，在这个领域，创业初期的那些创业者所中的彩票已经失效，随后来到的是一些最大利益的追逐者。他们不会对这个产业的发展作出任何贡献，只是为了捞钱”。书中谈道，三文鱼养殖业发展出现问题是难免的，但人们渴望回到过去更纯洁的时代。

正是在这个时期，挪威沿海网箱中养殖的三文鱼数量比河中的野生三文鱼多出了上百倍，而且这些人工养殖的新品种开始从网箱中逃逸。此外，网箱中挤满了数百万条三文鱼，为病毒、细菌和寄生虫提供了适宜的生存环境。一种很小的、长着贝壳的生物——海虱，找到了自己的生存小环境，并开始以极快的速度繁殖。

3

三文鱼的天敌——海虱

当海虱——也被称为锚头蚤或海跳蚤——在水中漂浮时，它的生命已处于极为艰难的境地。可以想象，在阳光的照射下，长时间等待是怎样一种感受。海虱的幼虫从母亲那里带来的唯一东西，只是胚胎核中的一点点营养。这些幼小的甲壳类寄生虫对这个世界一无所知，什么也不会做。它们被海浪冲刷，被折磨得筋疲力尽，几乎无法控制自己，只能随海浪轻微弹动。这些寄生虫的幼小眼睛构造简单，几乎看不见什么，只能感知光波。它们喜欢光，因此总是被光线吸引。白天，当阳光照射海水时，它们会追逐光亮来到海面。夜晚，当月光洒在峡湾上时，它们会下沉到海水下层。它们没有听觉，只能感知鱼游过时产生的水波。它们的大脑活动谈不上复杂，但在肌体组织中，有一个器官可以感知即将采取的行动。如果海水太凉或太热，它们的生命只能维持10天。在这10天里，它们必须找到一条三文鱼并寄生在其身上，否则会饿死。有多少海虱能如此幸运？当一条三文鱼偶然游过海虱身边时，它能快速牢固地附着在鱼皮上吗？只有那些曾经垂钓三文鱼的人才能体会成功的概率。你曾有过当一条健康的三文鱼从身边游过，伸手将其捕获的经历吗？没有，从来没有。也就是说，三文鱼必须游到靠近海虱的地方。由于海虱不会跳动，也不太会游动，所以只能在水中向前弹动身体，并希望借助海浪和水流的帮助，靠近三文鱼。三文鱼游过海虱的一刹那，对后者的一生具有决定性影响。如果海虱没抓住三文鱼脱落下来，就失去了这个机会，就像一位旅游者从航行在大海中的丹麦邮轮掉到海里，必死无疑。反之，如果它能触碰到三文鱼，历经了几百万年的进化形成的本能被激发，并形成了一个行动计划——突破三文鱼的皮肤，吸附在它的身上。海虱小小的头部长出两条钩状触角，钻透鱼的皮肤，这样就能牢固地寄生在鱼身上。于是它开始通过嗅觉再次确认。这是绿线鳕鱼吗？是不是银鳕鱼？不，不是，是三文鱼，确实是三文鱼。如果海虱会说话，它一定会喊道："我的天啊，这味道真香!"这些小海虱作出了正确的选择，它们找到了自己的宿主。从现在开始，它便乘坐这条银色的"鱼雷快艇"高速游弋在水中，开始新生活。它确保自己得到了更美味的食品——三文鱼身上的黏液和皮肤。

不久之后，海虱的身体略微长大了一些，即将成年，开始品尝更美味的食品——血液。一旦它尝了第一口，就会不断地吸食，直至长到一个月大。海虱找到了宿主，身体放松下来，在那一刻，它开始蜕变，更换外壳。人们或许好奇，在水流中找到宿主的成功率如此之低，这个小生物是如何在数百万年的历史长河中存活下来的？答案是它拥有极为神奇的繁殖策略。

海虱并不愚蠢，至少不会比那些为了保护自己的产业而投入至少50亿挪威克朗的人们更愚蠢。人类为了消灭三文鱼身上的海虱，每年都会投入巨额资金。为了战胜这小小的生物，已经投入了50亿挪威克朗。数百名研究人员在研究它，许多人在这个领域深造，更多的人投身于与海虱的斗争。我们为了对付它，竭尽所能，采用了最前沿的科学理论、最先进的技术和巨额投资。然而，就像“007”电影中的反派一样，海虱以新的伪装，携带着新型武器，一次又一次地出现在我们面前。曾出版过一本名为《三文鱼身上的疮痂鱼虱——一个非凡成功的故事》的书也就不足为奇了。所谓成功的关键是雌虱怀孕时所发生的一切。在其怀孕的一刹那，雌虱身上发生了巨大的变化。几天前她还是一个无辜的孩子，但一夜之间就变成生产虱卵的机器。它的身体变得比雄性大得多，身长从一厘米最多能长到两厘米。每条排卵管能产出10个卵？不对。20个卵？也不对，而是几百个卵！因为它有两条排卵管，所以一次能在水中排出多达800个卵子。排卵数量多少取决于水温，如果水温为10摄氏度的话，人们估计平均每个雌虱可排出500个卵子。但雌虱不会就此停歇，雄虱将一种储存精液的囊袋赐予雌性。这样雌虱将会在袋中同时留存多个雄虱的精子。雌虱的效率很高，能够节省时间。当雌虱在水中排放第一批卵以后，就会径直返回精液囊袋，自行受精。那么雄虱呢？它的任务已经完成，不再被需要。它是不是就此消失了呢？它是不是很失落，是不是像其他雌虱一样，只有一小部分存活下来呢？不是这样的，它会继续搜寻年幼的雌虱，附着在其身后，并不断地输送精液，而且给不同的雌虱提供储存精液的囊袋。在排放出几千个卵子之前雌虱不会停歇。那么雌虱在自然界能够存活多久呢？人们不得而知，然而在卑尔根的实验室里，雌虱能够生存452天，其间能排放1万多个卵，也可能多达2万个。海虱为了延续种族的存在，有着非常多的可能性，成千上万个幼虫在水中漂浮，被海浪冲向银灰色的三文鱼。这是海虱被发现的关键。

人们常常从道德的角度来看待三文鱼身上的海虱，将其称为“讨厌鬼”“垃圾”。然而，我们不应忘记，为了生存，它们只是做了应该做的事情。此外，它们并非真正的虱子，而是属于甲壳类生物。就像老鼠、海鸥、老鹰一样，人类也是如此，我们都应该将手中的好牌，以最佳的方式打出去。

最早介绍海虱的文献出现在1600年前后。作家彼得·克劳森·弗利斯在他的著作《关于挪威境内的走兽、飞禽和鱼类》中首次描述了海虱。他写到，海虱在海水中吸附于三文鱼的身上，当三文鱼洄游到淡水河时，海虱就会脱落。克劳森·弗利斯在书中详细地描述了这样的场景——三文鱼在瀑布的激流中、乱石间，试图将吸附在颈部的大海虱蹭掉。那些海虱就像蜘蛛一样，有一个长长的尖嘴，牢牢地吸附在鱼身上，同时戳穿坚韧的鱼皮，吸吮鱼的血液。

1753年，作家兼主教埃里克·朋图皮丹撰写了《三文鱼与海虱》。在书中，他详细地描述了三文鱼群如何在河流中逆流而上，一方面是为了在淡水中清洗自己，另一方面是为了在激流和瀑布中冲刷掉身上的一种绿色害虫。这种所谓的“害虫”显然是指海虱，因为它们寄生在三文鱼的鳍间，并不断骚扰三文鱼。

随着时间的推移，海虱对三文鱼的影响逐渐被更多人所认识。1910年，索菲斯·奥什对一条15千克重、闪烁银光的三文鱼进行了生动的描述。他断定这是一条刚从海水中游来的鱼，因为“一群海虱仍然叮在它的身上”。1971年出版的杂志《狩猎、垂钓和户外运动》以肯定的态度对海虱进行了描述：“当三文鱼从海洋洄游到河流时，肥硕得像一头猪，银灰色的身体携带着海虱，鱼肉有着很高的价值，给垂钓运动带来无穷的乐趣。”此时，三文鱼身上的海虱就像不同鱼种身上的寄生虫，如银鳕鱼、大比目鱼、青鱼和大菱鲆鱼身上的海虱，均被称为“跳动的小龙虾”。

然而，海虱对三文鱼的影响并非总是如此轻描淡写。研究员H. C. 怀特在一项观察报告中曾发出警告，海虱会带来怎样的骚扰、悲剧，并由此引发法律纠纷和导致研究人员召开专题会议等。1940年，研究人员在加拿大东海岸的莫瑟河进行考察时，目睹了一个十分特别的现象。那年夏天既炎热又干旱，成群的三文鱼聚集在河流的入海口，等待逆水上游。三文鱼被海虱折磨得遍体鳞伤。随着气温不断升高，几个星期内，海虱对三文鱼的攻击更加猛烈。人们观察到，幼小的三文鱼从眼睛往后直到全身被海虱叮满。其中一条三文鱼全身布满海虱，几乎看不到皮肤。另外一些鱼的头部布满出血的伤口，或是遍体鳞伤、血肉模糊。最终，在8月的一天，三文鱼的痛苦结束了，大批三文鱼洄游后死亡了。通过这次观察，研究人员明白了日后工作的重要性。如果海虱在网箱中繁殖，其中的几十万条鱼游来游去，好像在等待成为海虱的猎物。在这种环境下，海虱繁殖的速度会以几何级数增长，对鱼的攻击性也会大幅提高。如此疯狂地泛滥，必定会威胁养殖业的根源——野生三文鱼。

4

野生三文鱼的故事

本书的一位作者曾在年轻时享受过垂钓野生三文鱼的乐趣，但随着河中三文鱼数量的减少，他最终收起了钓竿。我们撰写这本书并非为了纪念那段时光，而是为了探索鱼类与渔业养殖文化的深厚历史。

在天色尚未破晓之际，我们的野营帐篷内依旧寒冷，外面草地上的露珠闪烁着。我们穿上雨衣和防水裤，背上行囊，踏上了旅程。雨后，天空中形成一层薄雾，我们从营地出发，穿越崎岖的山路和沼泽，进入树林。我们的注意力高度集中，神经紧绷，身体微微发热，甚至引发了轻微的偏头痛。随着天空逐渐泛白，我们沿着河边的小路向上游进发，心中充满了期待。经历雨水洗礼的空气中弥漫着落叶林的清新气息。我们不禁思忖，考察的结果将会如何？紧张感瞬间袭来，肾上腺素激增，血压也随之升高，我们的手掌和手臂都感受到了这种兴奋。当我们到达河流上游的高地时，一道银光闪现——幸运的是，那是三文鱼。已经许久未在河中见到它们的身影了，而此刻它们就在眼前。对于钓鱼人来说，这正是数个月以来梦寐以求的时刻。

童年夏天的回忆总是与树林的气息相伴。我深吸一口混杂着潮湿的泥土、发酵的落叶和树脂的香气，那是童年时所熟悉的气味。那些场景如同电影画面一般在我的脑海中一一展开，这就是我在河边的生活。每年夏天，我都随家人在河边度过。时光荏苒，世界发生了翻天覆地的变化：柏林墙倒塌，苏联解体，人们穿着紧身裤，姑娘们打扮得十分妖娆，MTV里播放着摇滚乐。但在我们这里，在挪威西北部的一条小河边，生活依旧如故。河水从山上流下，汇入大海，三文鱼逆流而上，游回河流。我们在天亮前起床，待到天明时便开始一天的垂钓。我们并不孤单，因为许多家庭每年都会在这里相聚。芬内德钟爱钓大三文鱼，他坚信在鱼钩上绑上红色毛线能吸引它们；霍尔姆更喜欢在浅水区垂钓；胡恩斯塔则像往常一样走进水中，用浓重的口音说："现在我走到水里去捞鱼。"

每年的七、八月份，挪威人都会在野营帐篷、野外别墅或房车中度过。第二次世界大战后，垂钓三文鱼逐渐成为一种大众户外运动。随着闲暇时间的增多和经济条件的改善，渔具的质量不断提升，价格也更加亲民，全国范围内掀起了垂钓热潮。自20世纪60年代起，成千上万人紧盯着水面，争相追逐三文鱼，享受着鱼儿上钩那一刻带来的激动与兴奋。19世纪80年代，垂钓三文鱼成为上流社会的爱好，也是地主阶级获取更多食物的手段。每年夏天，富有的英国人会来到挪威那些盛产三文鱼的郊外地区垂钓。正如谢什蒂·桑德维克在《三文鱼垂钓热》中描述的那样，这些英国人离开了被污染的家园，那里的河流和山川被工业化进程所改造，河流被大坝截流，为工厂提供能源。河流沿岸建起了木材厂、锯木厂、磨坊和农产品加工厂。因此，当英国的三文鱼逆流而上产卵时，它们遇到了层层障碍。

在英国，如同世界其他地方一样，人们用水清洗污物，导致下水道、矿井、工厂、洗衣房和炼油厂等排放的污水进入河流，河水中漂浮着大量垃圾。原本水被赋予清洗的任务，但情况变得复杂起来。很快，人们就能看到和闻到河水中的粪便及其气味，河水已经不堪重负。作家马克·库兰斯基在其著作《三文鱼》中提出了有价值的警告：河流肯定会为工业化发展付出代价。工厂主将英国建成世界上最强大的国家，但英国也成为世界上污染最严重的国家之一。河流中出现了许多缺氧河段，植物和鱼类都无法存活，昆虫消失了，大批三文鱼死亡，它们的繁殖面临巨大的困难。

桑德维克写到，1858年，伦敦的夏天非常炎热，气温超过30摄氏度，泰晤士河中的粪便发酵，导致传染病快速传播。当时《伦敦新闻画报》的图解表示，“我们能在世界最偏远的地区建立殖民地，我们能征服印度，我们可以偿还欠下的巨额债务，我们能在世界上的任何一个地区显示自己的荣耀和名声，可以将我们富有成果的财产分布到世界各地，但我们不能治理泰晤士河”。1868年，泰晤士河及其支流沿岸共建有61座磨坊，三文鱼产卵的水道完全被阻断。作家查尔斯·狄更斯警告说：“随着居民人口不断增长，从工厂排放的有毒废水不断增加，人们用更先进的渔具滥捕三文鱼，过不了几年，三文鱼就会灭绝。”这种现象已经扩展到欧洲其他国家。曾经盛产三文鱼的河流，如莱茵河及塞纳河，三文鱼的存活数量大为减少。在现在的西班牙，三文鱼已经成为一种奢侈食品了。在美国的新英格兰地区，食用三文鱼已成为一种美好的回忆。美国作家亨利·戴维·梭罗在1814年撰写的《瓦尔登湖》中明确指出，人类修建了众多的水坝和工厂，破坏了三文鱼的洄游水路。

在这样的背景下，三文鱼垂钓旅游的兴起并不令人感到意外。挪威的峡湾和河流清澈且富有营养，成为大西洋三文鱼的主要家园。世界上三分之一的三文鱼产自挪威。当美国和欧洲的工业化进程不断推进时，随之而来的是沉重的环境负担，然而挪威的河流长期以来保持着原始状态。挪威全国有450条河流盛产三文鱼，其丰富的三文鱼资源令人羡慕。挪威，这个洁白无瑕的国度，就像是天堂赐予的一张名片。最初是绅士和贵族前来垂钓旅游，后来，挪威的普通百姓带着帐篷，穿着防水裤，提着渔具箱，也加入了这一行列。

令我记忆犹新的另一件事是，童年在河边生活时看到的洪水。我们整天仰望天空期盼下雨，下了一点儿雨，太少了，大人说河床干涸了。所有人期盼着乌云密布的天空和雨水的降临，这样河水会上涨。为什么？因为三文鱼就能游动了。没有水，三文鱼就无法游到上游去。我记得非常清楚，经过几天洪水的冲刷，浑浊的棕色的河水变得清澈，这时就能看到银光闪动。闪动着的银光游向铺满棕色沙石的河底，这一个小小的动作给我留下了深刻的印象。突然间，三文鱼以闪电般的速度一跃而起，几乎不可想象，它从河底蹿出水面，鱼身在阳光的照耀下闪闪发光。我简直不敢相信眼前发生的一切。母亲一字一顿地喊道："我终于捉到它了！"父亲则快人快语地说道："钓到了。"我对他们大加赞扬。突然，鱼上钩了，鱼线绷紧，左右摇晃浮出水面，然后猛地甩头蹿入河底。紧张的心几乎跳到了喉咙。"不要完全拉紧鱼线，否则会扯断。"看着钓到的鱼堆积起来，我兴奋得几乎喘不过气。我在这种环境下成长起来。每天迎着第一缕朝霞穿过树林，来到仍旧处于原始状态的河流旁边。当我甩出第一杆时，心跳加速，太阳穴也在跳动，口干舌燥，手忙脚乱了好一阵子。

我家开启了“乡间别墅生活”模式。听到这个词，仿佛我已经老了。我会很快对这个词汇给予解释。托斯卡纳以其美味的红酒吸引人，克里特岛以其洁白的沙滩吸引人，那么谁会利用夏季开启“乡间别墅生活”模式呢？至少我以前没有享受过这样的生活。每年夏天，我们都为过冬储备一些食品，包括赫姆斯达尔的鳟鱼、挪威西部的三文鱼、罗弗敦群岛的银鳕鱼和从山上采摘的黄色云莓。这些食品可让我们享用很长时间。是父母老了吗？还是我对垂钓三文鱼失去了兴趣？可能还会有更多的答案。我们收获的三文鱼越来越少。父亲在垂钓日记中对钓到的每一条三文鱼都有记载。他对每个钓鱼季节都作了小结，显示了渔获量直线下降。一些人说，是因为遇到了旱灾，河水太少；另一些人将其归罪于峡湾中的海豹和海狗，以及海洋中的过度捕捞，或者经常举行的垂钓比赛。后来人们议论起水电站的兴建以及“水产养殖”，因为三文鱼在海洋与河流间往返要经过这些设施。以上这些解释就像扔烟头一样被甩到一边了。情况就是这样，我们经历了，也就如此了。

许多个夏天过去了，我再次回到了曾经垂钓的那条河流，准备在那里度过两天的垂钓时光。那条河曾经因为一种叫作三代虫的寄生虫以及从众多养殖网箱中逃逸的三文鱼和它们身上的海虱而变得污浊，几乎变成一条死河。如今，这条河已经得到了治理，至少变得干净了许多。实际上，我早已不再垂钓三文鱼了。那些曾经令人喜爱的大鱼，身上布满了伤痕，就像受伤的孩子一样需要周围人的关怀。但这次，我终于同意去钓鱼，现在我使用苍蝇作为鱼饵。我的父母在家中紧张地等待着我的钓鱼成果。夏天已接近尾声，我走出了别墅。天空随着山坡的起伏逐渐变暗。我小心翼翼地穿过一块沼泽，走向河边一条宽阔的路，路旁种满了白桦树，这些可能是河的主人多年前为英国的富豪们栽种的。天色已渐渐暗下来，我顺着头灯照亮的地方，一步一个脚印地前行。我沿着河堤向下游的河床断崖走去，河床在断崖处变窄，水流倾泻而下，河底布满了乱石，鱼儿特别喜欢在那里游荡。我小心翼翼地蹚过水中湿滑的鹅卵石，已经感觉到水对防水靴的压力。我顺流而下垂钓，尽管天色昏暗，但我仍能看清周围的一切。我背后的山峰、树林的轮廓镶嵌在深蓝色的夜空中。我闻到了童年时的湿润泥土和挂满露珠的青草的芳香。当我到达断崖时，禁不住心跳加快。我先向下游不远处甩了一竿，然后又甩出更远的一竿，此时心跳就像城里音乐会的低音音箱。激动人心的时刻终于到来了，就像寂静夜空中的一道闪电。那些在夜间没有钓过三文鱼的人，应该看看这幅画面。想象一下，当你手握一根细线，这根线有 20 多米长，线的另一端是你的猎物，天色仍然昏暗，鱼漂在水面来回晃动，收紧鱼线，直到鱼在水中翻滚，使劲儿挣脱。那时你只有七八岁，线的另一端钩住的是一只野兽，此时你的心都快跳到嗓子眼儿了。于是在这个静静的夜晚，你一定会高声喊道：“我钓到鱼了！”

似乎一切如故，但周围已经没有什么变化。当我用抄子将鱼捞起时，打开头灯，在那儿，在那儿，鱼儿在灯光下闪动，银色的鱼身闪烁着金光。我用湿漉漉的手将鱼钩摘下。我将鱼抱在怀里，站在水流中，不停地摇晃，就像哄小孩子睡觉一样。我感受到怀里的三文鱼是野生的，因为鱼体肌肉紧实。我抱着鱼照了一张照片，我的面容几乎认不出来了。我将照片传给了父母，他们一眼就认出了我。这是我，是童年的我。我低声对鱼说：“对不起，请饶恕我吧。”然后将鱼放生。我不能让它成为我的盘中餐。

每年十二月份，父亲总是在摆满餐桌的菜肴中安排一道腌制三文鱼，当然圣诞大餐中也少不了它。人们把腌制三文鱼铺在小茴香上，再用锡箔包起来，作为礼物相互赠送。然而，现在商店出售的所谓“腌制野生三文鱼”，从其每千克的高昂价格就可以看出稀缺性了。书归正传，继续说说我父亲。有一年圣诞节，当父亲将腌制三文鱼摆放在餐桌上时，看起来有些不好意思。我们清楚，夏天，他没有钓到足够多的三文鱼。他很内疚，尽管如此，他还是想方设法到处采购野生三文鱼，终于在一个地方找到了腌制野生三文鱼，可是一看价格简直吓了一跳。直到现在他仍然时常说起这件事。不得已，他只能将腌制的养殖三文鱼摆在了餐桌上，一两年后，他最终放弃食用养殖三文鱼了。

似乎一切如故，但一切都在变化。

5

企盼品质更优良的鱼类

在撰写这本书的过程中，我们阅读了大量参考文献并进行了一些采访。在查阅挪威《渔业报》时，我们注意到了一个有趣的现象。我们发现，挪威学校教科书中关于三文鱼的内容存在严重的错误。《渔业报》称这些内容是“纯粹歪曲事实的学说”“学校里自由发挥的三文鱼诗歌”“史无前例的假新闻”。挪威的教科书中竟然出现这样的内容：科研人员在养殖三文鱼体内注入了人类的基因以加快其生长速度。这种奇怪的内容从何而来？我们决定进行深入调查，但在网上找不到任何答案。教科书的编写者似乎避而不谈。《渔业报》的记者询问编写者这些内容的来源，她回答说：

“这是一些来自奥斯[①]的研究员讲的。”但她并未提供研究员的姓名。这件事令人震惊，也令人悲哀。教科书的编写者本应亲自教授学生，现在却陷入了尴尬的境地。当我们联系她时，她正在去滑雪的路上，她非常尴尬。她承受了很大的压力，似乎不明白究竟发生了什么。她居住的地区的报纸也报道了这件事。当她去商店购物时，总感到周围顾客用鄙视的目光盯着她看，邻居们远离她。然而，奇怪的是，她并没有就此放弃和我们的对话；相反，她传给我们一些文章，并且发过来一篇硕士论文和几个人名。以此为线索，我们联系到了一位名叫彼得·阿莱斯特鲁姆的科研人员，他是研究热带鲤科鱼类中的斑马鱼的专家。他的办公室里及他的头脑里装的都是鱼，沙发靠垫上印着斑马鱼，就连墙上挂的也是做成斑马鱼形状的瑞典藏红花面包的照片。他的电话铃声也是自己创作的歌曲《斑马鱼之蓝》。他是瑞典人，来自乌普萨拉大学，从事病毒学研究，是一名研究基因技术的专家。正因如此，这位带有冷幽默、梳着背头的教授被聘请到挪威。他说，起初他对是否来挪威工作很迟疑，但被狗拉雪橇的自然环境所吸引，终于决定来到挪威。

在此，我们不得不提及两位关键人物——耶德莱姆和他的老师谢沃尔德。谢沃尔德已经开始了对三文鱼

① 挪威生命科学学院所在地。

繁殖的研究，这些三文鱼已经长得相当大，更易于驯养。但人们是否能做得更好、更高效，或者找到新的方法呢？他愿意将这项研究向前推进一步。正如耶德莱姆所说："谢沃尔德的头脑里既有活力又有动力。"现在他发现了基因技术。一位美国教授通过转基因繁育了一种"超级鼠"，它比普通老鼠长得快得多。于是谢沃尔德联系到了年轻的阿莱斯特鲁姆。二人一拍即合，一个全新的研究项目诞生了。

我们重新审视了那位在教科书中编入谬论的撰写人的文章。几位专家认为从文章中得到了很好的启示。例如，兽医研究所主任布里特・耶特奈斯是挪威研究三文鱼的权威。她说："转基因技术在挪威的养殖业中根本就没有使用过，书中所云是极富偏见的、完全错误的。"一位三文鱼的支持者接受了采访，他表示"震惊"，"不是三文鱼的反对者绝对不会这样写的"。挪威著名的商贸组织挪威海产品公司谴责道："在教科书中编入这样的内容是骇人听闻的。"贸易、工业与渔业部国务秘书鲁伊・昂尔维克批评了教科书的出版商，"应该公开对错误承担责任"。

瑞典人阿莱斯特鲁姆也讲述了一个关于养殖三文鱼的故事。谢沃尔德也阅读过关于"超级鼠"的报道。他对此十分好奇，于是他与阿莱斯特鲁姆以及一名奖学金获得者一道去美国看个究竟。这几位年轻人睁大了眼睛来到了位于帕洛阿托的基因泰克公司。当时正值 20 世纪80年代初期，后来“硅谷”才成为一个“概念”。令几位年轻人欣喜的是，他们受到了热情的接待并被带领参观。这次访问的高潮是到西雅图参观明星研究员理查德·帕尔米特的实验室，这是一位欢快的、留着长发的“小嬉皮士”。他的团队从硕鼠体内提取刺激生长基因，然后注射进老鼠的卵子。这样帕尔米特就能促使普通老鼠生长速度加快80%。这是研究领域的一大奇迹。于是“超级鼠”新闻在世界媒体中传播开来。同时，帕尔米特在谢沃尔德授予的光环下沾沾自喜。然而，谢沃尔德陷入了沉思。传统的繁殖方法已经使人工养殖的三文鱼比野生三文鱼生长得更快了。尽管人们希望加快育苗繁殖速度，可是繁殖设备都不能满足需求。于是基因技术的应用打开了一片新天地。如今，人们已经很难看到“基因”这个词所带来的狂热与乐观。如果人们了解这种繁殖方法的话，那么人工繁殖确实能够得到很大的改进。

挪威科技自然科学研究理事会（NTNF，以下简称“科研理事会”）规划组确认，“海洋养殖业中最有意思的领域，就是挪威致力于生物技术的应用”。谢沃尔德与三文鱼养殖专业户斯沃特·格兰特维特等人发起成立了这个规划组。“在基因改良、生物质适应养殖条件及满足市场需求等方面，都产生了巨大的利润。”规划组发现这是挪威成为这个领域中世界领先者的绝佳机会。那些更早出手的国家，就会在“战略上取得先机”。

谢沃尔德和几个年轻人从“超级鼠”研究员那里带回了一些珍贵的样本。其中就有装着重组基因——由带有密码的基因和普通基因混合而成——的试管。他们小心翼翼地将其包装妥当，放入行李箱，飞回国内。此后，他们便开始了艰难的实验。必须将极细的针管刺入已受精的三文鱼卵。卵子外壳十分坚硬，而注射的液珠小到肉眼几乎都看不见，但他们成功了。

这是一块新开垦的土地，此项研究成果达到世界顶尖水平。科研理事会公布的报告充分地表现出乐观的情绪。此后，他们对七八百颗三文鱼卵进行了注射。现在他们将“记录这些被做了手脚的鱼的成长和发育情况”。报告表明，“从这些鱼身上获取的油脂将具有巨大的市场价值”。赋予经济和商业活动的机会应“致力于提高养殖鱼的品质”，“以全新的观点确保挪威的经济发展道路”，“由此，渔业养殖进入了一个崭新的时代”。

1985 年 5 月 28 日是挪威科研史上具有伟大意义的一天。谢沃尔德在实验室里召开了一个记者招待会。他十分得意。记者围着他，不停地在本子上记录着。他们在报道中写道：“挪威科研人员已经成功将动物体内的活性物质移植到鱼的体内……非常成功。……这在世界上是绝无仅有的。”阿莱斯特鲁姆也无比骄傲。记者并不是经常表现得如此积极。谢沃尔德对记者说：“一切进展顺利，受精卵并没有表现出排异反应，它们仍然保持着固有的生命力。”人们看好这项技术在养殖业中发挥作用。

在一次记者会上，一名记者突然提出一个问题："你们使用的基因从何而来?""注入三文鱼卵的基因来自何处?"记者对此十分好奇。谢沃尔德回答说："取自哺乳动物。"关于这个回答，记者没有提出更多的问题，没人再追问是哪一种哺乳动物。

可是仅仅过了几天，全国人民关注的挪威晚间新闻节目却提出了这个问题。新闻播音员提到了一项颇具争议的实验——挪威的研究人员从人体中提取生长激素，然后将其注射到受精的三文鱼卵中。挪威国家基因科研委员会所属的检查机构负责人在接受挪威国家广播公司的采访时表示，他们并没有向公众发布有关这个实验的公告。随后，谢沃尔德再次接受了采访。他身着花格子外衣，戴着太阳镜，头发飘逸，坐在椅子上说："我们并不是要培育什么新的动物，这只不过是在实验室里进行的实验而已。如果成功了，那些培育期间使用的卵子将会被销毁"。他继续说："也绝对没有人会相信人类生长激素能在鱼身上起到什么作用。"此后，类似"开发三文鱼的生长潜能和提高三文鱼肉产量""促使养殖业经济走向一个全新阶段"的舆论，逐渐销声匿迹。

神学家雅各布·耶维尔接受了采访。他说："我不怕这个实验导致的结果，它不会产生人形三文鱼或三文鱼形的人，但是人们已经接近一个临界点，一个人类与动物之间的临界点。"人们打破了物种之间的界限。耶维尔还谈到，以人类的美好愿望开始的原子物理学研究，后来却因为它的实际应用而给世间带来诅咒。

为挪威国家广播公司撰写专栏文章的记者奥德古恩·奥特达尔在一本名为《进入基因时代》的书中阐述道："在历史的长河中，人类第一次成为自己生命的建筑师，我们既是创造者，又想成为设计者。这为我们满足文化和经济的需求创造了条件。"

后来，谢沃尔德、阿莱斯特鲁姆和他们的团队在这个科研项目上继续推进的动力也逐渐消失了。那些带有所谓的"人类生长基因"的三文鱼被放养到了奥斯陆郊外的渔业局所属的鱼塘，那些鱼儿游来游去，再没引发什么麻烦，直到貂的到来将这些鱼全部吃光。

水产养殖业一直在悄悄地进行着自己的研究。三文鱼养殖专业户塞尔莫·桑德养殖的三文鱼生长速度很快，在世界同行中处于领先地位。正如《海洋生物遗传学》期刊印发的小册子中提到的，养殖企业的目标是培育出一种"生长速度快，而且抵抗病毒能力强的三文鱼"。这家养殖企业的科研人员将克隆三文鱼的生长激素注射到一万条三文鱼的体内。据参与这项研究的研究员埃里克·斯林德讲述，鱼生长得特别快。但由于伦理原因，这些鱼最终被全部宰杀，企业也宣告破产。最后的一些实验是用比目鱼进行的，但这项实验很快也下马了。科研理事会档案中的1992年最后的报告写道："实验项目终结了"，"科研成果当然没再继续跟踪"。

培育出一种品质更好的新鱼种的梦想始终没有破

灭。三文鱼养殖户仍然如饥似渴地追求一种生长速度快、食用饲料少、抗病能力强、肉质鲜美的新鱼种。挪威科研人员停止了这项工作以后，美国和加拿大仍然热衷于这项研究。几年后，一种新型转基因三文鱼获准在美国市场销售。水赏科技公司的网页上写道:“三文鱼的爱好者们，大好新闻，赶快来买水赏科技公司培育的大西洋三文鱼。这是世界上首次以转基因技术生产的动物，作为食品出售。”

然而，谢沃尔德、阿莱斯特鲁姆和他们的团队进行的研究项目已然成为一种禁忌。阿莱斯特鲁姆也认为，三文鱼养殖产业和转基因培育三文鱼的相关研究具有危害性，三文鱼应该以自然的方式生长。

6

给三文鱼上色

在水产养殖业的现实神话中，确实存在一些障碍，尤其是关于三文鱼鱼肉颜色的问题。养殖三文鱼的肉并非天然的红色，而是呈现为灰色、苍白色，或者带有一丝浅粉色，这一切都取决于投喂的饲料。寿司爱好者通常偏好那些颜色鲜艳、看起来更接近自然生长的三文鱼。尽管养殖三文鱼在科研人员的精心培育下，在养殖设施中孵化、生长，并且食用从多个国家的多家公司进口的颗粒饲料，理论上应该与野生三文鱼相似。但彼耶纳·斯文森发现，野生三文鱼鱼肉之所以是红色，是因为它们捕食含有红色素的甲壳类生物。因此，他尝试使用小虾和虾壳作为饲料喂养三文鱼，而其他养殖先驱则尝试将红色的桡足类水生昆虫作为饲料。然而，这个问题并不简单，彼耶纳·斯文森饲养的三文鱼对这些饲料并不感兴趣，它们更偏爱沙滩鳗鱼和小鱼。养殖户尝试在小鲱鱼饲料中添加胡萝卜素，但鱼也不感兴趣。这些努力构成了最初几年的尝试。

胡萝卜素是一类在自然界中广泛存在的色素，在700多种色素中，虾青素和角黄素是与三文鱼鱼肉颜色相关的两种。虾青素广泛存在于海藻、甲壳类动物、大虾、龙虾、野生三文鱼和鳟鱼体内，而角黄素存在于蘑菇中。在三文鱼鱼肉的色素中，虾青素占90%。这些色素不仅影响鱼的肉色，而且具有抗氧化的作用，有助于抗疲劳、增强免疫力和促进性成熟。这是养殖者通过多年的学习和研究得出的结论。最初，他们只关注颜色，但颜色的可预测性不高，颜色可能会很浅，这是一个需要解决的问题。

解决方案来自瑞士。20世纪70年代末，瑞士罗氏医药公司成功地合成了虾青素。这一发明并不出人意料，因为诺贝尔化学奖得主里夏德·库恩早已发现并确认了天然虾青素存在于龙虾体内。他的实验室位于德国内卡河畔，他的科研生涯几乎都在水上度过。他的发现被医药公司继承，并最终实现了合成虾青素的大规模生产。三文鱼养殖产业自然而然地成为迫切的购买者。这家公司在市场上占据主导地位，因此价格不断上涨，1千克合成虾青素价值1.5万挪威克朗，这笔支出占据了养殖产业生产成本的大部分。尽管如此，所有人都愿意购买瑞士的“三文鱼红”，因为三文鱼肉越红，越容易销售。科研人员指出，恰到好处的颜色对养殖产业具有决定性作用，如果养殖三文鱼“不具备野生三文鱼应有的颜色”，在市场上就难以卖出好价钱。

罗氏公司也在进行研究。该公司的科研人员斯图尔德·安德森在2000年的一份报告中写道：“购买者的热情取决于三文鱼的红颜色。”那么，如何获得理想的三文鱼的红颜色呢？于是公司制定了“罗氏三文鱼养殖测试颜色标准”，类似于油漆商店使用的颜色对比色板。这家公司制定的颜色对比色板包含了三文鱼可能拥有的全部颜色，即从橙色一直到血红色，共有14种红色。

如果三文鱼养殖户希望培育出“浅红色”的三文鱼，可以选择色板中的第20号。如果养殖户希望三文鱼肉呈现“深红色”，那么可以选择第34号。（只需在“罗氏三文鱼养殖测试颜色标准”网站上搜索，选择你想要的颜色即可。）

研究员安德森在其报告中总结道，公司聚焦了6种混合而成的颜色，并展示了不同红色三文鱼的照片。色板中的第22至24号（淡粉色）鱼，没有失去三文鱼原有的风味。然而，人们更偏爱色板中的第33至34号鱼——十分鲜艳的红色。这几种色号的鱼的味道、新鲜程度和肉质都有所提升，尽管颜色对这几方面并无直接影响。安德森不得不承认，市场中存在着一道鸿沟：商店里摆放着许多颜色为 27 号（橘红色）的三文鱼，但顾客仍然购买颜色为 33 号的三文鱼。

多年来，养殖三文鱼以其均匀且鲜艳的红色在市场上广受欢迎。成吨的合成红色素——虾青素，从瑞士源源不断地运往各地。这种色素被添加到饲料中，以确保三文鱼肉呈现出预先设定的颜色，这使得出口到法国、日本和美国等国的三文鱼既美味又具有吸引力。在寿司中，色彩鲜艳的三文鱼成为一道亮丽的风景线。为了获得理想的肉质色泽，在饲料中添加虾青素的量已经成为一项标准操作。

然而，2000 年初，问题开始浮现。或许你还记得，那些在树林中随处可见的黄色蘑菇中含有一种名为角黄素的色素。它被小剂量地用于为三文鱼上色，但也被用于生产将人们的皮肤变为棕色的药片。于是报纸写到，这种色素会损害人的视力。大剂量摄入这种色素会改变视网膜的颜色，至少会使色素聚集在视网膜。这一不幸的事件受到欧盟的重视，并决定减少在鱼饲料中添加这种角黄素。一位饲料产业的老板请求人们冷静，并说："举一个例子，曾经一位妇女由于过量服用棕色素药丸，导致眼球有些变色，可是她停止服用药丸后，症状就消失了。"当然，应该避免不合理地使用色素，但人们也不用太担心。饲料老板表示，因为"这种昂贵的色素 1 千克价值 10,000 ~ 15,000 挪威克朗，这本身就告诉我们，除了必要，否则不会滥用色素的"。后来又出现了新的麻烦。我们作为三文鱼的消费者，应不应该知晓色素来自何处？在包装上应不应该注明？这是美国消费者的意见。他们将三家连锁超市告上法庭，认为这些超市未注明颜色的相关信息，导致顾客受到误导。其中一位消费者愤怒地表示，“购买的三文鱼不该有任何添加剂，应该是灰色的”。罗氏公司销售部经理认为这纯属无稽之谈，并指出，大家经常食用的可口可乐和M&M’s巧克力豆，还有许多其他食品，哪一样没有添加色素。然而，形势逐渐发生转折，风波最终平息了。在对115人进行的调查中，被调查者在购买三文鱼时，通常在颜色与价格之间选择后者，尽管他们知晓有关色素的事实，但很少在意颜色问题。

尽管瑞士产色素引起的红色问题得以逆转，但三文鱼肉的颜色却变得越来越浅。一名研究员说道：“我们不了解这究竟是怎么回事。”研究人员在多个方面进行了调查，以确定原因。挪威思凯汀饲料公司指出，“色素含量从未超标”。似乎三文鱼拒绝呈现正常的红色，这可能是由于营养过剩，超出了虾青素的作用范围。研究人员在绝望中寻求解决办法，质疑是否鱼在生长的早期阶段，甚至在鱼苗阶段就被投喂了含有色素的饲料。颜色引发的谜团是否可以用三文鱼生活习惯的改变来解释？或者是因为它们被喂食了更多的大豆，从而导致ω-3脂肪酸的含量过低？又或者是因为鱼的活动量过大，导致颜色被消耗掉？

在一项实验中，研究人员发现三文鱼摄入的ω-3脂肪酸的数量过少，且遭受过大的压力，导致肉质颜色逐渐变浅。这项实验表明，三文鱼不得不忍受海虱带来的痛苦，它们要拼命甩掉海虱，还要与疾病作斗争、进行防疫，所有这些都给三文鱼造成了巨大的压力。更重要的是，饲料中添加了抗氧化剂和色素，以保持鱼的健康和稳定的游动。

此时，另一个关于颜色的谜团出现了。三文鱼的肉质出现了黑色斑点，这些斑点被称为“色素斑点”或“黑色素斑点”。对此，研究人员进行了全面的研究。是饲料的问题，还是鱼生病所导致？水中含氧量是否过低？渔业—海洋产业研究基金会——一个由企业管理的国家级基金会——认为，这对“挪威渔业养殖具有非常重大的意义，如果色素保持在高水平，就会对以高品质著称的挪威三文鱼造成损害”。

颜色是养殖三文鱼固有的广告。三文鱼应该是诱人的，通体闪亮，这象征着健康！我们感知的颜色，应该是三文鱼固有的色彩。但如今，野生鱼和养殖鱼的生活条件截然不同，环境的差异使我们越发难以保持对它们的幻想。这是三文鱼颜色的历史，也是现代世界幻想纯天然，却为了实现这一目标而不断增加人工合成剂的历史。

7

迷途中的怪物

为三文鱼的鱼肉上色的色素来自瑞士；为了加速三文鱼的生长，注入了人类基因。面对这些问题，为何有些人会愤怒呢？在此我们为大家进行简单的说明。科学家创造了一种全新的鱼种——生长迅速，易于驯养。这个新物种能够满足人们的需求，包括提供食品、创造就业机会和增加经济收入。围绕它，形成了一整套生态系统和自然环境，独立的经济体系、政策和科研部门也建立起来。这个新鱼种的诞生开辟了一条全新的道路，这是开创者从未想过的。

然而，这样的三文鱼已不再是“纯天然”的了。它们虽然没有生活在自然界，却在自然界自由死亡，它们是人类制造出来的一种产品。那么，这一领域的研究先驱在哪里呢？20世纪80年代，泰利耶·芬斯塔在硕士论文中探讨了三文鱼的基因研究，论文中提到了弗兰肯斯坦的故事。在此，我们不妨简单地回顾一下。

1818年，作家玛丽·雪莱出版了著名的科幻小说《弗兰肯斯坦》。这本书开头写道："当你听到下面这段话时会高兴的，尽管某个科研项目的结果令人忧虑，但……一切正常进行，即使灾难已经酝酿之中。"

据说，制造一个人的科研项目进展得很顺利，婴儿床下不存在怪物。此外，故事中的怪物并不叫"弗兰肯斯坦"，它实际上没有名字。发明家、科学家维克托才是弗兰肯斯坦。他认为，这个新造物一定会对自己感激不尽。"一个全新类型的、具有生命的造物必定将我视为其缔造者和创始人，由于我的存在，它们才会拥有高尚的、杰出的本质。世界上没有任何一位父亲要求自己的孩子高度赞扬自己，但我愿意接受他们的赞扬。"这位疯狂的天才——弗兰肯斯坦博士，解开了生命起源的谜团。但在这个造物被赋予生命后的日日夜夜里究竟发生了什么呢？他如此古怪，有着奇特的面容，根本不是我们想象中的样子。弗兰肯斯坦制造了一个生命，却操控它，使之成为一个怪物，而这个怪物反过来又报复制造者。作家玛丽·雪莱以此揭示了人性的两面性。确实，我们能够控制和改造自然，但无法预见我们的行为会产生何种后果，我们的创造力同样可能导致自我毁灭。

弗兰肯斯坦的故事深深扎根于我们的生活，并形成了一种文化。一种生长迅速的转基因三文鱼在美国备受追捧，批评者则称其为“弗兰肯鱼”。一种亚洲蛇头鱼在美国的河流中泛滥，最终被称为“弗兰肯鱼”。2004年上映的一部惊悚电影编造了一种转基因魔鬼鱼，既吞噬鱼类又吞噬科研人员。“弗兰肯鱼”是克隆鱼吗？“弗兰肯斯坦”是转基因食品的代名词吗？玛丽·雪莱通过一句话、一种方式引导我们思考问题。她的写作将浪漫主义与理性主义紧密结合。理性主义认为世界和自然是巨大的机器，而这些机器被人掌控。相较之下，玛丽·雪莱受到浪漫主义的启发，认为自然的奥秘和力量远比可控的机器深邃得多。

我们此时不得不提到基督教，因为玛丽·雪莱的思想确实与基督教有着千丝万缕的联系。我们不断被提醒，人类并不真正拥有这个地球，我们只是暂时借用。人类应清醒地认识到自己在地球上的位置。古希腊神话中有一个著名的词语“Hybris”（骄纵），表现出骄纵的人总是逾越上帝的规矩，最终遭到惩罚。那么，玛丽·雪莱的《弗兰肯斯坦》的寓意又是什么呢？可以说，它是现代版的普罗米修斯。这本书问世后，引发了对电能的激烈辩论。当时，有人认为电能既是一种新生事物，又是一种危险的存在。有些人认为电能可以改善生活、推动世界发展，而另一些人则表示强烈反对。

与雪莱同时代的辩论者展现了普罗米修斯的神秘。他从上帝那里盗取了火种并将其给予人类，使我们变得类似于神。然而，普罗米修斯因此受到了惩罚，被钉在悬崖峭壁上，任由一只老鹰啄食他的肝脏。

这个故事值得我们深思。

在这一讨论中，哲学家伊曼努尔·康德无疑是一个重要人物。他于1736年撰写了一篇名为《现代版的普罗米修斯》的散文，这篇文章间接地引起了玛丽·雪莱的关注。年轻时，康德曾对人类是否能够凌驾于自然之上产生过怀疑，特别是他对美国政治家和发明家本杰明·富兰克林的看法充满了讽刺与批评。康德认为，富兰克林将自然的力量转化为电能的宏伟计划简直是痴心妄想，他戏称其为“现代普罗米修斯”，并警告这样的实验将破坏自然的基本规律。

然而，与此同时，康德将富兰克林视为超人，但也认为他是狂妄自大的化身。康德在其著作中谦虚地警示人们，不要做不应做的事情。他提到，一些被认为在自然科学中有所建树的人，能够区分无尽的好奇心与基于理性的谨慎分析之间的差别。这种哲学思想与玛丽·雪莱的作品相互呼应，书中的角色弗兰肯斯坦正是取自富兰克林的名字，表现了文学与哲学之间的微妙关系。

让我们继续深入，玛丽·雪莱在《弗兰肯斯坦》中探讨了人类与神的关系，特别是当她让怪物找到一本书时——约翰·弥尔顿的长诗《失乐园》。这部作品讨论了亚当的沉浮、亲属关系以及人类获得知识的代价。这部作品描绘了死亡与痛苦如何进入人类的世界，带走了我们原本的乐园。

在《弗兰肯斯坦》中，怪物阅读了《失乐园》，对亚当与夏娃的故事有了深刻的理解，以及对弥尔顿描绘的堕落天使的反思。这使得我们作为读者可以从更深层次思考人类的起源与责任。

在《圣经·摩西五经》中，上帝创造了第一个人，将其安置于伊甸园，最初的一切都是美好和谐的，然而，禁果的出现打破了这种和谐。上帝告诫人类不要触碰知善恶树，但蛇的诱惑让人们对未知的事物产生了好奇心，以此展开的故事正是人性与道德之间的挣扎。

好奇心总是深深地根植于人类之心，推动着人类社会前进。社会的发展伴随着美丽的表象和华丽的外衣，然而，进步的背后往往是艰苦的付出与艰难的探索。正如蛇的诱惑所言，我们有时会忽视内心的警告，陷入对未知的追求，但又有人呼吁我们要小心，“不要听他的！人们只相信上帝”。这种两极分化的观点当今仍旧存在。

自1931年电影《弗兰肯斯坦》问世以来，弗兰肯斯坦作为一个经典形象始终屹立于文化之中。电影中的弗兰肯斯坦发现自己的造物苏醒时，高呼：“现在我终于明白作为上帝的感觉了！”这一口号成为广泛流传的警示，提醒人们不要轻举妄动。

如今，关于克隆技术、人工授精和转基因食品的辩论时有发生，在人工养殖三文鱼的过程中，围绕着人工色素、基因改造和杂交的问题，科学界也频频展开讨论。三文鱼研究似乎正在推动人类对自然界的操控，但只有能力并不足以预示着善后的美好。人类在创造新的生物时，应时刻反思：我们的追求是否越过了那条界线？

由此可见，我们在探索与创造的过程中，面对伦理与道德的考量，正如康德和雪莱所警示的，理应保持谦卑与谨慎，不要贸然地玩弄我们无法完全掌控的力量。

8

新鱼种逃逸

我们放弃了在洪水泛滥的卡拉绍克垂钓三文鱼的念头，开车继续向前行驶。我们一路开往芬马克，这个位于欧洲大陆最北端的郡。那里的河流中有野生的红点鲑鱼、肥硕的鳟鱼和三文鱼，开阔的原野上遍生着蚊子、棕熊，还有黄色云莓。此外，芬马克还是萨米族的聚居地，一块从未被开发的处女地，成为一处不可抗拒的旅游胜地。

我们从特隆瑟市租了一辆汽车，戴上太阳镜，车上的CD机播放着音乐。每向前行驶一米，车窗外都有新的景象映入眼帘：我们看到了一幢别墅，接着是一头驯鹿，往前行驶又见到一条河。那里白天阳光普照，每到午夜，太阳仍然悬挂在天上，人们整天聚集在这里。现在我们也来了，来到了阿尔塔河——众多条河流中的女王河。

人们为什么来到这里呢？他们为何在阿尔塔河口钓鱼？在峡湾里，河流入海口的每一个岬角，为什么都能看到许多人钓鱼？据报纸报道，几十万条养殖三文鱼从网箱中逃逸了，但又有谁知道这个数字是从何而来的呢？于是我们立刻停车，朝峡湾一个尚无人占领的岬角奔去。

此刻，我们的思绪里满是钓鱼的渴望。20 世纪初，垂钓三文鱼是一件轻而易举的事。在那本关于三文鱼的书出版之前，钓鱼者对垂钓三文鱼的热情高涨。以鲱鱼作为鱼饵，鱼钩甩入水中，心跳加速的紧张感已然不复存在。

逃出网箱的鱼群让这个国家再次上演了乡村美食盛宴。我们身边充满了发财的机遇，一条又一条三文鱼被拉上岸，我们怀揣着同样强烈的愿望，仿佛再次回到童年。终于，我们的鱼竿被拉成弓形，鱼上钩的那一刻，握着鱼竿的手感到了强烈的震动，身体也随之颤动。

然而，仅仅几秒钟后，一切都变了。鱼儿在水中停止了挣扎，被拖上岸时像一条银鳕鱼。它并不完全是银灰色的，实际上，它确实是一条三文鱼，背鳍虽不平整，却是一条肥硕、光滑的三文鱼！然而，我们钓到的却是一条人工养殖的三文鱼。

三文鱼从网箱逃逸的事件，很久以前就已发生了。海洋学研究人员早在1973年便有相关记录，他们指出，“这样的事故曾多次发生，导致大量鱼类逃逸”。沿海地区经历猛烈的风暴后，岸上一片狼藉，住房和船屋被毁成碎片，船只被吹上岸，国王夫妇也亲赴灾区慰问。20世纪80年代中期，报纸曾披露，“三文鱼逃出了养殖网箱”。在冬季的暴风中，养殖设施被狂风摧毁，渔网被撕开，三文鱼得以自由游动。

当我们驯养的新品种家畜逃逸后，会发生什么呢？它们习惯于被喂食，缺乏锻炼，活力相比于野生祖先有所减弱，是否会因迷失而死亡？还是像杰克·伦敦在《野性的呼唤》中描述的那样，潜在的本能被唤醒呢？

在三文鱼养殖产业诞生的初期，人们对此知之甚少。一组科研人员如同生态惊悚电影中的怀疑者一样，逆流而上，追踪逃逸的三文鱼。他们开始质疑：这些逃逸的三文鱼能够捕捉到食物吗？它们能够存活吗？是否能够逆流而上？会占据野生三文鱼的产卵地吗？生病的养殖三文鱼会传染野生鱼类吗？如果养殖三文鱼与野生三文鱼交配，那么它们的后代将是什么样子？野生三文鱼的遗传基因是否会被污染？

1987年，科研人员表示，对于这一现象的“忧虑日益加剧”。虽然他们有诸多疑虑，却很少得到答案。

反对科研人员的人们认为，养殖业提供了更多的就业机会，并活跃了地方的社会活动。科研人员的支持者的回应则是，应该等待科研人员的忧虑被证实。在那个时期，确实很难获得确凿的证据。

1988 年，警报拉响。科研人员在记录中写到，自从人类开始养殖三文鱼以来，挪威河流中其他驯养海洋鱼类的数量明显增加。同一年，豪格逊的报纸报道，连续两年在埃特纳河发现了大量的逃逸养殖三文鱼。《逊莫尔邮报》提到，出逃的三文鱼在约伦德峡湾掀起了垂钓热潮，但没人知道这些三文鱼的来源。《渔人》杂志则报道，在挪威西部的河流中发现了大量养殖三文鱼。《民族报》称，在卑尔根附近的奥萨河中，50%的雄性鱼是逃逸的养殖三文鱼。《罗夫特邮报》也提到，在挪威北方的小河中发现了大批逃逸的三文鱼。

挪威自然资源管理局收到了多份报告，在选定的 54 条河流中，有 23 条河流中发现了逃逸的养殖三文鱼。类似的情况在其他养殖地区也有发生。在爱尔兰的一条河流中，逃逸三文鱼占据了 28%的渔获；而在苏格兰的一条河流中，这个比例为 20%。在美国西北部华盛顿州的皮吉特湾，海水与河流中也发现了逃逸的养殖大西洋三文鱼。

自然资源管理局局长彼得·约翰·谢伊对此深感忧虑，并呼吁暂停向新申请的养殖企业发放许可证。然而，当记者联系他时，他则表示，“事情并不是那样，我们仍会同意发放许可证，因为我们尚不清楚对遗传基因污染的恐惧是否有确凿证据”。

尽管如此，与这一事件相关的各种词汇不断出现："假设""担忧""不安""缺乏确凿证据"等。养殖业发言人回应说："我们对防止鱼类逃逸的措施非常感兴趣，但停止发放养殖许可证并不是有效的举措。"谢伊则辩称："这种怀疑对保护自然资源是有益的。"

毫无疑问，养殖三文鱼的逃逸让野生三文鱼的生存环境愈加艰难。谢伊建议在主要的野生三文鱼生存河流附近禁止设立养殖企业，他希望对养殖设施提出更为严格的技术要求，加强监管，提升陆上设施的建设水平，并对养殖三文鱼实施节育，以防止其与野生三文鱼交配。

研究员谢蒂尔·辛达尔警告说："如果我们等到获得更多知识后再行动，可能为时已晚。"尽管谢伊和辛达尔承诺将执行原有政策，但养殖三文鱼依然不断逃逸。

1988 年至 1989 年的冬天发生了一起大事件，大约 70 万条养殖三文鱼逃逸，与同期洄游到河流的野生三文鱼的数量相同。研究员噶森和穆恩在记录中写到，这一年的冬季，共有大约 120 万条养殖三文鱼从挪威各地的养殖场逃逸。

养殖三文鱼逃逸事件被挪威媒体广泛报道。1989 年，报纸的发行量大大提高。

1989 年，特伦德拉格郡的一家报纸报道："生病的三文鱼正威胁着南森峡湾，大批逃逸三文鱼正游向南森峡湾。”这些身患皮肤疖病的养殖三文鱼——能够传染其他鱼种，使其皮肤出现脓疮并留下疤痕——正游向最重要的野生三文鱼生存河流。人们对于野生三文鱼感染疾病的风险感到忧虑。在国家图书馆翻阅报纸档案时，我们发现，此次三文鱼逃逸事件占据了重要版面，唤起了沿海地区居民的警觉，并引发了关于防止三文鱼逃逸及有效保护野生三文鱼的大讨论。此次事件最终促使挪威议会举行听证会，挪威渔业大臣斯文·蒙克尤尔在答辩中指出，“保护我们国家的野生、天然三文鱼种群，是一项全国性任务”。他进一步表示，逃逸的养殖三文鱼病情严重，“如果传染病泛滥，将对鱼类资源和整个养殖产业构成严重威胁”。政府将“严阵以待”。

一周又一周过去了，一个月又一个月也过去了。养殖三文鱼继续逃逸，它们在峡湾中四处游弋，有些游入河流，逆流而上。研究人员对所有河流进行了勘察，结果是明确的：在 70%的河流中发现了逃逸的三文鱼。

风暴席卷挪威海岸，数百万条养殖三文鱼逃逸。“如果这种状况持续下去，”科研人员警告道，“不同河流中的野生三文鱼的基因差异将被消除，这将导致它们的本性和地方适应能力的消失。”

人们逐渐认识到养殖三文鱼逃逸的后果。逃逸的鱼群经常围绕网箱活动，失去了本能的方向感，无法独自在自然环境中生存。此外，由于它们患有疾病，容易成为水中掠食者的猎物。然而，仍有许多鱼存活，时不时有鱼游入河流，形成显著的聚集现象。养殖三文鱼体型较大，后代发育迅速，且具有被驯养的特性，每年都会从原养殖海域多次迁移。它们在河流中遇到了经过几千年进化的野生三文鱼，后者已非常适应河流环境，体型、洄游及产卵时间等均能与河流的水温、距离、水流状况以及河中食物相适应。尽管这两种鱼存在差异，但它们能够相互辨识，因此驯养鱼与野生鱼交配，繁衍出混血后代。这些后代鱼苗的基因同时包含驯养程序与野生环境的特征。这使得河流中的三文鱼种群变得愈加脆弱，因此养殖三文鱼对野生三文鱼构成了重大威胁。1991 年的一项调研报告的结尾写到，这种状况已经极其严重，“唯一的解决办法是确保三文鱼逃逸现象不再发生”。

2006 年，挪威的检察机构终于被唤醒了。挪威检察长办公室的检察官发现，关于人工养殖三文鱼逃逸事件的报案被封存，警察局对此也未给予优先处理。这究竟是为什么？检察官下令成立一个特别工作组，由律师和侦查人员组成，他们大多来自经济犯罪侦查局，并对已发现的材料进行了整理。为何中央统计局的工作及所呈报告如此乏力？

挪威渔业监管部门颁布的“零出逃愿景”措施未能有效地阻止养殖三文鱼逃逸。多年来，人们一直在讨论各项措施与先进科技，但仍未出台全新的规划，因而新的“零逃逸”方案应运而生。

特别工作组认为，挪威发生的养殖三文鱼逃逸问题已经非常严重，并导致大西洋野生三文鱼种群数量在30年间减少了80%。目前，在挪威，大约60条河流中已不再存在野生三文鱼。特别工作组的报告显示，挪威全国的养殖设施中存活着2.2亿条三文鱼，是自然环境中野生三文鱼数量的370倍。他们还记录道："那些大型养殖三文鱼企业，仅一间养殖设施便能容纳挪威全国的野生三文鱼。"此外，实际逃逸的养殖三文鱼数量也很难准确统计。

根据挪威商业部门的介绍，每年至少有56万条养殖三文鱼和虹鳟鱼逃逸。然而，研究人员估计，实际逃逸的数量是官方统计数据的2～4倍。此外，大量从孵化和育苗网箱中逃逸的小鱼在被移入海水之前就逃掉了。尽管绝大多数小鱼会在遇到早期的生存挑战时死亡，但仍然有一些存活。科学家的估计显示，每年从养殖设施中逃逸的幼鱼数量为120万～360万条。

尽管时常能发现逃逸的三文鱼，但很少有人知道它们的来源，也没有任何组织对此承担责任。特别工作组在报告中指出，这种情况对环境造成了严重的后果，其危害性远远超出了人们的想象。特别工作组认为，经营缺乏责任制度、养殖设施技术落后，以及缺乏定期的设备检查和有效的监督机制，导致了这个问题的发生。他们还指出，"一个或多个机构的不作为态度"是导致问题产生的重要因素。

律师和侦查人员也认为，逃逸事件有损于商业贸易的信誉。尽管如此，特别工作组认为，经济和贸易部门似乎并未认识到这一点，甚至不明白这正是他们受到惩罚的原因。最终，特别工作组的结论是明确的：这种状况必须改变，并提出了新的措施以应对逃逸现象。

在过去的50年里，三文鱼逃逸现象不断发生。在撰写这份报告期间，媒体报道了众多逃逸事件，例如在西芬马克郡、松纳峡湾和哈当格峡湾，以及在苏格兰和塔斯马尼亚的养殖场等地，从而引发了公众的关注和忧虑。

随着逃逸三文鱼在挪威河流中的数量不断增加，相关负责人也开始重视这一问题。挪威渔业大臣奥德·埃米尔·英格布里森召开了内阁会议，并强调了首先必须承认逃逸现象的存在。与会者一致同意，必须采取措施减少这一现象，特别是针对来源不明的逃逸三文鱼，社会对此高度关注。

综合来看，逃逸事件不仅对野生三文鱼种群的生存构成了威胁，而且给生态系统带来了潜在的风险。因此，迫切需要采取全面的管理措施、加强监控，并制定针对性政策，应对这一日益严峻的问题。这样做的目的不仅是保护环境，而且是担负起挪威渔业可持续发展的责任。

9

寄生虫肆虐

回过头来看，当我们获得众多答案时，就像是对即将发生的重大灾难作出的预警。我们知道海虱的繁殖是多么高效。我们也知道在单一繁殖中会发生什么，一年又一年，人们培育了大量相同的物体。此外，我们知道，不可能将害虫通通消灭。那么会发生什么呢？总有一些“幸运”者存活下来，而且不停地繁殖。很快它们又会挤作一团。海虱被毒素攻击，但是毒素从其身边掠过。那些信誓旦旦的人敢保证，他们所做的一切能够消灭干净海虱吗？

艾米·艾吉杜斯在寻找一种能杀死海虱的药剂，这件事非常急迫。20 世纪 70 年代中期，三文鱼养殖业高速发展，可是海虱的繁殖更加迅猛。三文鱼活生生被海虱吃掉，海虱的危害使养殖户心惊肉跳。福尔马林不起作用，洋葱也不起作用。

艾米·艾吉杜斯是海洋研究所的研究员，她是养殖户在研究所里可以联系的人员之一。她留有一头黑发，一双黑眼睛炯炯有神。她说自己不擅长外交辞令，总是用带有审视的眼光看待问题。在男人的世界里，她是一名坚强的研究员。她身高 1.8 米，可俯视很多人。兽医认为自己知之甚多，可是艾吉杜斯是一位微生物学家，对鱼类也略知一二。她与养殖户联系密切，因为他们有具体的需求，他们身边有成堆的死鱼，多到几乎无处掩埋。这关系到资金，是的，也关系到产业的生死存亡。她经常驾驶着一辆橘红色小轿车，匆忙地驶向各个养殖场。她在车里装上实验用的冷藏箱，如果是周末，她就带着孩子一同前往。来到摆渡码头，在等待渡船的时候，她就在水边钓鱼。她很喜欢开车去这些地方，养殖户将她看作救星，一位尚未被发现和讴歌的英雄，一位确保鱼类健康的先锋。那么面对海虱该怎么办呢？她详细地翻阅了所有调研资料，研究了各种杀虫剂，观察了化学药剂对陆地害虫的效果。最终她想出了一个办法，就是使用“敌百虫”。这个杀虫剂被用来对付猪和其他动物身上的寄生虫，可能对付海虱也会有效。她将“敌百虫”掺在饲料里喂食三文鱼，但由于剂量过大，导致一些鱼失明。后来她将“敌百虫”溶入盐水，效果不错。她的女儿记得，当将“敌百虫”盐水喷洒到网箱里时，鱼儿跳跃起来，效果显现出来。

药剂起了作用，海虱终于败下阵来。“敌百虫”这个词很快在挪威沿海地区的养殖户圈子里传播开来。

1988 年，挪威国家药监局批准了一种杀虫剂的使用，有效地控制了海虱的灾害，让人们终于能够松一口气。然而，艾吉杜斯清楚，这种杀虫剂的药性非常强烈，对人类也有潜在的毒副作用。她在《挪威渔业养殖》杂志上发表了一篇专题报告，提醒人们在使用时必须采取防护措施，包括戴上手套、护目镜，并穿上连体防水裤。

这种药剂属于有机磷酸酯类，具有损害神经系统的作用。但这种药剂的不稳定性也是一个问题。即便三文鱼养殖户按照说明书使用，有时鱼群仍会突然全部死亡。1986 年，兽医杂志上的一篇文章描述道：用药后不久，三文鱼开始钻向网箱底部，一个半小时后，部分鱼翻白肚皮，失去知觉，甚至开始抽搐，最终死亡僵硬。两天后，只剩下少量鱼还活着，但失去了知觉。文章还指出，在消灭海虱的过程中，许多鱼也死亡了。一位兽医讲道，在一次养殖场的灭虱行动中，有 27,500 条三文鱼死亡，在另一次行动中则有 38,000 条死亡。

后来，人们发现药剂在海水中发生了化学反应，尤其在高温下，其毒性会增强数倍，导致灾难性的后果。随后，人们找到了一种毒性更稳定的药剂——“敌敌畏”。尽管在1986年，苏格兰已经使用这种药剂进行过实验，但效果并不如预期。因此，养殖户尝试增加剂量及延长消杀时间，但遭到了专家的反对，因为药剂在鱼体内长时间作用会导致鱼游动异常、抽搐、失去平衡，并排出带黏液的线状排泄物。此外，贝壳类动物对这种药剂也非常敏感。20世纪90年代初期，挪威也有类似的报道。最初，杀虫剂能够消灭全部海虱，但后来效果下降到95%。而现在呢？效果仅为80%。伊特勒纳姆达尔的消息更具颠覆性，那里的杀虫效果只有70%，甚至低至60%。

科研人员对这一现象进行了细致的研究，最终发现海虱的基因发生了突变。一些海虱扛过了“敌百虫”和“敌敌畏”的药性，存活下来并进行交配，繁殖了更多的后代。很快，基因突变产生的变种就拥挤在一起。记得吗？一只雌性海虱能产卵数千个。原本的预期是所有海虱会被药剂杀死，结果却是很快成长出一批新种类的海虱，而且数量越来越多。是的，养殖户没有办法应对，海虱产生了耐药性。

在随后的几年中，杀虫剂生产厂家研发出新型药剂，当然也从原有的杀虫剂中提取了有效成分。其中一个就是过氧化氢，也就是以漂白剂著称的药剂。科研人员发现，极小剂量的药剂也能致使海虱变瞎。药剂会使小小生物体内的组织结构完全破裂。失去知觉的海虱抓不住三文鱼，从而浮出水面。几百万只失去知觉或死去的海虱浮出水面，被打捞运走。然而养殖户仍然没有完全满意，因为这需要大量的过氧化氢。例如，在 1993 年就施用了 710 吨。仅运送 710 吨的药剂也是一项繁重的任务，因为这是毒性极其强烈的药剂，操作起来也要极为小心谨慎。

另一个解决办法就是利用植物产生的杀虫毒素。实际上植物与昆虫之间一直进行着战争。昆虫攻击植物，植物就会发展自卫能力。它们会长出针和刺，并能制造毒素。那么昆虫怎么办呢？它们要自卫。植物将产生更强的新毒素。人类合成了一种毒素，用于毒杀海虱。人类向网箱里喷洒用这种毒素制造的杀虫剂，并将网箱用防水布围起来。于是奇怪的事情发生了，海虱失去了协调功能。最初它们极为亢奋，而后就变成残疾了！最后死掉。这种毒素就是除虫菊素的人工合成近亲——拟除虫菊酯。它们的名字是“赛灭宁”（氯氰菊酯）和“敌杀死”（溴氰菊酯），它们在出售时的商品名是“BetaMax”和“AlphaMax”。从 20 世纪 90 年代到 21 世纪初的十几年，在挪威沿海地区，人们可以看到一个戏剧性的景象，当养殖户使用这些毒素时，他们身穿全覆盖的防护服，戴着手套和防护镜。

后来，研究人员开发了一种几丁质合成阻断剂。几丁质是贝壳类动物形成外壳的关键成分。这一发现为控制海虱等贝壳类害虫提供了新的策略。海虱在短短一生中，会经历 7 次蜕壳。人类拥有随着成长而发育的骨骼，而海虱的外壳不会成长。当海虱成长时，它们的外壳会脱落，并生长出一层新的弹性表皮。这层新表皮能够扩张并不断强化，最终在几丁质的作用下变成坚硬的外壳，使海虱再次披上防护服。研究发现，海虱最易受伤的时刻正是旧壳脱落之时。研究者利用这一点，制造了一种能够阻止几丁质合成的药剂，即“几丁质合成阻断剂”。这种药剂被掺入三文鱼的饲料，当海虱蚕食三文鱼时，便会摄入这种阻断剂，从而无法形成新的外壳。海虱最终因柔软外皮而死亡。

然而，海虱再次逃过一劫，取得了胜利。1996 年，挪威《晚邮报》报道，对于养殖户来说，这简直是一个噩梦。新研发的药剂如“因灭汀”等再次出现在市场上。挪威媒体后来报道，挪威海洋产业已经控制了三文鱼海虱灾害问题。某产业组织的总裁在接受采访时表示，一项长远的、目标明确的工作已经取得了成效。海虱灾害虽然具有挑战性，但经过挪威养殖户的长期不懈努力，问题已经永久性地得到了解决。2005 年，在挪威三文鱼养殖户参加的会议上，挪威全国渔业海洋产业协会——如今更名为“挪威海产局”——主席谢尔·玛洛尼发表了题为“对于三文鱼海虱灾害的控制从零到彻底完成”的讲话。养殖户与科研人员的积极的、耐心的合作再次取得了成果。这个产业对待问题采取了开放的态度。现在战斗已经结束，回想海虱肆虐的日子，起初人们试图用大蒜消灭它，现在看来只能付之一笑。人类与海虱相比具有绝对的优势，海虱是人类有力的挑战者吗？海虱从来就谈不上有什么头脑。它有手指吗？没有。有脚趾吗？没有。有智能手机吗？也没有。

在三文鱼养殖历史中，有一个经常出现的人物，人们用“倔强的山羊”或“辩论狂人”这样的词汇来形容他。这个人引领着他所从事的事业，并且有着坚定的工作目标。你可以在自由思想家、聚会终结者、悲观主义者、世界末日预言家、书呆子、报告文学作家、偏执狂这样的群体中找到他的身影。他是那种让人烦恼的人，拥有大象般的良好记忆力。他的形象则是：经常身穿一件挪威风格的宽大花格毛衣，头发蓬乱，总是待在一间风格独特的小办公室里，经常工作到很晚，桌上总是放着一包粗粮面包干。他就是挪威兽医研究所教授图尔·埃纳·霍斯伯格。挪威国家食品监管局曾对他非常不满。他到底说了什么呢？霍斯伯格在很早以前（大约十几年前）就发现，挪威纳姆达伦海域中的海虱对养殖户大量使用的杀虫剂产生了抗药性。现在他仍然看到除虫菊酯被投入水中，这让他想起了农业中曾经发生的情况。过去，人们使用除虫菊酯来治理叶蚜虫，不久之后害虫卷土重来。每次灭杀活动后，总有一些海虱存活下来，它们繁殖得越来越多。这就出现了许多治理的选择。在这种论调的影响下，有机生物治理的方法应运而生。然而，霍斯伯格认为，这条路是行不通的。

2004 年，霍斯伯格在一份总结报告中指出，人们普遍认为海虱灾害问题已经得到了解决。三文鱼养殖户表示，“现在海虱已不是什么问题了”，“我们只需走到网箱边，喷洒一点‘AlphaMax’，就能将海虱搞定”。然而，霍斯伯格受到资助进行研究，并非因为其他人真正有问题需要解决。这种情况持续了许多年，直到有一天突然响起了警报声，一个绝对令人震惊的消息传来——一种海虱药剂突然失效了。谁会相信这个消息呢？很快，拟除虫菊酯的药性也削弱了。如果人们加大剂量，那么三文鱼和海虱就会一起死掉。因此三文鱼养殖户不得不缩短施用杀虫剂的周期，清洗掉原来药剂的残留。消杀海虱的药剂甲基吡啶磷在 20 世纪 90 年代还是起作用的，于是人们又将这个药剂取了出来。2008 年至 2009 年，人们施用的剂量逐渐增加。

在没有取得很大进展的情况下，研究蝗虫的专家鲍尔德·约翰纳森带来了新的希望。他发现，联合施用两种喷雾剂能以最小的毒性消灭蝗虫。现在，他将这种方法应用于消杀海虱，并取得了成效。人们首先对海虱施用甲基吡啶磷，使其感到不适，一个半小时后，再施用低剂量的拟除虫菊酯，就能给予海虱致命一击。这种联合施药方法带来了全新的、意想不到的效果。养殖户对约翰纳森的救世主般的出现表示欢迎。他沿着海岸线四处作报告，他的用药方法得到了广泛应用。但很快，他与养殖户产生了矛盾，养殖户拒绝承认他的施药方式的功效，拒绝向他付款。在一系列诉讼过程结束后，他没有获得经济上的胜利。很快，这种用药方法的效果也消失殆尽，海虱再次适应了。2009 年以后，这种方法就不再使用了。从前，每季度对三文鱼进行一次施药，现在增加到四次、五次、六次才能见效。养殖户不得不寻求其他更有效的药剂。于是人们谈起一种针对跳蚤的药，名叫虱螨脲。据渔业杂志称，这种药对于昆虫外壳的形成有很强的阻止作用，药效持续时间长，在网箱环境里药性衰退慢。

海虱不仅产生了对化学药剂的耐药性，而且获取了更多的能量。通过 40 年的自身强化，海虱在生命早期就能产卵，而且每次产出的卵比以前更多。后来就出现了“装甲海虱”这个词。人们施用的各种药剂，只能使它们越来越坚强。海虱灾害越来越严重，它们更具攻击性，制造出更多的病害，对三文鱼的蚕食更加严重。

2016 年 9 月 3 日，国家食品监管局的图尔·达尔到朗谢拉进行视察。他将参与清点海虱的数量。眼前的这个养殖场令他震惊。“不是几条，也不是几百条，而是几千条三文鱼，身上布满大片伤痕，在水里游动。”他在法庭审理一项针对养殖户的诉讼案时说。海虱已经啃破鱼身上的黏液层，咬穿了鱼皮，一直进入头盖膜和身体组织。“我看到三文鱼遍体鳞伤，无精打采地游动。我看到水面上漂浮着大量死鱼。”经查点，平均每条鱼身上有 111 只海虱。鱼的头皮被啃光，用他们的术语称为“白色颅骨”。没人知道有多少条鱼受到伤害，但最确切的估计是约10万条。

早在10天前，挪威莱瑞海产公司行政部经理就给董事会主席发送了一封电子邮件。那个养殖场就是该公司的一个产业。“海虱卷土重来的速度远比我们消杀的速度快得多。”后来，这位经理在法庭上讲：“我仍然推测，会有惩罚在等待着我们。”

附近的一个养殖场的情况同样不容乐观，那里的三文鱼平均每条身上附着50～150只海虱。这些带着“白色颅骨”的鱼在网箱内游动，身上的伤口深可见骨。活着的鱼和死去的鱼混杂在一起，水面上浮着一层厚厚的油渍。由于死亡的鱼数量太多，养殖户莫瑟瓦尔无法将它们全部打捞上来，并进行粉碎和酸化处理。这位养殖户表示，在这种极端情况下，他已经尽了最大努力，并对三文鱼遭受的痛苦表示深深的歉意。

随后，莫瑟瓦尔被处以450万挪威克朗的罚款。莱瑞海产公司也被处以罚款，但公司聘请了一支律师团队在法庭上与国家食品监管局对抗。这起案件在挪威法院历史上开创了先例——第一件因三文鱼遭受海虱攻击而引发的动物福利刑事案件。法官认为，三文鱼遭受大规模伤害的事实已被证实，但不能仅凭此推断为莱瑞海产公司的疏忽。不得不承认，海虱的攻击是由养殖户无法预测或控制的因素引起的。公司已经尽了最大努力，采取了所有可能的措施。

在法庭上，图尔·达尔发表了他的观点：“我看到的是挪威历史上最严重的动物伤害惨案。”他将此案与一位农民因疏于管理92头牛而被判入狱的案件相提并论，强调了动物福利的重要性以及对养殖业者责任的严肃考量。

用“最严重的动物伤害惨案”描述三文鱼，在挪威算是一件新鲜事。当我们在数据搜索引擎上搜索时，会看到很多有关“动物惨案”的词条，但都是关于其他动物的。比如，15头猪在猪圈里被烧死被称为“动物惨案”，3匹马和3头小牛犊在圈里被烧死也被称为“动物惨案”。但是“鱼的惨案”或“三文鱼惨案”这样的词条是找不到的。然而，在挪威的一些新闻栏目中搜索时，我们发现这个词汇于2013年第一次出现。当时挪威国家食品监管局的奥德·斯克鲁兰女士讲道，太多的三文鱼在生产过程中死亡，“如果这种现象发生在其他家畜身上，就被称为‘动物惨案’”。

不过，她的这种说法很快就遭到了另外一名研究员的反对，后者指出，很多三文鱼在自然环境中死亡，三文鱼死亡数量比家畜死亡数量多是很自然的事情。养殖户对“动物惨案”也极其反感，认为这是对“养殖产业进行的一次巫婆式猎杀”，是“猫头鹰的视力”“严重抹黑行动”。“动物惨案”这个词绝对不能被接受。

那么，三文鱼是动物吗？是的，它是动物王国中的一员。三文鱼是家畜吗？是的，耶德莱姆在20世纪70年代的一次关于繁殖问题的讲演中确认，讲演的副标题为“鱼类是家畜”。当我们繁殖三文鱼并将其放入网箱里成长时，它就成为家畜，我们就应对其负有责任。由于《动物福利保护法》也包括鱼类，所以也就具有法律效应。

兽医学教授特里格沃·鲍勃于2014年首次引用“动物保护联盟”这个词，他认为唇鱼被吃掉及三文鱼在网箱里死亡就是“动物惨案”。2016年，记者安德斯·弗利塞特在全球最专业的水产媒体“IntraFish”上，发表了关于莱瑞和莫索瓦两个养殖场遭受海虱攻击的报道，报道写道：“显而易见，这就是‘动物惨案’。”挪威兽医协会为社会全面接受鱼类的自身价值及必须改变用词进行施压。兽医协会主席图瑞尔·莫森反问道，为什么150头牛死掉就是“动物惨案”，而750万条养殖三文鱼死掉只是“13,000吨生物垃圾呢”？鱼也是以个体形式生存在这个世界上的。

当海虱穿透鱼皮并啃食鱼肉时，鱼的感受是人类无法想象的。遍体鳞伤的鱼在成群的死鱼中游动，它们的感觉同样难以被人类理解。梭罗曾问：“谁曾听到过鱼的哭声？”鱼类似乎与我们相距遥远，它们无声无息、单纯，看似没有感觉。然而，鱼类与我们有着相同的基因片段，我们之间的距离并不像想象的那么遥远。鱼类实际上具有基因表达方式，这些方式本可以促使它们发育手指，但最终发育成鱼鳍。我们今天肯定知道疼痛的感觉。鱼类身体最敏感的部位是眼睛周围、鼻孔附近、尾鳍、背鳍和腹鳍。当鱼类感到恐惧时，它们的反应与其他动物一样——呼吸急促，释放信号物质，逃离现场，恐慌，瘫痪，试图将体型变大，停止进食。

当海虱啃破三文鱼鱼皮时，三文鱼会感受到盐水透过开放的伤口进入体内，导致体内的水分被析出。水分不断被析出，三文鱼为了维持体内水分平衡而大量饮水，变得极为干渴，产生类似窒息的感觉。在海水中，细菌进入流血的伤口，引发感染和炎症。三文鱼养殖户试图消灭海虱，三文鱼将遭受同样的痛苦和折磨，感到恐慌，还会遭受更多的创伤，包括鱼鳃的损伤和心脏病。一条三文鱼被海虱折磨，慢慢地死去。

在三文鱼养殖的 40 年历程中，化学药剂逐渐失效，迫切需要寻找新方法。在挪威峡湾，累计使用的药剂量包括 12 万吨过氧化氢、116 吨“敌百虫”、10 吨“敌敌畏”、1.5 吨“因灭汀”、2.5 吨拟除虫菊酯和“敌杀死”、43 吨几丁质合成阻断剂、27 吨甲基吡啶磷（加强“蝇必净”）。

这些药剂对挪威的沿海生态系统产生了巨大的影响，引发了人们对龙虾、鳕鱼、唇鱼、多毛目环节虫、虾、磷虾和小龙虾等海洋生物的担忧。未来几十年中取得的科研成果可能揭示这些药剂对挪威海洋生物产生的长期影响。

10

美国人警告：新鱼种很危险！

养殖三文鱼与罹患癌症风险之间的关联，成为国际媒体上的一则令人震惊的新闻。关于三文鱼体型日益增长的神话，突然被这条新闻打破了。这件事发生在2004年的冬季。

某一年的10月，我们在纽约的一条大街上偶遇了一位曾给养殖产业带来震动的研究员，距离我们初次见面，已经过去了15年。他看起来像是从罗尔德·达尔笔下的宇宙中走出来的皮肤黝黑的校长。这位资深学者的头发和胡须已经变得雪白。他身着一套浅蓝色条纹西装，没有佩戴领带，似乎是故意为之。他的双眼炯炯有神，满面笑容，给人一种圣诞老人般的亲切感。我们在一家咖啡馆坐下，他开始讲述自从发表关于三文鱼养殖中使用有毒药剂的研究报告之后所发生的故事。

一切始于来自费城的一封邮件，邮件的主题是：你愿意领导一项关于大西洋养殖三文鱼与太平洋野生三文鱼生存环境受毒素污染的研究吗？

“请给我讲得再详细些！”这是当时他唯一的要求。对于研究员而言，并不是每天只想着能获得多少研究经费。资助这项研究任务的是皮尤慈善信托基金会，这是一家以利用知识解决当代挑战为目的的基金会。基金会邀请了6名研究员，并承诺提供3年的研究资金。

大卫·O.卡朋特的学术资历堪称典范。自20世纪80年代起，他就致力于环境污染的研究。他的研究兴趣源自与美洲原住民莫霍克人的一次会面。卡朋特发现，莫霍克人以鱼为主食，但当时他们捕鱼的河流遭到了污染，故而对他们的健康造成了影响。卡朋特在检测莫霍克人的血液和母乳样本时，发现了高浓度的多氯联苯。多氯联苯是一种在建筑材料和电子产品制造中使用的化工原料，对人类和动物健康极为有害，可能导致免疫力下降和神经系统损伤。多年来，这种有害物质与当地居民出现的一系列健康问题紧密相关——化工污染物被排放到河流中，鱼类首先吸收，然后传递给人类，母亲通过怀孕和哺乳进一步传递给孩子。因此，在挪威，这些污染物被称为“永久性化学污染和持久性污染”。

研究这些污染物如何伤害人类健康，成为卡朋特的科研课题。他愿意倾尽毕生精力从事与人类健康相关的研究。莫霍克人的自然观激励了他——地球是一个完整的生态系统，万物相连，人类与水的关系是不可分割的。如果水被污染了，那么人类也被污染了。如果地球被污染了，鱼类被污染了，那么人类也就深受其害。但莫霍克人的思想包括更多内容，也就是“七代人原则”。我们今天的选择，就是为今后七代人谋福祉。如果是不理智的决定，也将传承七代人。考虑到一些污染物的衰减期较长，莫霍克人的原则还是有道理的。

当卡朋特介入三文鱼研究时，他是奥尔巴尼大学环境健康学教授。他和5位同事花费了很长时间规划研究课题。他们从不同国家的16个城市带回了三文鱼，其中一些是养殖的。他们对三文鱼进行了14种污染物的测试，不仅包括多氯联苯，而且包括二噁英和喷洒药剂。他们的测试在加拿大的实验室里进行，这是当时世界上最先进的实验室之一。

人们已经了解到油脂含量高的鱼，如三文鱼，其可食用油脂是污染物的根源，因为污染物会在鱼的油脂中逐渐聚集。卡朋特和他的团队对来自世界各地的三文鱼进行对比，同时对多种污染物进行分析测试。他们的研究非常深入，其成果被世界最具权威性的杂志《科学》认可。

加拿大实验室的科研成果的发表引起了轰动。卡朋特表示，“检测出的污染数值高得惊人”。三文鱼备受人们喜爱，被普遍认为是健康的食物；然而，现在的测试数据挑战了这种观点。

不同种类的三文鱼之间存在显著的差异。他们检测的养殖三文鱼体内污染物和农药的含量远高于野生三文鱼。此外，三文鱼体内的多氯联苯含量超过了美国国家环境保护局推荐的数值。

卡朋特回忆道："我从以前的研究中了解到什么是安全水平，现在看来这是不安全的。真正唤醒我的是三文鱼体内的'污染物鸡尾酒'。没人见过这样的数据。"

2004 年 1 月 9 日，上述文章发表在《科学》杂志上。

奥斯希尔·纳肯像往常一样，在早上 6 点 30 分醒来，她检查手机，看到有一通未接电话。她当时担任隶属挪威海产品出口委员会（如今叫挪威海产协会）的渔业中心的信息主任，负责管理有关三文鱼的舆情。

据挪威报纸《世界之路》报道，美国科研人员的发现引起了广泛关注，他们表示，"三文鱼能致癌。如果你每个月吃养殖三文鱼的次数超过一次，那么就增加了患癌的风险"。这一消息无疑对大众具有极大的冲击力。挪威《北极光报》随后评论道，"挪威海产养殖业变成自己的珍珠港"，"许多国家的三文鱼销量急剧下降，股值下跌"。

面对这种情况，挪威海产品出口委员会——这个负责挪威海产品市场营销的国家机构——必须站出来捍卫重要的国家品牌。

在这一危急时刻，纳肯意识到自己需要以最佳形象出现在公众面前。她告诉自己："我必须穿上正装，带上化妆包，因为今天肯定要上电视面对公众作出解释。"离开家后，她坐进一辆出租车，并在车上迅速联络了渔业—沿海事务部、国家食品监管局、国家营养与海产品研究所、全国渔业海洋产业协会，召开了电话会议。在会议上，他们进行了明确的分工：国家营养与海产品研究所向媒体解释三文鱼的污染物问题，国家食品监管局介绍健康风险问题，挪威驻外大使馆和挪威海产品出口委员会获取相关信息，统一发布的官方新闻报道必须在当天中午12点之前发出。

很快就在媒体上见到了他们的工作成效。

国家食品监管局向挪威国家广播公司表示，"挪威的研究是建立在比美国研究人员更广泛、更深入的经验和材料基础之上的"。国家营养与海产品研究所科研部主任指出，"美国研究人员展示的数据不过是旧新闻"，并强调，挪威测试的指标都在欧盟和世界卫生组织设定的食用安全范围内。

挪威派驻西班牙的渔业代表提到，他连续15个小时与当地媒体、进口商老板通电话，讨论这一问题。其他三文鱼养殖国家，如加拿大、美国、智利等，也聘请了公关公司介入，收集对抗卡朋特的所有材料。

卡朋特及其团队在《科学》杂志上发表的文章对全球三文鱼养殖业造成了冲击。卡朋特的电话铃声不断响起，最初是世界各地的新闻记者询问研究结果，随后问题转向了他的检测方法和目的——是否有肉品加工企业或野生三文鱼保护者向他支付了费用。

报纸的标题也改变了调门，研究人员采用的模板被描述为“有争议的”“过时的”,《科学》杂志上的那篇文章被指责为表述方式是“歇斯底里”的。一位挪威研究员对报纸记者说:“美国研究员采用了具有争议的方式获取了数据，对风险的评估极其夸张。”其他国家则使用了“垃圾科学”这个词。

不过，这个问题的核心并不是在养殖三文鱼体内发现了污染物，因为挪威科研人员检测出了大体相同的剂量，而是关于致癌风险的论断。实际上有多种评估致癌风险的方法，在一篇新闻报道中很难被解释清楚。卡朋特和他的团队使用的是美国国家环境保护局的计算模式，因此，人们在一个月内只要吃超过一次三文鱼，致癌的风险就增加了。

然而，用其他模式评估会得出不同的结果。卡朋特选择使用美国国家环境保护局的方法，因为他认为那是最好的科学方法。原因有三点：第一，这种方法包括对多种污染物的检测；第二，这是对多种污染物混合效应（“鸡尾酒效应”）的评估，这是建立在严格的健康指标基础上的；第三，美国研究人员没有受到产业经济利益的影响。

《科学》杂志上发表的一篇文章对此现象进行了解

释，语气也有所缓和，其结论指出，“消费养殖大西洋三文鱼可能会给食用者带来健康受损的风险，从而抵消了食用三文鱼所带来的健康益处”。至于潜在的致癌风险，文章仅略微提及。然而，当该项研究被转化为新闻稿时，标题中却出现了“癌症”一词。

卡朋特表示，他已经准备好面对来自公众的批评。他说：“当我与一些记者交谈时，心中只有一个念头：坚持事实。我所传达的，就是我们目前能够获得的客观事实信息。我们需要强调，风险评估是由美国国家环境保护局完成的，并非我们。”

卡朋特讲道，在检测实验开始之前，他的研究就引起了挪威国内一些反对者的注意。当研究团队试图获取养殖三文鱼样本进行分析时，这个过程异常困难，“相关机构拒绝向我们提供研究材料”。因此，他们不得不派出一位来自瑞典哥德堡的学生，低调地驱车前往奥斯陆的商店购买养殖三文鱼。

将自己的文章提交给《科学》杂志进行评审后，卡朋特表示，负责这篇文章的编辑收到了一封抗议信。于是，这位编辑现在也不得不出现在媒体上，捍卫这篇文章。

同时，卡朋特的研究团队还需要面对新的批评。一位苏格兰养殖者与卡朋特发生了争吵，他说：“在你们的研究报告发表之后，我们的利润下降了50%，我不得不解雇员工，卡朋特先生，你对此感到高兴吗？”

另外，卡朋特的一位研究员同事认为，由于这项研究的发布，人们不再食用养殖三文鱼，因为他们觉得成千上万名食用者可能会因心脏病而死亡。

卡朋特回忆说："我们6个人接到了很多电话，不知道该如何一一回应。"

社会学教授大卫·米勒在其著作《思想家、骗子、旋转器和间谍2007》一书中，用图表展示了全球三文鱼养殖产业的现状。他证实，许多研究人员站出来反对《科学》杂志的这篇文章，是因为他们与三文鱼养殖产业利益相关。其中一位反对者是营养学教授，他的观点被多家国际知名媒体转载。他声称，所有研究资料表明，人们应该增加养殖三文鱼的摄入量，但他没有透露，他曾接受过"美国三文鱼养殖联合会"支付的咨询费。

该联合会还雇用了一家公关公司，为自己建立了网站。当人们在互联网上搜索养殖三文鱼体内的污染物时，这些网站就会出现在搜索结果中。在这些网页上，人们可以了解到，多氯联苯和其他污染物已经无处不在，包括我们日常呼吸的空气、饮用水和食物，因此这些污染物是不可避免的。人们会被告知，针对养殖三文鱼的指责其实是环保组织发起的一场"恐怖"宣传运动。

另外，加拿大"水产养殖认识推进协会"起草并发布了一份报告，反驳了《科学》杂志的文章。这个组织表面上看是由一个基层机构发起的，但实际上是为三文鱼养殖企业服务。

在苏格兰，三文鱼养殖业者聘请了克鲁姆咨询公关公司来应对这一挑战。该公司在短短36个小时内就完成了对《科学》杂志文章的分析评估，找出了文章中潜在的错误，并迅速联系了全球数千家媒体、政治家和官员。

仅数个小时后，全世界的媒体开始报道对《科学》杂志文章真实性的怀疑，克鲁姆咨询公关公司则称："全世界的主要媒体已开始积极地批评这篇文章、文章的作者及其支持者，并大力支持苏格兰的三文鱼养殖产业。"

由于克鲁姆咨询公关公司发起的这项运动，使其受到了广泛赞誉，甚至因此荣获了国际"危机公关"的大奖。

《科学》杂志的文章对挪威海产业造成了巨大的冲击，挪威人也在四处寻找攻击从何而来。他们认为，国内的"三文鱼神话"一直存在于沿海清澈的峡湾中，不应该受到外部世界的攻击。当时，许多人对污染物的概念并不清楚，对他们而言，阅读这篇文章感觉就像是从睡梦中被突然唤醒。

来自三文鱼养殖业的反击矛头直指媒体。养殖业的说客认为，"媒体越来越像号外小报，而且更加商业化"。他们视媒体为敌方的武器，紧盯着全球最专业的水产媒体“IntraFish”的网站。一位营养学教授，同时是养殖三文鱼行业公关公司的顾问，在接受媒体采访时说道：“记者是追求轰动事件和追逐利润的执行者，与真实世界有着灵活多变的关系。现在我们必须摘下他们的面具，积极投入‘反击运动’。”

人们开始寻找隐藏在文章背后的舆论操作议程。究竟是谁在幕后操纵这次检测实验的结果？可能有强大的力量暗中运作。一位“IntraFish”评论员认为，《科学》杂志的文章是一场“贸易战”，敌人被视为异常强大的群体，“他们更具专业知识，在这个领域中的能力明显比海产业更强，并以不同的形式将攻击隐藏在他们制造的舆论中。他们可能是环保组织、养殖三文鱼产业潜在的竞争企业，或者是那些野生三文鱼垂钓者”。

其中的关系或许涉及更多不可告人的目的。有人将怀疑的矛头指向皮尤慈善信托基金会，因为它资助了这项研究。这是一家怎样的基金会呢？“皮尤慈善信托基金会很好地将自己隐藏了起来，它是为了保护野生三文鱼而支持这项研究工作的。”挪威《经济日报》的评论员在一篇题为《付过款的真相》的文章中这样推测。该基金会“手握支票簿”介入环保领域，“有效地展示了进行什么样的研究任务”。为什么他们通过嘉信公关顾问公司（Gavin Anderson & Company）将新闻发布在媒体上呢？

《北极光报》在进行追踪报道时注意到了一个人，

他是一个顾问委员会的成员，这个委员会能够支配皮尤公司的资金使用；他还领导着太平洋沿岸渔民组织，并且持续地保护受到威胁的太平洋里的野生三文鱼。

“IntraFish”网站与卡朋特进行了电话交流。记者提问说：“你很清楚，现在很多人怀疑你们的研究背后隐藏着不可告人的目的，认为你们是在为阿拉斯加三文鱼作市场营销。对此你有什么回应吗？”

卡朋特回答道：“确实，有些记者因为我拥有四头用于向公众展出的牛而谴责我，认为我其实在为牛肉销售作宣传。我能说的是，为我们研究提供资助的皮尤公司，除了保护人类健康，可能还有其他目的。但对于我们 6 位研究人员来说，我们没有隐瞒任何事情。”

时任挪威渔业大臣斯文·路德维格森也披露了一些信息，他在 2004 年 6 月 4 日的内阁会议上讲道：“有传言称，这篇文章是由美国肉类加工企业资助的，目的是取代海鲜产品，从而提高肉制品销量。另一种说法是，这篇文章是由野生三文鱼加工企业资助的。”

随着这些推测不断出现，人们开始根据负面评论计算养殖三文鱼的销售损失。其中一项统计显示，西班牙减少的挪威养殖三文鱼需求量价值约 244 万欧元，法国则减少了价值约 531 万欧元的三文鱼需求量。然而，另一项统计却没有发现《科学》杂志的文章对养殖三文鱼需求产生影响的证据。

这一事件无疑将对产业产生持久的影响。路德维格森说道："为了更好地进行危机沟通，我们需要优化体制。"今后必须对威胁挪威海鲜产品声誉的各类情况作出快速反应。从2005年起，挪威海产品出口委员会每一年的年度报告都强调了这一点。仅2005年，委员会就邀请了100多名外国记者前来挪威参观，向记者展示了来自"北冰洋清澈水域"的三文鱼；同时，为记者提供了津贴。

然而，危机并未结束。挪威海产品出口委员会注意到，"对市场食品安全、可持续发展和伦理范畴的关注度提高了"，"几乎每周都会出现损害挪威海产品出口委员会判断的事件"。

6名研究员为何要进行这项研究，以及其背后可能隐藏的目的，或许永远也不会真相大白，但今天我们与挪威主要的海产研究员交谈时，他们表示，美国的检测研究一定是"被收买和付了款的"，更令人感到"奇怪"的是，《科学》杂志居然被收买了。另外，这篇文章一直没有被撤回或更正。学术网站的查询结果显示，该文的内容已被其他众多科研文章引用。

在纽约公园大道的一家咖啡馆，卡朋特要了几杯茶。我们问："你知道你的研究激起了如此强烈的反对吗？"卡朋特回答："实验结果出来后，我们被惊醒了。但皮尤公司并没有惊讶，他们肯定早就怀疑了。"

我们继续问："挪威渔业大臣指出，你们是被肉制品企业收买了。"卡朋特笑着说："这真是太可笑了。这是一个严肃的问题，人们是在通过这种方式抹黑一项可能影响人类健康的研究结果。”

我们又问：“你对发表文章中的一些结论后悔吗？”卡朋特坚定地说：“不后悔。自从我们的研究成果发表以后，养殖三文鱼的饲料有了显著的改善。今天的养殖三文鱼已不再那么危险了，危害性已降低了。”

卡朋特指出，这篇文章的作者、化学家罗纳尔德·海特斯避开了媒体的围追堵截，将媒体引向了自己。卡朋特澄清说：“我没有发动攻击。”他认为对研究人员的攻击，往往是因为研究内容与相关产业的经济利益有关。

他举例说，就像所有反对吸烟与罹患肺癌风险存在联系的科研人员一样，对科学研究的批评总是存在的。但批评者既没有在污染物测试结果中找到错误，又没有在实验程序中发现问题。而且他们使用的实验室可能是世界最先进的。

卡朋特反问道：“根据挪威政府的说法，难道养殖三文鱼体内健康脂肪的增加是件坏事吗？”他指出，这是营养学的论点，是建立在信仰而非事实基础之上的。实际上，人体需要ω-3脂肪酸，但人们不能总是重复做发现ω-3脂肪酸的旧实验，而对其他所有研究嗤之以鼻。新的证据已经被展示出来了。

当被问及是不是反对养殖三文鱼的人时，卡朋特回答：“不是，我是一名在人类健康事业方面实践预防原则的科研人员。我感到有责任告知公众，他们需要知道的和不知道的事情，以及人们如何以简单的方法减少健康风险。例如，当我们的文章在《科学》杂志发表时，我们会建议人们在这一段时间内少吃一点儿养殖三文鱼。”

卡朋特承认自己被称为“养殖三文鱼的反对派”，并表示这是一次很有意义的经验。他说：“指责别人的人，必须有事实依据。我已经习惯于被别人攻击了。这也让我早早地看清了这类攻击模式。”他解释说：“那些攻击我的人，往往是与工业企业有关联的。”

卡朋特往杯子里加满了茶水，继续说：“很多学者害怕在公众面前露面，他们都怕被贴上‘反对派’‘有争议的人’的标签，都不愿与记者交谈。我很理解他们。但是，如果你要阻止疾病的发生，并反对将科学研究与经济利益挂钩，那么你在大学里，除了从事研究的同事，还得与其他许多人交流。”

通过与卡朋特的交谈，我们可以感受到他的积极乐观的性格及和蔼可亲的态度，但他是一个十分严肃的科研人员。他与我们分享了美国化学制品和农药生产厂家如何赢得了政治影响力，能够影响并扭转科学论据。在美国，一切所谓的“独立研究”是以从事行业支持的研究作为交换才得以进行的。

对此，卡朋特警告说：“试图抹黑我们这种基于实证的科研结果的行为还在继续上演。今天，这种情况更加严重，错误的资料在社会媒体、互联网上传播的时候，几乎没人有机会看到那些纠正错误的报道和研究结果。”

他的目光扫过我们，语气中带着坚定和一丝不易被察觉的疲惫。

“我的愤怒远远超过悲哀。我一直致力于通过揭示疾病的成因来减少人们的痛苦。尽管研究工作还在继续，但你清楚地意识到自己的声誉已经被玷污了。”他的话语中透露出对这种不公正待遇的不满和对科研诚信的坚持。

在随后的几年里，越来越多的科研人员可能反复经历类似的事件。面对这种情况，拥有养殖三文鱼产业的国家（挪威）提高了警惕性，并聘请了公关顾问，以便能够迅速有效地应对未来可能出现的类似事件。

11

一个古老的谜团

2004年10月21日，奥斯陆码头卸下了20个大袋子，它们被运往赫纳弗斯，那里有一家生产饲料添加剂的加工企业。这些袋子里装的是硫酸锌，但无人知晓，这些硫酸锌已被重金属镉污染。在随后的几个星期里，又有16吨硫酸锌陆续被运往挪威各地的饲料加工厂，其中包括三文鱼饲料加工厂。从此，“重金属镉污染之谜”浮出水面。与此同时，三文鱼养殖大国因科学家发表的关于三文鱼体内污染物的文章而拉响了警报。有人认为，这是阴谋论的序幕。食品质量监管机构和养殖企业对于这个问题已经厌烦。如果你再提出这个问题，有人会把目光移向别处，也有人会说问题早已解决。然而，当我们进行深入调查时，发现了许多不同寻常的事情。他们拒绝接听电话；当我们要求查阅资料时，他们以“挪威外交政策利益”为由予以拒绝。正是因为三文鱼批评者的坚持和当局的漠视，所以我们在探究真相的过程中团结起来。我们将去会见一位美国研究员，他可能提出警告，却因受到羞辱而离开了挪威。我们将对一个可能的阴谋进行调查。我们将探究在食用三文鱼中究竟含有多少硫酸锌的污染物。

我们的故事从俄罗斯开始说起。2005 年 12 月 30 日，挪威国家食品监管局收到了一封来自俄联邦兽医和植物卫生监督局的信函。俄罗斯人在挪威的养殖三文鱼体内发现了超标的金属铅和金属镉含量，他们决定停止进口。这对挪威来说是一个严重的问题，因为挪威每周都向俄罗斯出口数千吨三文鱼。这个问题必须立即解决。挪威强烈要求与俄罗斯会面，特别是与副局长耶夫根尼·尼普科洛诺夫会面。

在会见中，挪威驻俄罗斯大使表示，“俄罗斯的信函引起了我们的怀疑和不安。在挪威，我们对重金属和污染物的检测非常严格。我们从未发现三文鱼体内有超标的重金属铅和镉元素”。大使要求查看俄罗斯的检测报告。耶夫根尼·尼普科洛诺夫回答说:“我们尊重挪威作为海产大国的地位。因此，至今我们仅停止了少量挪威产品的进口。”大使注意到，俄罗斯人的语调“明显比先前冷静了许多”。或许尼普科洛诺夫“感受到了出席一次本应避免的会见的压力”。

对挪威而言，这是一个难题，可能会变得更糟。三文鱼体内检测出铅和镉元素的新闻很快被世界各地的媒体报道，许多国家纷纷提出疑问。会见备忘录提供了指导，如果媒体提出不同的问题，挪威人将如何回答：

问：会见的气氛如何？

答：客观公正，挪方发出的邀请是完全公开透明的。

问：俄方“对上次会见表示感谢了吗”？

答：对此我们无可奉告。

镉元素不应存在于人体体内。它需要几十年才能被排出，并会在肝脏和肾脏聚集，因此人们可能面临患肝癌和骨质疏松的风险。

铅的危害更严重，不存在安全下限。铅元素可能导致血压升高、心脏病和肾脏损伤。铅元素还与智力衰退、注意力缺陷多动障碍（ADHD）、阅读困难和精细运动能力减弱有关。怀孕妇女可能会将铅元素遗传给胎儿，胎儿的神经系统可能受到损伤。

我们获得了俄罗斯人的检测证明，发现在两条三文鱼体内检测出超量的镉元素。其中一条是冷藏三文鱼，品牌为“Lovund”，由兽医卡拉巴诺娃和首席专家乌克拉多夫在海关检查站测出。另一条装在有碎冰的塑料箱里，鱼的品牌是“耕海”。检测结果显示镉元素含量超标两三倍。

铅元素的发现更引人注目。标有“Lovund”商标的那条三文鱼铅元素含量超标18倍。那条“耕海”三文鱼的铅元素含量超标10倍。此外，在哈尔·勒雷公司的样品鱼中也检测出超标的铅元素含量。

来自挪威的三文鱼体内真的含有如此高量的镉和铅吗?

国家食品监管局向国家营养与海产品研究所的研究人员发问。他们回答说，没有这种可能性。人们从来没有在挪威任何一条鱼体内发现如此高含量的镉和铅。

“挪威向莫斯科派出的代表决定演一出戏。他们认为俄罗斯人在检测报告上作假，但不愿公开宣扬，害怕这样做会触及俄罗斯人的痛点。不管可能发现什么替代动机，围绕这些问题的敏感性才是问题所在，这对俄方十分重要，”挪威大使厄温·诺什赖滕在一封内部电子邮件中写道，“排除一切，其中最重要的是，这个案子牵扯国家声誉和职业尊严。”我们获准查看了这封邮件。

人们必须权衡利弊。一方面要表现出“快速、透明，期待尽快将问题解决”的态度，另一方面要表现得“倾听并愿意以建设性方式考虑俄方的条件和观点”。

挪威需要与俄罗斯保持良好的关系。如果俄罗斯人决定将挪威三文鱼拒之门外，他们是完全有能力做到的。国家食品监管局的信函，以外交礼节的形式发往俄罗斯：

“敬启，我最尊敬的丹科沃特先生。”“敬启，我最尊敬的诺什赖滕大使阁下。”

但当挪威要求获得俄罗斯检测的三文鱼样本时，俄罗斯人却沉默了。挪威永远也不可能对同一条三文鱼进行检测。国家食品监管局邀请国家营养与海产品研究所的研究员参加了与俄罗斯人的会面，还有一名来自卑尔根实验室的同事也参加了会面。美国研究员克劳德特·贝林恩曾于2003年供职于国家食品监管局。现在三文鱼污染物问题变得异常重要，但国家食品监管局在这方面的检测能力不足，而贝林恩掌握这方面的知识。

贝林恩从小就对药学充满热情。她的母亲因病切除了甲状腺，贝林恩决心长大后要制造出治疗癌症的药物。事实上，她没有完全实现愿望，但刻苦学习，在药代动力学领域进行了深造。后来她遇到了一位挪威男友，当时国家食品监管局正需要一位污染物检测方面的专家，于是顺理成章地，她被聘用了。

她热爱这项工作。“我感到自己很高尚，他们聘用我，是为了保障民众的食品安全！”后来，她逐渐发现养殖三文鱼体内含有污染物。她意识到三文鱼在挪威占有特殊地位。她表示，自己与同事检测出污染物时，非常紧张。

2004年，她被派往柏林参加一个学术会议。我们曾在上文介绍过的美国研究员卡朋特和他的同事罗纳尔德·海特斯联名在《科学》杂志发表了一篇文章，现在海特斯将在这次会议上介绍他的发现。

“国家食品监管局派我赴会，是为了搜集关于该研究员的信息资料。”她说。他们想了解，海特斯是否具有“双重身份”，“他有什么背景，他为什么要写那篇文章”。“我知道自己是被派去挖料的，我同意了。我不希望自己的生活因此而发生变化，也不希望研究所被抹黑。”

在会议上，她躲在后面仔细地观察海特斯。她说自己很怕他，“那个毁坏我们生活的怪物到底是什么人?”但当她在会上看到他的时候，面前是一位慈祥的、可信赖的研究员。她对他的工作进行了研究，没有发现什么不当之处。与此同时，她发现海特斯在这个领域是一位领军人物。他供职于印第安纳大学，该大学研究检测二噁英的方法很先进。此后，贝林恩陷入了沉思。她所任职的研究所的独立性究竟如何？于是她开始调查。国家食品监管局隶属挪威渔业—沿海事务部。贝林恩觉得，她的领导有一条“直线”通到负责鱼产品市场营销的海产品理事会。

她表示，“我开始琢磨，研究所肯定不喜欢关于三文鱼的负面信息”，“起初我喜欢这份工作，现在感觉到被他们绑架，我现在研究的是外来的资料，全都是负面信息。研究所的同事拿到的都是鱼儿健康的材料，因此获得了正面的关注。奇妙的 ω-3 脂肪酸！每周吃 1 千克三文鱼！当对外来资料和污染物进行研究时，我明白了，是上面命令我们这样去做的”。

贝林恩受到了打击。她开始拒绝食用三文鱼。

2005 年冬季的一天，当贝林恩走向实验室的时候，研究所所长在旋转楼梯上急匆匆地从她身边走过，贝林恩差一点将实验品掉到地上。此时，她已感觉到与发现镉元素有关。

在饲料中发现了污染物。我们回过头来再说说这 20 袋货物。

这些货物已经被运送到很多饲料加工厂。根据文件显示，镉元素的含量为 0.0005‰，实际镉元素的含量为 7%～8%。全部货物里镉的含量高达 1.5 吨。

亲爱的读者，这是非常高的镉元素含量。

也就是说，在一年之内，全部镉元素的四分之三撒向挪威各地。

没人发现镉元素被掺入饲料。大量被污染的饲料被三文鱼和家畜吃掉。

据估计，大约 18,000 家农场和数量不明的养殖场受到侵害。大牲畜和禽类的肝脏和肾脏的销售被叫停。

于是，饲料生产厂 EEOS 召回了能够追踪到的所有饲料。

危机已成事实。国家食品监管局开始考虑采取严厉的措施。是否停止出口所有三文鱼？是否通知行驶在通往欧洲各国公路上的所有装有三文鱼的卡车返回？

人们吃了三文鱼会受到伤害吗？于是国家食品监管局去找专家。他们查看了欧洲食品安全局（EFSA）的最新报告。他们还询问了挪威食品与环境科学委员会（VKM）。三文鱼食用的饲料中镉元素的含量超标22～34倍会产生问题吗？专家的答复可能让一些消费者感到安心：镉元素主要沉积在鱼的肝脏和肾脏中，而不会大量存在于鱼肉中。至于三文鱼本身是否会受到伤害，专家组的评估结果是负面影响不大。检测结果显示，即使三文鱼摄入了过量的镉元素，也不会导致其变形或停止发育。

因此，三文鱼在市场上的销售得以继续，消费者也无须过度担忧。对于养殖产业来说，消除对三文鱼的疑虑意味着避免了巨大的经济损失。

然而，在坐落于卑尔根的国家营养与海产品研究所中，备受争议的研究员克劳德特·贝林恩对这样的检测结果持保留态度。她认为，所谓的“解放三文鱼”是基于单方面的检测，对此她也持批评意见。

几个月后，俄罗斯的报告指出，在三文鱼检测中也发现了超标的镉元素。贝林恩心想，“啊哈，受镉元素污染的三文鱼也在俄罗斯出现了”。

贝林恩进行了计算，并审阅了研究报告。她说，“我是药代动力学家”，“我计算了一种物质进入体内的量和被排出的量。我在挪威国家营养与海产品研究所做的是饲料实验。我清楚有多少物质进入了三文鱼体内，多少物质进入了肌体组织”。

在一次有同事参加的会议上，她表达了自己从专业角度得出的观点。她说，挪威国家营养与海产品研究所的领导只是不断摇头，对她的计算结果不感兴趣。

“我要与他们开展一次专业对话。我问他们：‘对于我们研究人员来说，这似乎是合理的吧？难道俄罗斯人是正确的吗？’但他们只是漠视。”

这标志着贝林恩在挪威的职业生涯即将结束。她说，“这简直是一场噩梦”，“一滴镉就能引起癌变。在人体内存有 30 年的半衰期。然而，当局既不知道有多少饲料受到污染，又不知道多少镉已进入三文鱼体内。现在他们要对此进行调整”。

她认为民众的健康受到威胁，于是向渔业—沿海事务部、外交部和渔业出口委员会发送了电子邮件，并且联系了媒体。

她清楚地记得那些天中每一个简短的片段。“我感到很沮丧和紧张，我的照片与三文鱼照片一起刊登在报纸上。我记得，当我走向自己的房子时，想的是：我关于挪威的梦想结束了。”

让我们将时间进度条放慢一点。由于在三文鱼体内测出了镉元素，俄罗斯停止进口三文鱼。这件事发生在向三文鱼喂食含镉元素的饲料半年以后。一位研究员认为，这两件事是有关联的。她发出警告，由此，她成为一名标志性人物。挪威国家营养与海产品研究所的三文鱼批评者向她投来了欢迎的目光。他们视她为一位勇敢的研究员，终于站出来说出了真相。他们认为，挪威有意掩盖了可能对三文鱼养殖业造成危害的事实。这使得贝林恩开始怀疑——挪威并非完全清白，研究人员和当局并非完全独立。所有持怀疑态度的人最终得出结论：金钱在背后操控着一切，这些研究员似乎被那些因三文鱼出口而获利的人所左右。

然而，局面有可能被扭转。挪威政府并未找到任何证据支持俄罗斯人坚持的观点——镉含量如此之高。挪威的任何检测结果都无法使俄罗斯的发现站得住脚。那么，俄罗斯人究竟想要做什么？这是一种策略游戏吗？在这种情况下，贝林恩的立场变得尤为突出。人们试图缓和与俄罗斯人的微妙冲突，数十亿挪威克朗岌岌可危，而一名国家研究所的研究员却有可能改变这一切。为什么会这样？难道贝林恩是破坏三文鱼出口的激进分子吗？

就在贝林恩的名字出现在报纸上的同一天，研究所的领导在新闻发布会上宣布了关于她的新的消息。他们声明，贝林恩“自新年起就请了病假，她不能代表挪威国家营养与海产品研究所的科学观点”，“研究所不知道为什么会出现这样的局面，也不知道为什么挪威食品监管机构以这种不合理的方式被抹黑”。

挪威政府以“违反雇员对雇主的忠诚义务”为由，对贝林恩提起诉讼。国家营养与海产品研究所联系了渔业—沿海事务部，该部又与政府律师取得联系。政府到底做了什么？在政府律师档案第2006-0038号文件中有详细描述，但被标注为保密文件。

挪威民众对政府和科研人员抱有极大的信任。同时，大多数人认为研究人员是有益的，能够为企业带来帮助。那么，如果科研成为经济活动的延伸，将会发生什么？如果研究员的领导依赖于客户，并向下级传达违背事实的信号该怎么办？如果科研人员努力成为有用之才，却陷入尴尬的境地，不得不将资料“揉搓成团”，不将真实想法完全表达出来，又该怎么办？如果研究所、科学委员会、食品安全机构雇用的都是倾向于实业部门的研究员，他们根据企业的利益进行评估，那结果又会怎样？

因此，这就形成了一个封闭的系统。这也正是贝林恩所面临的问题。

挪威国家海产监管系统包括海产品出口委员会、国家食品监管局、渔业—沿海事务部和国家营养与海产品研究所，这些机构与科研人员建立了全面的信任关系。海产品出口委员会指示国家营养与海产品研究所获取可信赖的材料，仿佛研究所是法官。然而，曾经在那里工作过的贝林恩认为，真正的法官是实践。

那么，人们应该信任谁呢？

俄罗斯人？他们从不缺乏先进的实验室。俄罗斯人很伟大。俄罗斯人不会无的放矢。

当我们将这个问题呈现在海洋研究所原所长埃里克·斯林德面前时，他质疑道:“你们真的认为挪威官方的历史是可信的吗?”“如果俄罗斯人说的是真的，我们永远也不会承认!”但他确认贝林恩是正确的。

约翰·尼尔森是贝林恩在实验室的同事，他表示始终相信贝林恩得出的结论。“她有能力计算出准确的结果，根据她的计算，镉含量确实如她所讲。”

国家食品监管局内部也对此事件进行了讨论。国家食品监管局管理委员会委员比扬纳尔·雅克布森指出，“在正常情况下，像镉含量超标这样的事件都由地区分局办理。现在整个事件由总局处理，实属不同寻常。就连这里的工作人员都感到惊讶”。

国家食品监管局回复称，总局联系了地区分局，让分局与生产单位联系，在该事件被媒体报道之前，告知生产单位，不会将此事件掩盖起来。可是比扬纳尔·雅克布森却说:“看起来，这里面好像隐藏着政治目的。在正常情况下，要进行大量调查，要对养殖场进行探访，对饲料进行测试分析，进行审核，对饲料生产厂家进行视察。但是他们在这件事上的做法异乎寻常。工作人员对此有反映。他们只是轻率地从鱼身上取下几片肉进行了检测，并说一切正常。”

我们问雅克布森:“关于这个异乎寻常的做法，你们得到过任何解释吗?”“从来没有。”他回答说。雅克布森曾说过，这是一件非常敏感的事件，国家食品监管局“用手遮盖养殖企业”。他今天仍然坚持这种说法。

为时半年的诉讼程序过后，我们获得机会查看一些内部文件。文件称，国家食品监管局最终作了彻底调查。这是在俄罗斯人发现镉和铅含量超标三个月后进行的。涉事的养殖企业必须报告生产过程中所有可能产生的污染。

三文鱼是如何被包装的？水中是否含有重金属？如何防治寄生虫？是否进行有规律的视察？卫生情况如何？饲料怎么样？在无人知晓的情况下，是否存在镉元素和铅元素渗入养殖设施的风险？

现在，人们从俄罗斯人曾检测过的三文鱼样品的挪威产地，获取了三文鱼，并将其送至三个独立的实验室，一个是国家营养与海产品研究所实验室，另外两个分别是瑞典和丹麦的实验室。三个实验室都没发现任何不正常的镉和铅的痕迹。

这种检测不够好？抽样检测样本太少？俄罗斯人是这样认为的。在莫斯科举行的多次会谈中，他们是这样发问的——挪威有 727 家三文鱼养殖企业，每年生产 56 万吨三文鱼，但你们只对 12 个样品进行镉和铅的检测，这是真的吗？

不是这样的，挪威人回答，仅 2004 年就对 72 个样品进行了镉和铅的检测。“不能认为检测数量足够多了。”尼普科洛诺夫说。“对企业的监控已经进行了 10 多年，而且覆盖了很多企业，”挪威代表回答道，“至于镉和铅的出现，从来没有理由使我们感到不安。”

然而，这也不完全正确。平静下来后，镉元素确实给挪威带来了问题。

挪威不断发现三文鱼饲料含有过多的镉。例如，在2003年，对4个样品进行检测，发现镉含量超标。鱼油的检测结果更糟糕。在对两个鱼油样品进行的检测中，其中一个样品的镉含量超过标准18倍。镉含量如此之高，以至研究人员认为检测过程出现了错误。他们认为“最有可能的原因是样品在送往实验室的途中受到了污染”，然而没有进一步给出解释。

欧洲饲料生产商联合会（FEFAC）也声称，饲料中含有大量的镉。挪威的解决办法是提高合法含量的标准，并展开了游说活动。标准是由欧盟制定的，于是挪威政府到布鲁塞尔赴会以施加影响。

挪威采取的办法是这样的：

> 1. 企业为科研拨款，研究三文鱼体内的镉元素含量处于哪种水平，人们进食后不会对身体造成伤害。
>
> 2. 国家食品监管局代表携带研究结果，前往设在布鲁塞尔的欧盟食品链及动物健康常设委员会（SCFCAH）饲料管理处。
>
> 3. 如果挪威人行事聪明的话，得到支持，并在适当的时机亮出观点，就能说服欧盟。

上述方法曾多次被使用过，挪威三文鱼饲料中的氟、砷、汞、毒杀芬和硫黄的合法含量标准得以提高。

那么，读者肯定会想，政府不是在为提高鱼体内的污染物而效劳吗？是的，就是为了支持一项非常重要的经济产业。人和动物的生命和健康当然重于一切。正是基于这个原则，将安全极限的标准尽可能地压低。稍微多一点的污染物是被允许的，给予生产厂家较大的灵活性。早在发现饲料被污染5年前，国家营养与海产品研究所的研究员就认为，基于实验结果，人们应该允许略微提高镉的限值。最近几个月他们工作得极为紧张。

在莫斯科的一次会谈中，尼普科洛诺夫中断了会议。“祝你们圣诞节和新年快乐！”俄罗斯人做好了马上离开的准备。挪威人之间小声说着什么，他们为此次会谈做了充分的准备，目的是尽快恢复出口。这次会谈如此短暂，令他们很困惑。

国家食品监管局的代表发言，作出最终的呼吁。“我们愿意将今年早些时候发生的一些情况通报给你们。”她说。然后，她告知俄罗斯人在硫酸锌中发现镉的事情。“这是一件极富戏剧性的事件，”她说，但是“检测分析表明，留存在鱼肉中的镉只有极少量。”这是挪威人首次向俄罗斯通报饲料受到污染的情况。

“我们听说过这件事，是从报纸上看到的。”尼普科洛诺夫冷淡地回答。

他认为挪威人早就应该通报。他说：“这是促使我们最终作出限制进口决定的诸多因素之一。”

俄罗斯人以前就知道含镉饲料的问题，他们认为挪方应该及时通报。半年以后，俄罗斯人声称在三文鱼体内查出镉。

前后有什么联系呢？

我们知道贝林恩的答案，俄罗斯人检测出镉，而且讲的是事实。

可能俄罗斯人知道，镉污染事件对于挪威来说是一个烫手的山芋。挪威食品监管系统暴露出缺陷。在欧盟，人们几年前就知道硫酸锌受到了镉的污染。同样的产品已于 2002 年进入了挪威。挪威的相关制度是建立在信任和事后检测的基础上的。人们对样品进行抽查，如果发现问题就发出警告。

被污染的硫酸锌于 10 月进入挪威，可是 4 个月后才首次发现问题。然后，通过所谓的食品和饲料快速预警系统（RASFF）向许多国家发出警告，人们可以通过欧盟系统获得相关信息的来源。此后，所有被镉污染的饲料被禁止使用。此时已有 2,800 吨三文鱼饲料被运送到各个养殖场，其中的 2,000 吨已经被三文鱼吃掉。

“在发出高度戒备的警告之前，已经过了很长时间。”国家食品监管局后来在一份评估文件中承认。1 月拿到检测样品，3 月检测出结果，中间经过了漫长的时间。“国家食品监管局发出危机警告太晚了，危机事务委员会很难获取相关资料，并且对事件的严重性缺少理解。”评估文件中写道。国家食品监管局努力获取事态概况。“究竟有多少‘镉’进入动物、鱼类和自然环境，仍然不明了”，“按最坏的情况估计，2005年全年饲料产量的3%～5%含有超高含量的镉”。

2019年秋季的一天，我们前往加利福尼亚会见克劳德特·贝林恩。

当我们见面时，她说：“我犯了专业自杀罪。”她和她的丈夫将我们请进特斯拉轿车，驶向停靠在码头边的他们的15米长的帆船，那里的景色很好，对面是圣地亚哥的摩天大厦。当我们把聊天话题转到15年前她在挪威当研究员的时候，她的情绪又回来了。

“我记得当时坐在办公室里，眼泪流下来。当他们将我的学生带走时，我的心都快碎了，我再也不能给他们讲课了。”

她记得，她的事情被报纸报道以及俄罗斯人的检测被证明是真实的之后，她被剥夺了工作，禁止进入实验室。她说她完全被忽视了，同事不再正眼看她。她说自己好像成为挪威的敌人。

当年，海产品出口委员会负责人在年会作报告时，将她称为“第五纵队”。这个词的意思就是阴谋家、破坏者、叛徒。这段讲话被刊登在报纸上。

在他们的帆船上，在太阳的炙烤下，我们问她，为什么当时认为俄罗斯人是正确的。

“很难弄懂镉。”她从这里说起。究竟多少镉元素被鱼肉吸收，通过复杂的计算得出了结果。

确实非常复杂。此外，我们还必须弄懂当时的讨论的性质。那是学术性的讨论，带有研究性质，具有很大的不确定性。对于有多少镉元素滞留在三文鱼体内的计算争吵不休。贝林恩提出问题——那么俄罗斯人是正确的了？她在《科学》杂志的文章中找到支持。

我们在此暂时驻足。这场争论或许本是学术辩论，涉及不同专业的观点。然而，贝林恩在自己的工作岗位上失去了信任。她通过电子邮件与苏格兰的唐·斯坦尼福德取得了联系，后者是一位公开反对挪威三文鱼产业的活动家。在贝林恩的上司看来，这种行为是对雇主的不忠。

结果，这件事演变成“人事安排事件”，贝林恩收到了“任职安排调整”通知，她逐渐被调离了专业工作领域。2005 年 6 月，她永远地离开了挪威。我们询问她：“你的理论有可能是错误的吗？”

她始终没有改变自己的立场。她再次展示了一些科学性质的文章，以及一个基于众多生物学规律的基本认识：从口中摄入的“饲料”，最终会在动物体内达到一定的滞留水平。之后，我们又向她提出了关于铅的问题。她回答说，铅和镉元素通常是相伴而生的，它们是开采锌矿时的副产品。

她指出，挪威从未对俄罗斯人检测的三文鱼同类样本进行过检测。后来，我们把从俄罗斯获得的信息材料送给她，但她依然坚持自己的观点。

硫酸锌污染事件的余波持续了多年。硫酸锌的进口公司受到了经济犯罪侦查局的调查，并被处以50万挪威克朗的罚款。饲料生产商与进口公司就赔偿问题达成了和解，但至今仍未公开细节。其中一家生产商——EWOS公司，试图追溯生产硫酸锌的工厂，并将其告上法庭，但未能成功。这一过程也暴露出，此前已有受污染的硫酸锌进入挪威，却从未被调查过。根据挪威政府的意愿，镉的限值被提高了。

克劳德特·贝林恩事件引发了国家海洋研究所关于学术自由的讨论。研究所最终决定，科研人员有权提出疑问，有权决定自己的研究方法，并有权公开发表自己的观点。对预警的保护变得更加严格。

国家营养与海产品研究所被划归海洋研究所，一项国家评估认为，国家营养与海产品研究所在传达检测结果的不确定性方面做得不够好，这可能被“理解为更有利于生产企业”。

挪威三文鱼对俄罗斯的出口，时而遭禁，时而解禁，两者交替执行。自2014年起，作为对西方制裁的反击，俄罗斯全面停止进口挪威三文鱼。

1.5吨镉究竟流向何方？当我们掌握了数据和文件后，发现情况比我们知道的严重得多。在国家食品监管局及其前身工作了35年的克努特·弗拉特兰斯莫肯定地说：“在我们遇到的饲料污染问题中，这次可能是最严重的。”最近我们对镉的最终去向进行调查时，制作了一张图表。在EWOS公司发现问题之前，我们认为已经生产了28,000吨饲料。其中的8,500吨已经被追踪到，它们从其他国家被召回或作为有害垃圾被处理掉。那么剩余的19,500吨被三文鱼吃掉。这些被吃掉的饲料中含有450千克镉。

有些饲料的含镉浓度比人们知道的高得多。政府规定每1千克饲料含镉11～17毫克，但后来的抽检显示，含量值远远超出标准。国家食品监管局给欧盟的报告称，每1千克含量高达38毫克。部分饲料的毒性是人们认为的两倍。尽管兽医研究所的研究员对三文鱼可能受到伤害提出了警告，但人们从未要求进行新的专家评估。他们在报告中写到，饲料中含有如此多的镉，“经过一段时间，会对所有被检测的动物造成伤害”。镉污染可能导致鱼类出现“异常游动行为”，对鱼鳃、肾脏造成伤害，导致骨质疏松，干扰吸收调节，阻碍肝脏和肾脏中酶的生成。当每1千克饲料含有7毫克镉时，可以观察到鱼类的“肝脏、肾脏和肠子发生了生物化学反应”。

我们联系了兽医研究所的扬·路德维格·利切教授，并与他分享了这些数据。随后，他向国家营养与海产品研究所展示了自己的研究结果，并强调，如果三文鱼摄入的每1千克饲料含有7毫克镉，鱼肉“就会产生毒素”。

时至今日，已经过去了 15 年。EWOS（现已更名为Cargill）对于当时的文件丢失表示歉意。国家食品监管局花了数月时间回应提出的问题，最终都以“记不清楚了”作为结束。当所有计算完成后，我们再次坐下来，得出了这样的结论：大约 450 千克的镉——几乎占挪威全年释放的镉的四分之一——被掺入了三文鱼饲料，却没有引起人们的关注。

人们相信大部分镉会随粪便排出并沉积在养殖设施的底部，但仍有一部分会残留在鱼的肝脏和肾脏中。极少量镉残留在鱼肉里，当我们食用这些鱼肉时，它们就会进入我们的身体。

这就是镉消失的方式，它就像某些物质一样，消融在浓雾之中，再也回不到陆地上。

12

将三文鱼变成最干净的鱼

2005年冬季，在挪威北部的贝图斯特伦，来自全国的病毒学者举行了例行年会。在滑雪和畅饮啤酒之余，学者讨论了学术议题，其中之一便是三文鱼体内的污染物问题。《科学》杂志上的一篇文章震惊了海鲜生产国，污染物问题成为他们学术讨论的焦点。尽管有人将该文章视为无稽之谈，但专业人士却给予了严肃对待。奥斯陆大学教授、医生亨里克·惠特费尔特便是其中之一，他批评挪威政府对《科学》杂志文章的态度是“可耻的、不客观的、荒唐的”。

亨里克·惠特费尔特专注于污染物研究，尤其是二噁英。那年冬天，在贝图斯特伦的会议上，他作了一次学术报告，题为“挪威的养殖三文鱼是安全的食品吗?”会议记录显示，这次报告引发了一场激烈的讨论。与会的还有民众健康研究所所长埃里克·迪宾，他在国际组织中担任过职务，对此事表示担忧。在随后的采访中，他提到，必须降低人体内的二噁英水平，“三文鱼体内肯定含有毒素”。他特别强调保护婴儿和儿童的健康，如果降低三文鱼体内的二噁英残留水平，“就可降低人体摄入二噁英和其他污染物的水平”。

为了实现这一目标，人们找到了一种方法——清除鱼饲料中鱼油成分里的污染物。这种方法得到了欧盟的确认，并以法规形式，要求生产企业必须“用一切必要的手段”降低饲料和食品中的二噁英和多氯联苯的残留量。欧盟认为，生产企业必须“提高清除污染物的能力”。

挪威国内也展开了讨论。食品安全委员会的专家指出，养殖鱼是人体摄入二噁英和类似二噁英的多氯联苯的主要来源，他们尤其担心孕妇和婴儿健康受到伤害。专家认为，必须着手治理污染物，提出的治理办法是三文鱼养殖场必须寻找干净的原料，用植物油替代鱼油，或者以科技方法清除污染物。

在参加冬季年会的病毒学家中，有一位名叫埃吉尔·布德，他是一位医生，接受过传统教育。他在医学研究的基础上，成功地创办了企业，现在他是一家名为普诺华生物保健公司（Pronova Biocare）的新领导。这是一家具有创造力的企业，时常抛出许多新点子。一位在该公司工作的人说："我们是有能力的多面手，我们永远在寻找机会。"另一个人回忆道："布德来到公司以后，一切工作都提速了。"机缘巧合的是，正是这家公司具有使三文鱼变得更干净的技术。对于布德来说，公司又登上一个更高的层次——让人们更加关注身体健康，又能将污染物从食物中消除，还能为养殖业提供帮助，同时加快发展。清除污染物，创造世界上最干净的三文鱼，成为他的崇高理想。

他们首先从鱼肝油着手。上百年来，鱼肝油、鱼油都是一种奇妙的营养剂。鱼肝油味道极差，闻起来令人恶心，因此被制成医药鱼肝油。人们很早就发现它对人体有益，健脑、护肝、养眼和护肤。1850 年前后，从鱼肝油蒸发器中散发的恶臭开始弥漫于整个挪威海岸。药学家彼得·默勒是先驱。他希望鱼油"洁净得像上等的佛罗伦萨油"。当鱼肝油工业蓬勃发展的时候，引发了另一个问题——工厂烟囱里冒出的烟，下水道流出来的蜡状物质，从陆地流入海洋，最后变成有毒的污染物。那些喜爱食用海洋动物脂肪的人和动物，永远都会存在。科研人员经常在逆戟鲸体内，甚至在上帝赐予我们的大海里，发现二噁英和多氯联苯。在巴西海豚体内发现了超高水平含量的两项毒素。生活在格陵兰的北极熊，由于摄入大量污染物，以至阴茎变得短小，睾丸也变小了。海洋变成垃圾场，鱼肝油也是如此，原本富含

ω-3 脂肪酸，现在却聚集了肮脏的东西。销售 ω-3 脂肪酸产品的公司，如普诺华生物保健公司，将如何面对这个问题呢？他们必须找到一种技术手段净化鱼油，还要确保健康的脂肪酸不会流失。他们使用的方法之一是建造短程蒸馏设施。

埃吉尔·布德将这个方法推荐给三文鱼养殖企业。他为企业提供了非常划算的合同，1 千克鱼的处理费仅 50 欧尔[①]。布德认为净化费用低廉，但养殖企业拖了很久才作出决定，因为企业犹豫不决并存在分歧。有些人害怕价格太高，谁为此买单呢？为什么要清除已被认定合格的微量污染物呢？还有一些人认为，鱼油中的健康成分也可能被净化。

布德不理解三文鱼养殖企业的犹豫不决。

养殖企业对此展开了深入的讨论。多数人认为采取净化措施是明智的选择。

比扬·埃瑞克·奥尔森，这位曾成功地让日本人爱上三文鱼寿司的先驱，认为净化是一个绝妙的主意。面对关于污染物的媒体报道，传统的公关和广告手段似乎力不从心。奥尔森在专业刊物上撰文，提倡创造一部“来自挪威纯净三文鱼的历史”。

伊尔德斯考尔食品公司检测站主任约翰·约翰森对此感到振奋。过去，养殖户面对批评时往往选择回避，

① 挪威货币单位，100 欧尔等于 1 挪威克朗。

但现在他们的态度有了显著的变化，约翰森预见到“明天的成功”。他认为政府应该对此进行大规模宣传。在商店为孩子的午餐选购熏制三文鱼时，消费者当然愿意为“世界上最干净的鱼”支付更高的价格。此外，三文鱼的外观同样重要。

科研理事会发布了一份报告，名为《不明物质渗入挪威渔业产业——出现的问题及解决措施（2007年）》。报告中提道，为了准备这份报告，产业从业者接受了采访，包括养殖专业户、销售人员以及鱼油、鱼粉和饲料生产商。他们认为，污染物问题已经引起了恐慌，其影响可能会持续很长时间。许多人对净化持肯定态度。如果“三文鱼减少摄入不明物质，那么民众也可减少摄入不明物质”，一位消息灵通人士说道。另一位人士提道，如果含有污染物的饲料没有被消耗，“实际上又回到了大自然”，这意味着，“挪威沿海地区的三文鱼养殖企业，将来自世界各个海域的有毒物质搬运到挪威”。第三位人士明确指出：“消费者永远不会接受由于经济原因而放弃净化!”在报告中，企业人士考虑了很多问题。人们为了净化需要承担伦理责任吗？是否应该依赖一项专利或一个大型专业净化企业？费用由谁承担？有人质疑：“净化是合情合理的，但谁为此买单呢？”

最终，挪威的企业与国家营养与海产品研究所达成共识，决定在一项科研项目中测试净化方式。他们将养殖三文鱼的饲料分为两组，一组使用普通饲料，另一组使用净化饲料，然后观察鱼的变化。同时，他们向科研理事会提交了一份申请。

在科研理事会的申请截止前27小时，普诺华生物保健公司突然接到一个电话。这是一家原本打算进行饲料实验的公司打来的，公司负责人在电话中明确表示："我们要退出与你们的合作。"这通突如其来的电话，无疑给科研项目带来了巨大的变数。

普诺华生物保健公司的资深研究员哈拉尔·布莱维克，当时正坐在哥本哈根的一辆出租车里。他和埃吉尔·布德都是净化技术领域的佼佼者。

布莱维克在电话中回答说："你们不能这样做。"在等候登机时，他给许多人打了电话。除了企业，国家营养与海产品研究所也退出了合作。布莱维克愤怒了。对于他来说，净化是他唯一的权力。政府已经允许鱼体内的污染物水平高于陆地食品，甚至可以高出10倍之多。其目的是确保人们能够摄入更多的健康ω-3脂肪酸。人们完全可以通过净化三文鱼饲料达到这一目的，只是健康的ω-3脂肪酸比以前少一点而已。

他觉得有些人想拖延该项目。最后，普诺华生物保健公司的老板埃吉尔·布德下定决心，无论如何也要将这个项目进行下去，于是他在没有企业和国家营养与海产品研究所参与的情况下，申请科研经费，但遭到了拒绝。于是布德从自己的公司挤出了经费，研究工作开始了。

后来他们得知，国家营养与海产品研究所和企业已向科研理事会申请了科研资金。他们从科研理事会得到了 130 万挪威克朗的经费，并开始了与普诺华生物保健公司项目相仿的研究。

伊尔德斯考尔食品公司检测站，现在也在两个相互隔离的网箱中进行着两项几乎相同的净化实验，一个是普诺华生物保健公司的，另一个是国家营养与海产品研究所的。检测站采取了严密的安全措施，将所有材料锁进文件柜，以防两个项目的信息相互渗透。检测结果一出，双方各持己见，争论不休。

普诺华生物保健公司的研究揭示了一个令人振奋的现象：那些食用了净化饲料的三文鱼，不仅健康状况更佳，而且产出的鱼肉量更多，饲料的利用率也更高，肉质更紧实。

国家营养与海产品研究所的实验结果大相径庭。实验发现，所谓的健康脂肪酸不翼而飞，污染物的减少也微乎其微，几乎无法察觉对于三文鱼的积极影响。

在公开发表的文章中，两项看似相同的实验，得出了截然不同的结论。但有一个细节未被明确指出：国家营养与海产品研究所在实验中采用了另一种净化技术，而普诺华生物保健公司认为这项技术尚未成熟，对 ω－3 脂肪酸的处理过于粗暴。

当我们联系到国家营养与海产品研究所文章的作者时，他对于这一失误表示了歉意，并解释说当时存在误解。“如果有人认为我们在故意贬低净化技术，那将是一个巨大的误会。”他说道。

随着时间的推移，对净化技术的盲目追捧逐渐冷却。不同的参与者给出了各自的解释，但有一点是无可争议的：国家营养与海产品研究所的实验并未带来更多的好处。同时，人们开始转向关注以植物为基础的饲料，既减少了污染物，又减少了受污染鱼油的使用。

玛格努尔·内海姆，这位曾经的渔业—沿海事务部海洋产业司司长，他的话语中透露出一丝轻松：“政府可以不再要求进行净化了。”

他回忆说，在这背后或许隐藏着一些不为人知的秘密。“企业之间进行了内部讨论，似乎对一些事情有所顾虑。也许是担心使用其他饲料会对销售的鱼造成负面影响。这不是有组织的讨论，更像是一场自发的辩论。”

有人生产出了更干净的鱼，但这可能对其他人造成伤害。全国只有四家饲料生产厂家，其中三家巨头分别是海洋生物公司（BioMar）、斯克莱汀和EWOS，而规模较小的是极地食料公司（Polarfeed）。这些饲料生产厂家组成了自己的协会。

布莱维克记得，他曾与一位鱼饲料生产企业的研究员交谈，那位研究员明确表示，他们不愿在净化饲料方面与普诺华生物保健公司合作。

“我问他：‘为什么？’他回答说，他们在一次闲聊中一致决定不在食品安全上进行竞争。”

来自国家食品监管局的一则消息透露，“那些制造混合饲料的人，正忙于‘不在食品安全上竞争’，但他们所做的一切，都符合政府制定的要求”。

美威公司后来宣布，为了“永远结束关于养殖三文鱼体内污染物问题的辩论”，将对饲料进行净化。据行业媒体报道，这一决定引起了人们的窃窃私语。“IntraFish”写道：“这暗示三文鱼体内的另一种污染物相对比较多。”

离开普诺华生物保健公司并找到新工作的埃吉尔·布德说，他对这件事记忆犹新，并感到愤怒。

布德认为，“我们本可以付出很小的代价获得更多的健康红利，但他们却不愿出钱”。这是一种消极的对抗方式。“每1千克的养殖三文鱼需要约合50欧尔的清洁饲料”，而三文鱼养殖企业却不愿意承担这部分费用，于是布德关于净化饲料的理想无疾而终。

13

罹患重疾的新鱼种

人们发现在智利养殖的三文鱼罹患了严重的疾病。这些养殖三文鱼只浮在水面游动，有些鱼的眼睛格外凸出。它们患上了一种传染性疾病——三文鱼贫血症（ILA）。这是一种致死的疾病，最早在 20 世纪 80 年代的挪威被发现，被称为“布莱姆奈斯综合征”①。在智利，这种病就像鼠疫一样，从一个养殖场传染至另一个养殖场，迅速扩散，引发了养殖企业的恐慌。

2007 年，挪威派遣了一位鱼类健康生物学家去智利考察。她是一位 38 岁的生物学家，名叫斯莉 · 维克，

---

① 布莱姆奈斯是挪威霍德兰郡沿海地区的一个地名。

她的任务就是解开谜团：三文鱼贫血症究竟是如何在智利出现的？病菌是如何传播的？如何遏制该疾病的传播？但谁都没有想到，维克的调查结果令其陷入了巨大的痛苦与矛盾，并断送了她的职业生涯。

智利的三文鱼养殖业犹如一股强劲的东风，迅速席卷了奇洛埃岛，使之成为这一新兴产业的璀璨明珠。20 世纪 90 年代，奇洛埃岛上不再只有渔舟唱晚的宁静画面，而是多了一些身着奢华派克大衣与高档外套的身影，其中一些人手持当时还属稀罕之物的笔记本电脑，穿梭于街头巷尾。养殖业的成功让专业养殖户自豪地驾驶着新车，在尘土中留下一道道疾驰而过的轨迹，彰显了三文鱼养殖带来的丰厚利润与勃勃生机。

这一切开始于 1990 年，当时智利正处于奥古斯托·皮诺切特的统治之下。他怀揣着宏大的愿景，力图让智利经济摆脱对铜矿石的单一依赖。在他的推动下，以经济学家米尔顿·弗里德曼为智囊的经济顾问团队，精心地策划了一场经济变革，其核心便是出口导向的增长战略。“自由化”“私有化”“吸引外资”成为关键词，一系列新兴产业如雨后春笋般涌现，其中就包括水果、红酒、木材制品以及最为耀眼的三文鱼养殖业。国家与私人企业携手并进，政策解绑为企业插上了腾飞的翅膀，而对环保与劳工权益政策的适度调整，则为经济发展扫清了障碍。在没有纷扰的选举的环境下，经济仿佛是一台高效运转的机器，持续增长，成就了后来被米尔顿·弗里德曼誉为“智利奇迹”的辉煌时代。

三文鱼，这个外来物种，在智利的峡湾与海岸线之间找到了理想的栖息地，适宜的水温、丰富的饵料以及低廉的劳动力成本，共同成就了养殖业的奇迹。相比之下，其他国家在发展三文鱼养殖时面临的生态安全、鱼类健康及排污限制等重重难关，在智利似乎都化作了推动产业前行的东风。

1990 年至 2002 年，智利养殖三文鱼的产量实现了惊人的 17 倍增长。2005 年，智利更是成功地追上并有望超越长期占据全球领先地位的挪威。这股蓬勃发展的浪潮，在奇洛埃岛上的一座小城里得到了生动的诠释。这座由德国移民于 1900 年建立的城市，如今已换上了新颜。白墙红瓦的教堂依旧矗立，成为市中心的标志性建筑，街道两旁干净整洁，鲜花盛开。远处，雪山与湖泊交相辉映，美不胜收。曾经的旅游胜地，如今更因三文鱼产业的兴起而吸引了众多新贵与外籍人士。他们在这片土地上安家落户，建造豪华别墅，设立专属的学校与医院，甚至有一个区域被亲切地称为“三文鱼山”，成为智利三文鱼养殖业辉煌成就的象征。这些地区与奇洛埃岛上劳苦大众的居所形成了鲜明的对比——电网与排污系统缺席，简陋的屋内铺满了黄土。经济发展如野草般疯长，毫无节制，一栋又一栋新房如雨后春笋般涌现，而政府的基础设施建设步伐难以跟上，道路、供水、供电设施滞后。三文鱼养殖业在此地独占鳌头，当地人常打趣道："在奇洛埃岛上，兽医比医生多。"屠宰场与渔业加工厂隐匿于栅栏深处，工人忙碌地宰杀三文鱼，却无缘品尝，只因这些鱼儿是为远方的高价市场准备的。唯有那些从网箱中逃逸的三文鱼，才会被本地渔民捕获，在黑市中悄悄地出售。

三文鱼养殖产业无疑是奇洛埃岛现代化的催化剂，为岛上居民带来了就业机会与较为富足的生活。然而，2000 年初，新的问题浮出水面。军政府统治的阴霾散去，民众迎来了选举与游行的自由。工人权益斗士帕特里西奥·佩纳洛萨·埃斯皮诺萨深入工厂调研，他在智利与我们连线时震撼地说："这里仿佛时光倒流，人们像是从 19 世纪穿越而来"，"经济飞速发展，但规则与制度却未及时建立，对地方社会的投资微乎其微，孩子无法全部入学，教育资源匮乏"。民众虽对经济发展颇有微词，却不得不依赖它生存。佩纳洛萨·埃斯皮诺萨力挽狂澜，成功地组建了首个工会组织。

三文鱼的健康问题也引起了广泛关注。企业界内部已有人嗅到了危机的味道。利斯柏特·冯·迪尔·米尔——一名新晋兽医——见到的养殖场与自己所学的知识大相径庭。海虱肆虐，工人不得不喷洒大量杀虫剂；抗生素被滥用，导致鱼儿大量死亡。她描述道，鱼儿在水中痛苦地挣扎。她虽掌握了三文鱼养殖的知识，却对由此带来的环境恶果知之甚少。暴雨来袭，泥沙肆虐，三文鱼苗被冲入大海；为了杀霉菌，养殖户竟使用了多国禁用的孔雀石绿。一次，她获准随工作人员下潜网箱检查，只见那里漆黑一片，粪便、残渣与淤泥堆积如山。她感慨道：“我们如同盲人。”这项工作异常艰辛，工伤事故频发，她深知，潜水员下去便可能无法归来。冯·迪尔·米尔开始反思，三文鱼养殖业亟须变革。于是，她远赴加拿大深造，学成归来后，加入环保组织“Oceana”。

桑德拉·布拉沃，从最初的公司职员成长为教授、鱼类健康专家，她早已预见到今日的困境。几乎所有的油脂都源自同一座湖泊，“水流经此，犹如一锅动荡的、满载病菌的有机物浓汤，”她痛心地说，“这里的死亡率极高，工厂与屠宰场直接将带病毒的废弃物排入湖中。”问题接踵而至，三文鱼患上立克次氏体病，虽可用抗生素治疗，但智利人依赖的杀海虱药剂却逐渐失效。2000 年后的几年间，兽医发现一条三文鱼身上竟寄生着数百只海虱，许多鱼在网箱中悲惨地死去。“我几乎预见到了这一切。”桑德拉·布拉沃今日回忆道。三文鱼失去了抵抗力，贫血症病毒开始肆虐。

三文鱼贫血症病毒，这个曾在挪威和法罗群岛肆虐的恶魔，从未在智利留下过足迹。然而，当三文鱼莫名其妙地死亡时，智利人束手无策，他们缺乏诊断技术与能力。有人曾目睹这样的死亡场景，却将罪责归咎于其他原因。也有人私下议论，这其实是三文鱼贫血症在作祟。于是，死亡的鱼儿被匆匆捞起，新的鱼儿又被匆匆投入，“智利奇迹”依旧闪耀着光芒，但那不过是表面的繁华。

你可曾嗅过腐烂鱼儿散发的刺鼻气味？

想象一下，死去的鱼儿将网箱缓缓地拖入深渊。2007年，当斯莉·维克踏上智利这片土地时，她见到的正是这样的凄凉景象。三文鱼贫血症病毒如恶魔般潜入鱼儿的血管和心脏深处，让它们患上出血症，血液大量流失。鱼鳃和内脏逐渐失去色彩，变得灰暗，肝脏因失血而黯淡无光，血液循环系统崩溃，体液在腹腔内堆积，眼睛凸起，细胞与纤维组织逐渐死亡。鱼儿眩晕，体力耗尽，最终走向死亡。

当塞马克公司派遣斯莉·维克来到智利时，这里已经暴发了23起传染病。她的使命是为塞马克的子公司提出治理建议。总公司的指令明确且紧迫：“找出传染病的起因”，“用科学、快速的方法消灭传播源，治愈疾病！”然而，她在智利遇到的每一个人都显得沮丧、无助。正如维克所言，这里的鱼儿已经“翻起了白肚”。大量的资金岌岌可危，鱼产量减半，1,900名员工被迫停薪留职或被解雇。

她走访了一家养殖场，采集了化验样品，并建立了一个实验室。每天，她都加班加点地工作。虽然她从未以鱼类健康生物学家的身份工作过，但此刻的她既紧张又觉得意义重大。她曾为其他公司提供帮助并获得报酬，但这次的工作是为了阻止一场潜在的灾难。她已经进入了主流公司的领导层，面对着种种专业问题：是海虱携带了传染病毒吗？死去的鱼儿是否危险？传染源究竟来自哪里？只有找到病的根源，才能将其彻底遏制。

为了更深入地分析，维克带着患病的三文鱼回到了挪威。她知道卑尔根大学的阿勒·纽伦德教授是这个领域的专家，他建立了各种病毒的档案。因此，他可以将智利的三文鱼贫血症病毒与世界各地的病毒进行比对。经过比对，智利的病毒与1996年在挪威南特伦德拉格郡发现的病毒有着密切的关系。

斯莉·维克手中掌握着两种病毒，它们之间的相似性令人震惊，无疑是近亲关系。智利病毒的源头，无疑指向了挪威。但它是如何跨越千山万水，来到智利的呢？三文鱼显然无法自行完成这样的旅程，它们无法穿越温暖的水域，更无法在这样的环境中存活。病毒如果附着在其他物体上，通过飞机或轮船传播，也早已失去了生命力。将三文鱼从挪威直接运输到智利，同样不可能成为传播途径。最终，维克找到了答案——是那些运送的鱼卵！多年来，智利从挪威进口了数十万颗受精鱼卵。纽伦德教授通过实验证明，病毒确实可以在鱼卵中存活，实现代代相传。维克和纽伦德因此得出结论，智利三文鱼贫血症病毒的暴发，正是源于挪威的鱼卵。他们准备撰写一篇科学文章，将这一发现公之于众。

当一家企业看到这条即将发布的新闻时，顿时紧张起来。这家企业正是水基因公司，那些将病毒传染给智利养殖三文鱼的鱼卵，正是出自他们之手。虽然文章并未直接点名，但谣言已经四起。智利的三文鱼养殖业正处于低谷，他们亟须找到一个替罪羊，而水基因公司，这个在希特塞特勒拉生产鱼卵的企业，恰好成为他们的目标。

水基因公司继承了耶德莱姆的遗志。如今，水基因公司出售的鱼卵，已经是最初的养殖三文鱼的不知多少代子孙了。从最初的三文鱼研究站，到挪威渔业繁殖有限公司，再到挪威三文鱼繁殖有限公司，最终演变成现在的水基因公司。这家企业如今已成为全球最大的三文鱼基因供应商，拥有众多具有博士学位的员工，与大学紧密合作，渔业局的科学理事会也正在研究将其在繁殖和遗传学领域的专业机构升级为大学/学院一级的科研机构。

2008年6月，水基因公司执行总裁奥德·玛格纳·勒塞特访问智利后，给维克在塞马克公司的上司发去了一封电子邮件，以“亲爱的格尔和卡尔”作为开头。他在信中写道:“我坐下来，努力消化我在智利停留一周所获得的印象。”现在，公司正承受着前所未有的压力，“水基因公司被阿勒·纽伦德指责为最大的替罪羊，这导致我们的员工在智利大街上被阻拦和羞辱”，“因此我们已经失去了很多非常重要的员工”。大批订单被退回，公司损失了数百万挪威克朗。勒塞特也曾听说过三文鱼贫血症病毒可能通过鱼卵传播的说法，但他也听到政府有关部门和食品与环境科学委员会表示，这种可能性很小。他们认为，水是三文鱼贫血症病毒扩散的主要载体。勒塞特担心，如果过分关注其他传播途径，可能加剧智利的混乱局势。“事情已经发展到了这种地步，”他写道，“为了重树人们对水基因公司的信任，我认为不得不动员起来，针对纽伦德的论断和错误指控进行回击。”

阿勒·纽伦德无疑是一个极具争议性的人物。有人视他为鼓舞人心的领袖，思想独特、直言不讳，是新兴研究领域的先驱。然而，也有人认为他过于固执，总想在媒体上大肆宣扬自己的研究成果，是一个“顽固分子”。在纽伦德的专业领域，有人质疑他的论点，并引发了激烈的讨论。

这场讨论在两个对立的阵营之间展开。一方是支持纽伦德的人群，他们坚信三文鱼贫血症病毒是通过受精卵传染至下一代的，而非通过水传播。另一方则认为，病毒是在水中传播的，其他传播方式起到的作用微乎其微。这一学术分歧，如今已演变成由失信和竞争构成的复杂问题。

水基因公司将应对质疑作为首要任务，当维克和纽伦德撰写关于智利病毒暴发的文章时，水基因公司撰写了一份长达 38 页的备忘录，对纽伦德的研究进行了质疑。备忘录指责纽伦德教授“优先以小报的形式发起了媒体攻势”，并利用智利和挪威的事件来攻击国家食品监管局和鱼卵生产单位，矛头直指水基因公司的领导层。备忘录还表示，三文鱼贫血症病毒以鱼卵形式传播的可能性极小，但也不能完全排除，而将传播途径作为重点是不正确的。水基因公司一直“满怀兴趣并愤慨地”关注着病毒传染问题的辩论，并声称纽伦德破坏了“科研伦理原则”。

在备忘录签发后一个月左右，水基因公司收到了维克和纽伦德文章的初稿。维克表示，期待听到水基因公司的陈述并进行建设性的讨论。水基因公司选派了最优秀的人员参与此事，并在一次研讨会上试图说服维克修改研究结果。然而，维克和纽伦德评估陈述后认为，没有理由修改文章。

2009 年的形势依然紧张。维克和纽伦德坚信，智利的灾难是由进口鱼卵导致的，而相关人士知道这些鱼卵来自水基因公司。媒体报道称，智利的政治家可能采取法律手段。水基因公司坚称自己遵守了所有法律，而挪威政府和世界动物卫生组织（WOAH）的指导方针则表示，三文鱼贫血症不可能通过鱼卵传播。水基因公司认为，研究结果存在专业性的缺陷，并指责维克和纽伦德将公司作为替罪羊。

为了维护自己的权益，水基因公司向审查科研诚实性的国家委员会递交了诉讼书。该诉讼书随后被送到卑尔根大学，但大学认为该诉讼带有经济动机，并宣布研究员无责。水基因公司继续上诉，卑尔根大学诚实性审查委员会再次宣布研究员无责。水基因公司第三次上诉到全国审查委员会，该委员会中有国际专家，他们支持水基因公司的立场。

全国审查委员会专家的指控相当严厉，他们指出了 5 项关键性错误：将“小鱼苗”错误地视为“种鱼”，图表中的文字令人误认为被检测的两条鱼实际上是同一条鱼，研究员使用了错误的专业术语，部分文字疑似抄袭自其他文件，以及最大的错误——通过鱼卵传播的结论，专家认为这种情况是不可能发生的。基于这些上诉点，专家最终给出了“严重伪造”“严重操纵”“严重缺乏质量保证”的判定。

与此同时，关于维克和纽伦德研究员身份的传闻也开始流传。在智利，一场自查行动已悄悄地开展，人们试图理解为何仅仅一种三文鱼疾病就能对这个拥有 40 家企业和 25,000 名员工的产业造成如此大的伤害。

国际专家组给出了部分答案。专家组注意到，智利曾制定了 10 年内将三文鱼产量翻一番的宏伟计划，而仅仅 3 年后这个目标就实现了。然而，政府并未及时制定关于保障生物安全、预防及治疗疾病以及保证环保和民众健康的完善规划。

在一段时间内，这个计划确实带来了显著的经济效益，企业蓬勃发展，网箱内的鱼的密度大大增加。然而，这也为病毒提供了绝佳的传播环境。病毒以最快的速度在鱼儿之间、养殖场之间传播，而人们未能及时发现危险的迹象。

专家组指出，产业的经济效益很好，出现的问题相对较少，因此没有人提醒要根据生物学规律进行限产。提高产量的本能大于确保鱼的健康的愿望，企业的最高领导层也没有足够的意识去预防这些问题。

在股指和生态学的双重压力下，养殖业面临着巨大的挑战。增加产量的目标诱使人们向老旧养鱼设施中投放更多的鱼，加大饲料投喂量，加大网箱内鱼的密度。然而，这种生硬的经营管理方式使鱼更容易生病。一家养殖企业如果只注重产量指标，就会失去平衡。

当权力当局给予企业更大的自由发展空间时，如果没有相应的监管和保障措施，那么遭受损失的不仅是养殖企业，还有社会的集体利益。因此，我们需要更加全面地考虑养殖业的可持续发展问题，确保在追求经济效益的同时，满足保障生物安全、预防及治疗疾病、环保和健康等方面的要求。

智利洛斯拉各斯大学的阿尔瓦罗·罗曼教授描述的“高烧逻辑”在奇洛埃岛的经济发展中得到了淋漓尽致的体现。从捕捞鲸鱼到伐木，再到捕捞海蜗牛、贻贝和生产草炭，奇洛埃岛似乎总是被一种追求最大利润而不顾后果的逻辑所驱动。罗曼教授认为，如果当地人没有自我约束力和前瞻性，那么他们会快速地开采并利用自然资源，养殖产业也遵循着这一发展模式。

然而，对于维克来说，专家的声明无疑是一个沉重的打击。她难以相信自己的科研界同事会提出如此严重的指控，尤其是这些指控涉及伪造、操纵和不端行为。她坚信，自己的研究是经过了专业评估和认可的，没有任何被操纵或伪造之处。然而，随着传闻的散布，她感到自己已经被贴上了标签，博士工作也因此停止。

面对这样的困境，维克并没有选择放弃。她找到大学校长寻求帮助，但遭到了拒绝。当收到全国审查委员会的信件和水基因公司的电子邮件时，她感到恐惧和不安。然而，她并没有因此沉沦，而是选择了勇敢面对。她取消了欢度圣诞节的假期，开始撰写辩护书。

在辩护书中，维克解释了整个研究过程具有的专业性和严谨性。她指出，两条被检测的样品鱼的年龄和来源在文章中都有明确的说明，而上诉书中提到的任何问题都不会对文章的结论产生任何影响。她坚信，在智利和挪威分别发现的病毒肯定起源于同一个地方。

最终，全国审查委员会作出了决定，认为科研人员不能被控告为不诚实。法官一致认为，维克的研究没有违反良好的科学规范。

经历了长达 27 个月的质疑阴影笼罩后，斯莉·维克的博士评定之路也被迫延迟了整整两年。这起案件历经三级伦理委员会的严格审理，终于迎来了公正的裁决——斯莉·维克与阿勒·纽伦德被证实清白无辜。然而，对于维克而言，这份迟来的清白并未带来喜悦的庆祝，因为在这场漫长的斗争中，她早已筋疲力尽。

时间来到2017年，研究员专题研讨会在维尔奈斯如期举行，会议议题直指“控制三文鱼贫血症病毒传播”。在这场主旨看似为和解与共识的会议上，斯莉·维克孤独地坐在大厅的角落里，而水基因公司的代表则占据着另一片天地。会议间隙，酒店外安排了集体合影，代表虽被要求微笑，但各自盘算着未来的较量。阿勒·纽伦德缺席了这场会议，他选择与家人共度时光，庆祝这份来之不易的安宁。他的声音由工作挚友亚勒·布拉特斯波代为转达。布拉特斯波以一句轻松的开场白化解了现场的紧张气氛:“对于那些担心成为争议焦点的人来说，纽伦德的缺席或许是个好消息。”他坚信，当初纽伦德的“大胆假设”，正是推动后续研究深入发展的关键。

然而，并非所有人对此都持乐观态度。兽医研究所的布里特·耶特奈斯在会上直言不讳，她批评布拉特斯波的介绍缺乏诚实性，将其比作“从父亲手中接过的美味午餐包”，暗示其中隐藏着不为人知的秘密。她虽未提及2005年与纽伦德在科研项目上的合作，但那场合作中双方基于不同假设得出的迥异结论，早已在科研圈内闹得沸沸扬扬。在这场关于声誉的较量中，科研界的顶尖研究员在全国审查委员会、兽医研究所和世界动物卫生组织中占据主导地位，他们坚称，病毒通过鱼卵传播的可能性微乎其微；而纽伦德等人则持相反的观点，却屡遭忽视。

茶歇时分，耶特奈斯进一步阐释了自己的观点。她强调，人们应明确“可能会发生”与“决定性因素”之间的界限。她以“被天上掉落的牛砸死”的极端例子，生动形象地说明了病毒通过鱼卵传播的概率之低。当被问及“挪威是否对智利三文鱼贫血症病毒的暴发负有责任”时，她选择了回避，认为这个问题毫无意义。她指出，智利从多个渠道进口鱼卵，而挪威的基因物质也可能通过其他途径传入智利。

兽医研究所所长艾斯彭·瑞姆斯塔发表了自己的看法，“种种迹象表明，智利的病毒源头指向挪威。但病毒暴发的规模和影响，则完全取决于当地的经营与管理状况”。当被问及“这是否关乎挪威的国家声誉”时，他淡然地回应道：“不会，因为是私人企业购买和销售鱼卵、鱼苗，没有国有企业的参与。也没有明确的证据表明哪个特定的参与者对病毒的暴发负有直接责任。”

随后，水基因公司执行总裁妮娜·桑迪走上了讲台。她仔细地聆听了所有的发言，并坦言自己感受到了一种不断加剧的紧张氛围。“现在，大家围绕三文鱼贫血症病毒的起源问题争论不休，一会儿说是干鱼的问题，一会儿又说是鱼卵的问题，”她说道，“但我一直铭记在心的是，很多人对此都有自己的看法，但往往缺乏相关的专业知识。”

桑迪进一步解释，水基因公司自20世纪70年代就开始经营相关业务，从未发生过三文鱼贫血症病毒暴发事件。因此，她坚信，关于鱼卵传染的说法站不住脚。“我们不可能对三文鱼贫血症病毒的暴发承担责任，就像我们一直以来所坚持的那样。”

会后，在门厅，我们请求对桑迪进行一次采访。她提出了一个条件，要求我们先阅读这个事件的所有相关文件，然后才愿意回答一些问题。

当我们询问“是否会发生纵向传染”时，她表示，“我们从不轻易说绝对的话，我们对这个问题持开放态度。但我们认为，这并非主要的传染途径。很遗憾，在应对这场严重的疫情时，人们的关注点似乎偏离了正确的方向”。

桑迪还提到了卑尔根科研领域中的某些观点。她认为通过鱼卵传播的想法“一直根植于这个科研团队”，并认为这种做法“具有很大的风险”。

当我们试图探讨“在这个事件中，专业上的不同意见与伦理上的不诚实之间有何区别”时，她回应道：“这可以从他们运用的数据及科研方法中看出端倪。”她再次强调了专家报告中的论点。

当我们询问她是否认为“斯莉·维克和纽伦德作弊”时，她表示，“他们有一种坚定的信念，认为自己所做的是正确的。但你们可以去看看专家的报告，了解一下全国科学技术伦理研究委员会的职能和成员构成”。

最后，斯莉·维克走上了讲台。在这个刚刚被桑迪的充满自信、慷慨激昂的讲演所占据的讲台上，维克面对的似乎是来自整个大厅的反对。但她坚信，“根据我们掌握的知识和实施的方法，可以控制三文鱼贫血症的传播”，“现在传得沸沸扬扬的，其实是同一种病毒”，“阴性干鱼的后代仍然是阴性的，阴性的鱼苗也不具备传染性”。虽然她的发言只有短短几分钟，却赢得了大家的热烈掌声。

研讨会结束了，并没有达成和解。尽管维克在各级机构的调查中都被证明是清白的，但谴责和质疑的声音仍然伴随着她。

尽管水基因公司联系了斯莉·维克的对手，并提供了批评她的材料，但维克的博士学位最终还是被授予了。维克对于阻止这家公司的行为感到束手无策，而现在，公司又将批评的矛头指向了审理科研伦理上诉的体制。作为旁观者，我们不难看出，这一切如此荒谬——一个关于病毒如何在鱼之间传播的问题，竟然能够导致无眠之夜、学术生涯的转折以及无法调和的分裂。

三文鱼贫血症疫情过后的数年里，许多人试图寻找一个结论。《纽约时报》曾指出，“世界范围内的三文鱼养殖业，正在重蹈农业工业化的覆辙”。该报还提到，遗传基因多样性的减少、对保护大自然理解的缺乏，以及全球范围内泛滥的过度开采方法，在它们产生严重后果之前，是完全可以预见的。

在一份与挪威环保组织联合发布的声明中，塞马克公司承认，智利的养殖业在可持续发展方面存在不足，公司应该承担更多的责任。同时，声明指出，人们对预防政策没有给予足够的重视。

此后，智利的三文鱼养殖业得到了显著的改善。通过采取比其他三文鱼养殖国更为严格的措施，与挪威一样，智利成功地控制了通过鱼卵传播的疫情。减少水中鱼的投放数量、降低养殖密度，使得患病的鱼减少了，鱼的健康状况也得到了改善。

一天晚上，我们带着一丝惭愧，与智利三文鱼养殖业昔日的领军人物卡尔·萨姆辛进行了交谈。他坐在圣地亚哥家中的桌子旁，台灯柔和的光线洒在他的脸上，我们通过网络连线进行对话。他在 28 岁时就成为执行总裁，后来还成为EWOS及塞马克公司的领导人之一。如今，他已是一位白发苍苍的老人，与孙子一同生活，在核桃产业工作。当我们提及当年的三文鱼贫血症病毒疫情时，他陷入了沉思。

他坦诚地说："这是我们的过错。"

他谈到了过度增产的问题。"我们当时认为，海洋如此广阔，肯定能容纳更多的养殖鱼。"

接着，他解释了当时的想法。"比如，我们原本投放了 100 万条鱼，如果我们投放 200 万条，那么养鱼的成本就降低了一半。于是我们就投放了 200 万条，而且一开始并没有出现什么问题。接着，我们又试着投放了 300 万条。"

他把那个时代称为"金色年代"。

“但那是失去理智的，所有养殖企业都赚得盆满钵满，就像统计表格上显示的那样。人们认为这样做是正确的。”

他停顿了一下，再次陷入了沉思。

“我们太贪婪了，我们做得太过分了，我们低估了大自然的力量。”

14

被禁言的科研人员

不过，远在北美的野生三文鱼也出现了令人难以解释的状况。

克里斯蒂·米勒–桑德斯，一个在美国加州长大的女孩儿，目睹了家乡萨克拉门托河谷的三文鱼几乎绝迹的惨状。这一谜团迅速蔓延至美国的西海岸，包括华盛顿州，甚至扩散到了加拿大的不列颠哥伦比亚省。加拿大原本拥有 5 种三文鱼，但其中的银大马哈鱼、大鳞大马哈鱼和红鲑鱼的数量已急剧减少。三文鱼种群的锐减让渔民陷入了绝望，丰收的年份变得越发遥远，取而代之的是一年比一年少的渔获。三文鱼的存活率骤降，这直接关系到它们能否顺利长大。

那些以捕捞野生三文鱼为生的渔民愤怒不已。当地政府也困惑不解。三文鱼究竟去了哪里？是人类的行为导致了这一结果吗？人们还能期待下一个三文鱼丰收年的到来吗？当米勒-桑德斯被加拿大渔业管理局招募时，这些问题一直在她的脑海中萦绕。她决定投身于三文鱼遗传基因研究。

她来到加拿大，原本是为了欣赏这里的自然美景。温哥华岛上的风光让她叹为观止。我们曾在岛上驱车前行，透过车窗远望：白雪皑皑的山峰高耸入云，河流奔腾不息，峡湾曲折蜿蜒，远处的岛屿若隐若现。那些盛产三文鱼的河流便发源于此，它们从冰川中潺潺流出，穿越陆地，历经长途跋涉，最终汇入浩瀚无垠的大海。

我们在茂密的森林中穿行了数小时，林中幽暗寂静，时不时能看到提醒我们前方有横倒在路上的树枝的警示牌。远处的车灯闪烁稀少。这里的人们淳朴善良、勤劳寡言。在唯一一座加油站里，人们出售各式各样的烈酒，以及外形酷似宝剑的刀具。柜台里的男人嘟囔着："这里是狩猎区。"

"这里有什么动物可以狩猎？"我好奇地问。

"黑熊。"他简短地回答。

对于某些人而言，这个地方荒凉孤寂，或许有些吓人。然而，对于米勒-桑德斯来说，这里却是她的心之所向。在这片土地上尽情度假之后，她将返回完成硕士论文。她在给父母的信中写道："这里简直就是人间天堂。”在这里，她可以在一天之内，既在山上尽情地滑雪，又能在夜晚探索神秘的海底。她痴迷海上生活，对海洋生物满怀好奇心。在学术探究中，她研究过小龙虾、乌贼、水母、海螺、蜗牛以及各种贝类动物，对不同生物间的生存斗争深感兴趣。那些发生在海底的不为人知的奇事，人类未曾给予过多的关注。在美国获得博士学位后，她移居加拿大。

在加拿大渔业管理局下属的研究站，她找到了一份工作——绘制三文鱼的遗传基因分布图，助力当地的保护工作。她致力于区分不同的三文鱼种群，研究其遗传基因的变化。野生三文鱼在淡水与海洋之间的迁徙充满艰辛，只有身体极为强健的个体才能存活下来。她想了解，是什么因素让一些三文鱼得以生存，而另一些不幸死去。

此外，她还开展了一项新的研究：探究哪些疾病侵害了三文鱼，以及这些疾病在三文鱼数量减少的谜团中扮演了何种角色。为了检测病原体，她发明了一种方法，用以探究病毒和细菌如何导致鱼类患病。这项研究的背景是查明养殖三文鱼是否传播了病毒。

2011 年，米勒－桑德斯在《科学》杂志上发表了一篇关于弗拉瑟河三文鱼的研究文章。她和她的团队历时两年，通过研究三文鱼基因的活动，揭示了未成熟鱼死亡的原因。在文章的最后，他们提出了一个问题——距离新病毒的出现还有多远？他们虽未给病毒命名，但暗示了这种病毒可能是导致三文鱼大规模死亡的原因之一。

对于科研人员而言，能在《科学》杂志上发表文章无疑是重大的成就。三文鱼对加拿大至关重要，许多记者对她的研究产生了浓厚的兴趣，纷纷希望对她进行采访。

当得知要为她举办记者招待会时，米勒-桑德斯感到紧张又期待。一直默默无闻的她，面对即将到来的采访，体验了前所未有的新奇感。然而，等待的时间漫长，记者开始不耐烦。就在文章发表的前一天，她仍未接到关于记者会的任何消息。

终于，通知来到，却是一个令人震惊的消息——原定的采访被取消了。

在沿海城市纳奈莫，站在米勒-桑德斯的办公室里能看到大海。墙上挂着红鲑鱼的照片，这种太平洋特有的鱼种对于欧洲人来说颇为陌生。红鲑鱼的身体呈红色，嘴部长且弯曲。米勒-桑德斯语速飞快，谈及技术和专业术语时滔滔不绝。她领导着研究站的遗传学研究项目，全身心投入其中。

“我对记者说，你们得跟我的文章合作者聊聊，”她回忆道，“事情真是曲折离奇，我压根儿不知道自己还被贴上了封条。”

其实，她只是收到了“稍等”的通知。人家让她展示研究成果，并在半年后的科研委员会听证会上阐述三文鱼消失的原因。她倒是乐意在那里一吐为快。

米勒-桑德斯心想，没问题，等就等吧。可没过多久，她又接到通知，说她不能参加有记者在场的科学论坛，也就是说，她没办法在会上发言了。她被蒙在鼓里。媒体也开始报道这件事了，是她的雇主加拿大渔业管理局让她禁言的吗？

从那以后，人们对她的兴趣更浓了。这位养殖业的批评者被质疑，难道她发现了养殖业的惊天秘密？或者她掌握了加拿大渔业管理局的内幕？

后来，她终于要出席科研委员会的听证会了，人们紧张又期待。可加拿大渔业管理局却给她立下了规矩。

“他们不让我与公众有任何交流，把我安排在一间酒店里，没人知道。”她无奈地说。

她只能从酒店后门进去。“他们不让我跟任何人说话，太可怕了。我只是个普通的科研人员啊！”

听证会召开那天清晨，一辆车来接她。“我从法庭后门进去，身边还有保镖跟着……”一位科研人员竟然像流行音乐歌星一样。

“保镖把人群驱散，他下车去查看电梯，然后用暗语说‘海岸一切妥当’，让我赶紧下车，直接把我带进后面的房间。”

她压根儿没想过事情会变成这样，简直太荒谬了。

“我从来没想过会发生这样的事，不管我走到哪里，保镖和联络处的两个人都跟在后面。”

法庭听众席的长凳上坐满了观众，没有记者的位置，记者被安排在隔壁房间通过电视屏幕观看。电视画面中，环保活动人士穿着印有米勒–桑德斯照片的T恤衫，聚集在外面，举着标语，上面写着“米勒时代来了！”

她还听说，环保活动参与者为了资助她的研究项目发起了募捐。“这也太疯狂了！”她感叹道。

她忐忑不安，怀着期待听到重大消息的心情，走向听证席。

为什么一个科研人员的听证会能引起这么大的轰动呢？

原因很明显——人们心里充满了“悬念”“紧张”。因为信息缺乏，所以公众对此产生了浓厚的兴趣，就像侦探小说不会在第一页就揭示凶手是谁一样。为什么米勒–桑德斯走向听证席时，要把我们隔离开？因为我们可能会引发很多深层次的问题。而紧随其后的只有一种比较复杂的解释，那就是为什么加拿大的三文鱼养殖业充满了矛盾。

社会学家内森·杨和拉尔夫·马修斯在他们撰写的《加拿大海洋养殖的争议（2010）》一书中，试图解释这一现象。该书指出，三文鱼养殖是一个新兴产业，虽然规模不大，但竞争异常激烈。加拿大的养殖户与智利的养殖户相互竞争，前者生产的三文鱼相对便宜，后者为了生存而奋斗。

加拿大养殖户把养殖网箱直接放入受到威胁的生态系统。那里曾有其他产业开发、索取、掠夺大自然。当三文鱼养殖业来到这里时，当地的承受能力已经达到了极限。

此外，养殖户还缺乏合法性。

伐木业和捕鱼业在那里是历史悠久的传统产业，都是可以被接受的。但三文鱼养殖就像班里新来的小学生一样，很难融入。

政府也没有完全弄清楚养殖户到底要干什么。是把养殖业当作捕鱼业来对待？还是将其视为实行工业化的农业？养殖业是由地方政府管理还是由中央政府管理？

养殖业制定规则还是由人们为其制定规矩？在这个时代，由国家管理似乎不太合适，为了促进产业发展、繁荣经济以及调整经济布局，政府往往会放松管理。

如果政府提出严格的要求，养殖业主会发怒，说自己在与外国对手的竞争中会失败。如果政府提出的要求过于宽松，环保组织就会发起攻势。

环保组织的工作效率很高，据内森·杨和拉尔夫·马修斯说，他们已经处于进攻态势，并成功地将当地的组织融入全球的环保组织网络。他们表明，在自己居住的地方，三文鱼养殖业是如何成为跨国集团的一部分的。在网箱中给三文鱼喂食饲料，加剧了海洋鱼群的枯竭。这些事情将成为媒体报道的永恒主题。

环保人士能够以可信的方式做到这一点。他们可以通过调查研究提供论据。以前只有大型国家研究所可以进行科学研究，但现在任何人都可以制定一份研究计划。科研也被民主化了。

可是当环保人士设立了科研项目时，企业也会设立一个科研项目。于是西方的研究人员之间就产生了不同的意见，并且就实际情况作出不同的描述。

这就是基于事实产生的分歧。

批评者可以利用这些分歧。他们能写出很多份报告，并选择在某些方面对养殖户进行攻击。选择海虱还是养殖三文鱼逃逸？选择污染物还是饲料？……

养殖户总是等到最后才开始为自己辩护。据内森·杨和拉尔夫·马修斯所说，养殖户的辩护通常都很拙劣。例如，养殖户选择了大错特错的方式——对环保人士进行个人攻击，而不是摆事实、讲道理。他们处于守势，只能考虑眼前的利益。他们在一个迷宫里转来转去，却永远找不到出口。

于是在沿海地区展开了一场关于真相的斗争，两种论调相互竞争。

一种论调是，养殖业可以创造可持续发展。该产业创造了大量就业机会，尽管渔业不景气，但仍然能够确保当地居民继续居住在这里。

另一种论调是，养殖业必须终止。养殖行为伤害了渔业，对生态系统造成了威胁。养殖者来自外国，这是一家跨国集团公司，例如他们来自挪威。

所有这些，促使我们追溯此地原住民的历史。他们的土地被剥夺，被赶离家园。现在，由于养殖业的发展，他们失去了几百年来赖以生存的野生三文鱼。养殖户将臭气熏天的养鱼网箱置于原住民的生活区域，也置于势如水火的矛盾之中。

所有这些都被浓缩在这个背景之下。在此背景下，米勒－桑德斯走向听证席，她将告诉人们，河里的野生三文鱼为什么消失了。

当她阐述时，养殖产业的律师发言了。“我掌握了最新的重要信息，”他说，“这个证人不可信，她没有资格在这里作证。”他指出，米勒－桑德斯的丈夫是养殖扇贝的。

法官宣布休庭片刻。米勒－桑德斯心想，到底是怎么回事？她看见丈夫和女儿面色苍白地坐在大厅一角。米勒－桑德斯明白了，自己被诬陷了。

休息片刻后，律师的提案被否决，听证会继续进行。

有人问，为什么她被禁言？现在真相大白，一封匿名的电子邮件在听证会上被展示出来。这封邮件来自高层，是总理办公室发出的。斯蒂芬·哈珀任总理的政府对国家管辖的研究人员严格管控。总理办公室不喜欢米勒－桑德斯的文章，限制对文章进行讨论。

所有现象的背后是养殖业的利益作祟。如果证明病毒是从三文鱼养殖场传播的，并导致野生三文鱼从河流中消失，那么养殖业会遭受沉重的打击。

在听证会上，米勒-桑德斯不得不讲述自己了解的病毒对野生三文鱼构成的潜在威胁。一个律师反复向她提问，是否有关于病毒的确凿证据。

“有这种可能性，”她回答说，“我们首先要证明这是一种新发现的病毒，然后才能研究它与野生三文鱼死亡之间可能存在的联系。”一位提问者将该病毒称为“鱼类的艾滋病”。

“我们会证明，她没有关于三文鱼养殖的资料。”养殖户强调说。

米勒-桑德斯对自己的研究方向深信不疑。她一门心思地扑在解开野生三文鱼夭折的谜团上，而对于研究养殖场，则缺乏兴趣。

“今天在听证会上呈现的一切，”她总结道，“揭示了一个残酷的现实：我们对野生三文鱼身上的病毒知之甚少。如果人们没有目睹三文鱼的死亡，就很难对此进行深入的研究。有些人可能觉得这无足轻重，但实际上，很少有人知道野生三文鱼也会生病，更别提去研究它了。”

听证会连续开了几天，每天她都被专车从酒店接送，仿佛与世隔绝。她渴望这一切早日结束，回归正常的生活。就像半年前约定的那样，她还要就《科学》杂志的文章接受一次采访。

为此，她精心准备了讲演。人们围坐一圈，聚精会神地听着。然而，当她准备回答提问时，却收到了一个意外的指令。

“她不能与你们交流，”一位随行的联络处顾问说道，“有什么问题可以直接向我们提问。”

在接下来的几个月乃至几年中，一系列不寻常的事情接踵而至。

有一次，她被一所大学邀请，作为反方聆听一个学生的论文答辩，并主持一场讲座。当她开始演讲时，并不知道听众中竟然有养殖业的批评者。有人发了推文，几分钟后，加拿大渔业管理局的领导就知道了她的行踪。她的领导收到了一则通知：“米勒－桑德斯在会上都说了些什么？”她违反了新的规定，因此受到了惩罚。

还有一次，加拿大渔业管理局要求她去见新闻记者。管理局的工作人员递给她一份讲话稿，让她照本宣科。但她拒绝了，她说：“这不是一个科研人员在公众面前应有的行为。”

米勒－桑德斯并不是唯一一个在公众面前被禁言的人。后来，越来越多的政府下属科研人员遭遇了同样的命运。他们被禁止出席公开会议及发表演讲。如果有人被要求采访，必须得到位于首都的联络处的批准。

一位曾在加拿大渔业管理局联络处工作的人员透露，那些指令含糊不清。她觉得工作不再是为科研提供帮助，而是变成对科研的监督和审查。“这就像一面‘铁幕’降到了科研交流之中。”她接到通知，国家工作人员不允许讲对政府不利的话，即使在业余时间也不行。

这个规定逐渐成为常态。科研人员习惯了沉默，记者也不再打来电话。上百名科研人员经历了这样的事情。加拿大渔业管理局关于海洋的研究也陷入了停滞。病毒学家或被解雇，或被调离。科研人员或被调换工作，或选择退休。

米勒－桑德斯说："他们不会为那些可能损害加拿大渔业管理局研究项目的研究提供资金支持。"

她曾考虑过是否要结束在这里的工作。有一所大学向她伸出了橄榄枝，但她还是选择了留下。

"我在这里有一个非常好的实验室、一个出色的合作团队。我不忍心离开这里。我想，如果我们都走了，那么研究又怎么能取得进展呢？"

终于，科研人员在2015年迎来了曙光。由贾斯廷·特鲁多担任总理的新一届政府上台执政。我们也因此有机会在一个阳光明媚的秋日，与米勒－桑德斯在加拿大沿海城市的办公室中见面。她说："虽然现在对三文鱼的研究仍然有一些限制。"

争论的焦点之一是关于新型鱼正呼肠孤病毒，也被称为PRV。在加拿大，关于这种病毒的来源存在不同的观点，人们对它对野生三文鱼的危害程度的认知也是不一的。在2021年发表的一篇文章中，米勒－桑德斯的同事对病毒进行了溯源研究。他们发现病毒很可能来自挪威的养殖场，通过鱼卵传播到加拿大的养殖网箱，再传染给野生三文鱼，引发肝炎和贫血症，对鱼的种群造成了危害。

然而，米勒-桑德斯的学术观点并没有得到加拿大渔业管理局的认可。她认为养殖业与政府的关系仍然十分密切。

她曾与科研同事发生过争执。在一次会议上，一个同事指责她不愿将“养殖场的朋友”介绍给他们，因为这位朋友把三文鱼的实验样品交给了米勒-桑德斯，让她得以研究新发现的病毒。

“我受到了谴责。我对她说：‘你为监管机构工作，你告诉我，你向养殖业中的朋友提出忠告，不要让一个研究员检查他们的鱼？’”

另一方面，她对环保组织将自己树立为代言人感到不悦。

“这对我的伤害很大。”她告诉我们，她的科研项目受到了严密的监控。“最让我头疼的是媒体给予的差评。”在加拿大的三文鱼专业刊物上，频繁出现米勒-桑德斯是“活动分子”的文章，她的研究项目被评论为“投机”“不可信赖”。但她并没有被贴上“养殖业批评者”的标签。作为一名研究员，她通过自己的专业兴趣，发现了权力部门不喜欢的东西。这样的人以后会越来越多。

这些人中包括谢蒂尔·辛达尔，他认为阿尔塔河里有逃逸养殖三文鱼的说法不准确，因此与三文鱼养殖业有关系的政客要求他辞职。还有詹娜·苏莉，她认为养殖业可能会使三文鱼种群遭受灭顶之灾，因此被要求辞去自然资源管理局局长的职务。厄斯滕·斯考拉因为说养殖三文鱼是一件“毫无意义的事情”，被养殖业聘用的律师要求查阅他的上百项研究报告，从中寻找错误，从而失去了半年的工时。斯滕·莫滕森从耕海公司（现在叫美威公司）错发的电子邮件中获悉自己被列入“今后我们不再与之合作的科研人员名单”，只因为他在贝氏隆头鱼（濑鱼）事件中持批评态度。柯文·格罗沃因为写了关于养殖三文鱼对野生三文鱼产生负面影响的文章，被视为“渔民政治家”“养殖三文鱼的政治反对派”，从而赋闲在家。

图比扬·弗赛特被养殖业从业人员指责为“腐败”“作弊”“操纵”“搅屎棍”。在他的雇主挪威自然科学研究所要将养殖业从业人员告上法庭之前，他们一直没有停止攻击。弗赛特说，自己所经历的这些事情，让他有机会阅读了《贩卖怀疑的商人》这本书。书中讲述了科学史学家奥米·奥利斯克斯和埃里克·康韦如何揭露不同的企业如何抹黑独立研究员，以及如何资助“反方研究员”为企业提供其希望的研究成果。这样就造成了产业对威胁其收入的事实产生怀疑。同样的情况也发生在烟草和气候研究领域。

养殖业对野生三文鱼的影响越大，那么野生三文鱼的研究对养殖业的威胁也就越大。养殖业变得越重要，那么阻碍其发展的知识就越不受欢迎。总有一天，对野生三文鱼的研究将成为养殖业取得成功的必要条件。而现在，养殖业正走在积累价值、提升竞争力和出口增收的路上。

15

新鱼种养殖的宏伟计划

2012年的一天，一个8人团队来到位于特隆汉姆市附近的莱晨达尔庄园。他们站在一幢建于1700年的美丽的木屋前。我们应该怎样看待他们呢？一些人看起来可能有一点紧张，一只脚不停地在碎石路上摩擦，似乎要制造一点乐趣，因为他们互不相识；一些人看起来很自信，具有大户人家的气派。我们猜想，他们一定很骄傲。他们是从各个领域挑选的专家，可以说是海产研究领域的大师级人物。

指派他们的是挪威皇家科学理事会和挪威科技大学。

看！他们在油画前面坐了下来。看！他们去取咖啡。这些精英开始认真思考海洋产业的发展。

上一次发布报告是13年前的事，专家在1999年预测海洋产业将有大发展。有些人笑话他们——占卜不是事实。但是他们中签了，就像当初设想的那样，海洋产业取得了令人难以置信的发展。

现在三文鱼养殖业处于蓬勃发展阶段，养殖者充满自信。人们阅读历史书可以发现，书中将这一时期称为“工业化发展阶段”，三文鱼已经不是地方性产业了，它已经成为“一种大众消费产品——海洋生产的鸡”。规模大的养殖企业已经上市。这些企业的发展有高潮也有低谷，其间经历过疾病暴发、生产过剩、股市泡沫，但总体而言，所有的指标箭头指向上方，指向更高的产量、更大的出口量和更多的收入。

养殖业有了自己的大师。他叫图格尔·瑞沃，曾任挪威商学院院长。他认为海洋产业是挪威经济三大支柱产业之一，可以成为这个领域的“全球知识中心”。只有海洋产业、石油开采和海洋运输才能积累丰富的知识，汇聚大批优秀人才，提供优质的教育。只有这些产业能在创新、吸引人才及满足未来发展对环保的要求方面，称得上处于世界领先地位。图格尔·瑞沃的观点回答了萦绕在挪威人心里的一个问题。

挪威的石油资源枯竭后，我们靠什么生活呢？这个问题早就成为陈词滥调，但实实在在地摆在挪威人面前。在这个时期，社会经济学家创造了一个全新的概念——“鲨鱼嘴”，其由两条曲线组成，一条曲线代表社会福利的支出，它指向上方；另一条曲线代表石油收入，它指向下方。将两条曲线组合在一起，看起来就像一条鲨鱼的嘴，这种情况在噩梦中出现过。

政治家开始寻找解救的办法，于是就看到了我们拥有的三文鱼养殖业。

现在8位专家就坐在特隆汉姆市附近的莱晨达尔庄园里，筹划怎样用养殖三文鱼和其他海洋产品造就挪威的未来。他们中的一个人曾任萨尔玛公司总裁。另一个人曾是渔业—沿海事务部的高官。第三个人是科研理事会处长。还有一位生物学家、一位研究员、一位ω-3脂肪酸生产公司的创始人。他们有各自的专业，互相交流对“蓝色革命”的观点。海洋可以创造产业，可以提供更多的就业机会、更多的环保产品，向世界提供更多的健康食品。专家的目光中充满激情，可能是因为他们参与了一项不同寻常的任务。在这些天里，他们将成为国家的战略专家。他们获得了自由想象的空间，地位也得到了提升。他们聆听报告，在座谈中可以相互否定观点。他们探讨三文鱼养殖等渔业问题，以及尚未被发现的产业——海洋！其中存在着尚未被开发的巨大潜能。能够利用渔业加工的下脚料做些什么呢？在海洋养殖高产地区，如何对待人们放入龙虾和扇贝，待长大后由潜水员收获的行为呢？如何对待那些可用来生产药物和健康补品的海底生物呢？如何使养殖三文鱼永远不会逃逸，不受海虱的侵扰，不生病，并且可以将产量提升至5倍之多？如同利勒比扬·尼尔森唱的歌词：“天空中布满繁星，蓝色海洋广阔无垠。”

大家所讲的一切内容，都在他们之间进行着讨论。他们最终在形成的报告上签了字。这份报告的题目叫作《建立在多产海洋里的价值创造——2050年》，简称《2050报告》。这份报告称，2050年，海洋产业将创造5,500亿挪威克朗的产值。

在随后举行的一次渔业博览会上，渔业大臣莉柏特·拜尔格-汉森宣称：“我们已经站在了进入一个全新海洋时代的门槛儿上”，“我们今天在这里向大家介绍一个关于创造潜在价值的报道”。大臣表现得十分激动。大臣到访过国内很多地方，为了给议会辩论提供素材而收集建议，因此这份报告的内容很贴切。她对公众说：“这份报告肯定了展望前景的合理性”，“现在估计2050年的‘海产品销售额’将突破5,500亿挪威克朗，将是现今销售额的6倍”。

媒体热情高涨。一份报纸这样写道：“海洋将书写一个全新的神话。”另一份报纸写道：“产业发展预测将会带给海洋一个新的狂欢。”类似的报道纷至沓来。“石油经济闻到了海鲜的味道。”“期待爆发式增长。”我们身为记者，喜欢收集各种报告，特别是将其改编成新闻的时候，兴奋不已。

“5,500亿挪威克朗”“爆发式增长”“是现今销售额的 6 倍”！

这个数字和图表都被印在大臣呈送议会的报告上，报告内容突显了“世界领先的海产强国”的精神。这些数字当然也被写进《海洋 2012 报告》——一部全新的国家科研与发展战略报告。

2013 年，保守党和进步党组成新一届联合政府。他们可能更喜欢这份报告。“这是一部很好的、有远见的报告，受到企业界的热烈欢迎。”保守党人士弗兰克·巴克-延森说。他要将《2050 报告》当作实施管理的文件，因此这份报告也将被政府监督。

莱晨达尔庄园发出的信号是令人振奋的。

《2050 报告》勾勒出发展蓝图，像渔业大臣描述的那样，这份报告将成为“贯彻、实施政策的文件”和发展“愿景”。愿景包含很多：它将是一个开放的规划，或者说是一个梦想，“一个并未建立在实际情况之上的观点”“一个对未来理想状况的描述”“一个未来要实现的目标”。因此这个词汇距另一个词汇“野心”只有一步之遥。

这里到底发生了什么？

让我们聊一聊。一天，埃尔林·哈兰德来到足球场，对一名天才男孩儿说：“你将来能成为世界上最优秀的足球运动员。”男孩儿抬起头看着哈兰德，有些困惑，没听见哈兰德接下来罗列的条件：如果在今后的 10 年里，每天锻炼 3 个小时，幸运的话，身体没有受伤，还要有世界上最好的教练，等等。男孩儿和其他球员及教练员只听到了“世界上最优秀的”这几个字。地方报纸也对此进行了报道，给男孩儿戴上了一个光环。“看，这个男孩儿可能成为世界上最优秀的球员。”家长为了发挥这个天才少年的潜能，给了他一切需要的东西。他们为他更换了足球俱乐部，在家里也给予他特殊待遇。如果他累了，可以不再做家务。这个男孩儿的生活逐渐发生了变化。预测已经成为新的现实的萌芽。

批评声响了起来。穆滕·斯特勒克奈斯是被国际社会认可的作者。他写道，销售额提升至6倍的想法“在一个研讨会上被甩到了一旁”。新上任的渔业大臣伊丽莎白·阿斯帕克回答说，这个数字摘录自挪威皇家科学理事会和挪威科技大学指派的专家起草的《2050报告》。只要看看这两个机构的名字，以及它们拥有的具有独立性的专业人才，就足以看出数据的可靠性。

同样，《2050报告》存在着一些缺点。文中使用了“价值创造”这个词，这个词是“销售收入”的同义词，已经被社会经济学家纠正。另一处数据含糊不清。报告称，“一些地区的数据适合确定下来，而其他地区不适合”。然而，数据被确定的一些地区，实际上并不适合这样做。特别是有争议的是，报告预测三文鱼的产量是现在的5倍。

三文鱼养殖产业已经出现了一些问题。该产业与沿海捕捞业和其他依赖沿海海域发展的产业产生了矛盾。

三文鱼养殖产业还遇到了一些挑战，诸如鱼的疾病和鱼类健康保障等。“面对这种野心，我有点儿害怕。”国家食品监管局局长伊丽莎白·威尔曼说道。她想知道工厂是否有足够的产能。

如何解决航空运输排放产生尾气的问题？据环保组织拜鲁纳计算，三文鱼空运航线所产生的尾气，相当于挪威所有空运航线产生的尾气之和。出口新鲜三文鱼是建立在航空运输的基础上的，最主要的运输目的地是亚洲和美国。2050 年，尾气排放必须大幅减少。这个问题如何解决？报告没有提及。

养殖三文鱼饲料也是一个问题。生产三文鱼饲料需要野生鱼类，可是海洋能提供给养殖三文鱼当作饲料的野生鱼，并不是取之不尽的。人们如何获得未来实现提高至 5 倍产量所需的饲料？报告也没提及。

如果人们仔细阅读这份报告，肯定会持保留意见。这些问题在讨论中没有涉及。与此相反，这份报告却被大力宣传。《2050 报告》的作者设定的目标是：2050 年，养殖三文鱼不再从网箱中逃逸；最终控制海虱；培育出一种“生长速度快、免疫力强”的节育鱼种；一系列鱼类疾病得到“根治”；像变魔术一样，应对政府指出的“来自环保方面的全部挑战”。但这还不是全部。“在饲料安全、鱼类健康、繁殖技术创新等方面还会出现一系列问题”。政府部门还要修改一些产业规定，对迅猛发展的“政治愿望”也要重视。

与养殖业有着密切联系的PwC公司的顾问哈尔瓦·奥勒发表评论，“我没看到‘报告的作者’对取得成功的先决条件进行过现实性、可行性的评估”。

社会主义左翼党人图格尔·可纳格·福尔克内斯讲：“当人们对挪威峡湾的前景作规划的时候，众多专业人士介入，规划一定要建立在我们已经取得的最好的研究成果的基础上，而且要贯彻预防性原则。规划不能建立在有倾向性的顾问撰写的报告上。”

《2050报告》作者指出，报告内容是真实的，在这份报告发布之前，其中的任何内容都没有发表过。这份报告给各种观点下了定义，对全部计算数据作了解释。“这是对各种观点进行分析的基础，而不是什么调研报告。”其中一位撰写人尤尔弗·温特如是说。他的同事特鲁德·奥拉弗森确认这不是什么科研报告，而是对未来景象的描述。奥拉弗森指出，“如果认真阅读这份报告，是会有收获的”。

与此同时，另一份报告发布了。这是由国家审计局编写的，它是一家专门审查政府部门和其他权力机关工作情况的独立机构。该报告对挪威海洋产业管理状况进行了分析。对于信任国家并认为报告绝大部分内容是有规划且受到政府监管的所有人来说，读了这份报告会产生某种压抑感。议会预测，这个产业是可持续发展的，符合环保要求。可是国家审计局调查后发现，关于可持续发展和符合环保要求的描述，除了点缀，没有实质性作用。国家审计局的报告确认，养殖产业确实取得了快速发展，但没有进行规划；只给地方发了许可证，没有照顾全局；跨行政区域生产可能引起的后果没有被充分考虑；养殖设施密度过大，看起来没有进行很好的规划，这样会导致疾病的传播。抛开那些目标，只看近10年来患病的鱼的数量，每年损失4,700万条，这个数字与以前一样多。

报告称，没有发现关于养殖三文鱼健康保障的系统文件。养殖三文鱼产业缺少生产损失、三文鱼畸形、发育不良、外伤、白内障、鱼鳍损伤和疫苗的副作用等相关知识。三文鱼受到海虱的攻击，然而海虱的耐药性越来越强，情况越来越严重。养殖三文鱼逃逸现象继续发生，没有人知晓到底有多少条鱼逃逸。

议会曾认为，养殖场向海里排放的污染物不会超过海洋的承受界限。污染物的排放量是可观的。然而将化学药剂和杀虫剂直接排入海水，不需要任何部门批准。例如，3吨重的消杀海虱的几丁质合成阻断剂被排入峡湾，导致的环境污染没有被解释。

这份报告好像是由保护野生三文鱼人士、养殖业的批评者和环保人士撰写的。实际上不是，它是由国家审计员撰写的，审计员负责对议会决议案进行跟踪和审议。

要讲的东西还有很多，现在继续。议会预计，施用饲料不会对鱼的种群造成伤害，可是黑线鳕鱼和沙鳗的生存会受到影响，并且养殖产业缺少秘鲁鳀鱼的相关知识。国家食品监管局对监控设施进行了视察，结果一半存在违规现象。国家审计局认为这个数字是很高的。对养殖户实施制裁有效果吗?

渔业局应监管养殖户向网箱里投放的鱼的数量是否超过规定密度，可是没有办法测定具体数量。没有人知道法规是否存在。

渔业—沿海事务部从未就为养殖产业制定的可持续发展目标是否达标进行过检查。

因此国家审计局作出结论：海洋产业的管理并不是按议会决议那样执行的。

为什么政治家仍然相信《2050 报告》中提到的产量提高至 5 倍的目标呢?

人们应该认真读一读奥斯陆大学克瑞斯汀·奥斯达尔和希尔德·雷纳森的著作。他们将报告内容艺术化，以便人们能轻松地阅读这些文件。

奥斯达尔和雷纳森指出，“经济化”“金融化”这两个概念是首次出现的，也就是说用经济的和金融的计算方法，描述各种现象并使之量化，例如针对自然界、艺术和文化活动等。当有些东西被量化时，通常获得了额外的助力。我们作为记者对此十分了解。当报纸还以纸质形式发行的时候，没有人知道谁读了什么。当报纸出现在网络后，人们可以获悉任何数据。数据本身就是一种力量，媒体机构受其支配。为什么?因为一个数据充当了“机械客观性”的成果，如测量、称重和被数量化。然而这些数据并没有骗人，它们支持了《2050报告》施展的魔术。因此这些数据成为诱人的可能性。

此外，《2050报告》并没有作出客观的阐述。置身于报告背后的人认为，挪威必须尽力成为世界顶尖海洋强国。政治家必须“制定必要的措施确保实现这个目标”。必须允许产业在框架条件下，“获得一些灵活性措施”，报告撰写小组向激进的政客暗示，在他们那个时代石油神话是如何被创造的。海洋产业将成为国家的一个新兴产业。奥斯达尔和雷纳森认为，报告的作者邀请了政治家“以投资者的视角”参观企业。报告是一个特写、一份招标说明书，撰写小组是发起人，试图吸引政治家的兴趣和资本，使后者成为产业的长期投资者。如果政治家现在购买这个套餐，那么到2050年会获得巨大的收益。但现在就要付诸行动。

正是这一点引起了人们的兴趣，《2050报告》背后的集团不是完全中立的，他们不是来自学术单位，就是来自企业。他们有自己的利益。例如，其中两个人拥有萨尔玛公司的股份，或与该公司有利益关系。这些内容并没有出现在报告之中。

现在再说说童话中的煎饼。请看一个从坡上滚下来的雪球，逐渐裹上潮湿的雪，越滚越大，越来越重。这份报告如同这个雪球，核心是图格尔·瑞沃的思想，外层是撰写小组制定的数据。现在又裹上新的一层——

《海洋 2012 报告》。还有一层是议会公告，它声称，挪威将变成世界领先的海洋国家。在这之后，由“愿景、志向和文件”混合而成的一盘大杂烩滚了出来，人们更愿意将其改名为“多中心的报告、议会公报和战略”。其中大多数内容建立在相同的理念上，但是以不同的专业术语表述。这种多元化的专业表述的背后是海洋产业公告、海鲜产业公告和政府的海洋战略文件。综上所述，《2050 报告》就变成“国家制定科研和工业发展政策的一部参考报告”。

“我们是一个大国！请相信我。”

渔业大臣佩尔·桑德伯格一字一句地强调说：“我们会变得越来越繁荣!”他有意识地停顿一会儿，看着与会的人们。2016 年秋季的一天，站在他面前的是许多精明的青年人，他们来自海洋产业和青年渔业协会，身着漂亮的服装，直接从工作单位赶来参会。此时，他们正从塑料箱里取出码放整齐的寿司，尽情享用。

桑德伯格继续他的演讲。

“我们有雄心壮志，”他说，“在未来 35 年内，我们的海洋养殖出口额将突破 5,000 亿挪威克朗。”桑德伯格表示，自从他上任渔业大臣以来，每天的出口额都在增长。在同一时期，一位进步党人引起了人们的注意。他将那些教授及批评渔业—海洋产业的人称为“黑暗的反动势力”，他将奋起与这股势力进行斗争。在一次电视辩论中，他冲着一位三文鱼养殖业批评者破口大骂，因此登上了新闻头条。

“我将尽最大努力提高增长速度，并能形成决议，但这仍然需要时间，”大臣提高了嗓门说，“海产品出口创造价值方面存在着空间，巨大的空间！”“可是，佩尔，”参会者问道，“你为什么会说提高至5倍呢？”“不，提高至5倍不是我说的，是通过广泛深入的调研得出的结果。”

在桑德伯格的努力下，《2050报告》中的数字，在所谓的“广泛深入的调研”的基础上，通过了最后一道关，最终被确立为发展目标。

“这是通过调研得出的结果，说明我们有提高至五六倍的潜力，”桑德伯格在电视上说，“科研界明确指出，未来海产品的产量提高至当下的5倍是可行的。”他在一次会议上说道：“这个目标是我们要努力实现的，因此，产业界、科研界和管理层要共同努力为此作出贡献。”

桑德伯格明确指出，海洋研究所的科研人员“并不像我们那样，因这个行业的发展而兴高采烈”。“为什么他们认为这种增长速度是不可靠的呢？”《卑尔根时报》的一名记者问。国家审计局得出的结论被抛在脑后，一两个批评三文鱼养殖的人被揪出来，莱晨达尔庄园释放的数字顺理成章地成为制定政策的有效论据。由于要提高至5倍，所以要优先考虑海洋养殖教育的发展；由于要提高至5倍，所以养殖产业的基本利息税应被允许停止缴纳；由于要提高至 5 倍，所以必须在弗洛拉修建一个飞机场；由于要提高至 5 倍，所以要在挪威北部修建铁路。

渔业—沿海事务部拨款 72 万挪威克朗给自然科学研究所，让其撰写一份新的报告。研究所将找出实现《2050 报告》制定的目标的办法。这份报告取名为《通向 2050 年的海图》，好像“2050 愿景”就是一个具体的地方，只要人们导航正确就能到达。自然科学研究所已不再将那些数字描述为“预估”“存在潜力”了，而是用“确立的目标”“报告制定的目标”取而代之。一些人被邀请参加研讨会，其中大部分人来自养殖业。他们一共提出了 56 项措施建议，最终有 15 项被纳入日后形成的政策。养殖产业将以此为指导，不断增长，最终实现“目标”。政客雷厉风行，人们终将膨胀！

16

操纵新鱼种生长

2014年2月19日，国家食品监管局的巡视员来到科瓦峡湾的一处三文鱼养殖场。天际薄云缭绕，阳光时隐时现，气温降至零下3摄氏度。他举起相机，捕捉远处的景致——碧空如洗，雪山巍峨。他详细地记录下所见所感。随后，他的目光转向了三文鱼。大多数网箱看似无异，但一个网箱内漂浮着3条死鱼，另一个网箱内有4条已逝的三文鱼。巡视员来到第5号网箱并作了记录：鱼儿“游动异常”，“众多鱼儿迷失方向，身上遍布伤痕，静靠网边”。他估算，每3条鱼中就有1条带有伤痕。在存放死鱼的小屋内，200多条死鱼堆积如山，“鱼腹、背部及鼻、嘴周围有大面积的侵蚀伤和穿透伤”。他一一拍照留存。一个大箱子里装满了数百条死鱼，伤痕遍布鱼尾、鱼腹和背部，鱼的色泽从鲜红到暗红，再到棕色。巡视员后来得知，近几个月，数千条鱼相继死去。例如，1 月份的一周的死亡数字：周二 5,000 条，周三 4,500 条，周四 3,500 条，周五 2,500 条。记录本上写着“原因不明”，鱼群疲惫、惊慌。巡视员记录道，这里的鱼存在“极其严重的健康问题”。据“北部三文鱼”养殖场的老板所讲述，问题可能出在鱼苗养殖设备上，那里的鱼生长“异常迅速”。养殖场通过添加一组额外的染色体改变了鱼的发育程序，使鱼绝育，从而成为“三倍体”。这些鱼便是这项失败的实验的牺牲品。

培育不育三文鱼的想法由来已久。耶德莱姆及其同事早在 20 世纪 70 年代，就在松达瑟拉进行过类似的实验。他们培育出一条生长速度异常的鱼，以满足日益增长的需求。然而，当鱼性成熟后，问题随之而来——进食减少，鱼肉的诱人红色逐渐褪去。为避免此类问题再次出现，必须对鱼进行绝育，使其成为“三倍体”鱼。这就意味着鱼体内存在三组染色体，也就是说，人们试图制造出一个新物种。

在一本关于水产研究的书中，耶德莱姆描述了培育“三倍体”三文鱼的实验：“首先，我们对刚刚受孕的鱼卵进行冷却刺激处理，但没有效果。经过多次挫折，最终我们对刚刚受孕的鱼卵进行了 28 摄氏度的温暖刺激，持续了几分钟，实验终于成功了。”这是一项科研突破，人们成功地制造了“三倍体”三文鱼。

从耶德莱姆的描述中，我们可以推测，尽管有人热衷于进行此类实验，但由于伦理原因，这类实验受到了限制。养殖业也拒绝使用这种技术培育“三倍体”母鱼。耶德莱姆写道:“事后来看，这是一个完全正确的选择。”

人类在经济上的需求是无止境的，我们根据需求重塑动物的能力，被美好的愿望所终止，同时考虑了动物的福祉。

耶德莱姆还写道:“消费者对于非自然方式下生产的食品，总是持有怀疑态度。”21 世纪，人类制造“三倍体”三文鱼的想法死灰复燃。然而，出现了一个新的问题——养殖三文鱼逃逸。根据调查显示，每年从养殖网箱逃逸的三文鱼数量在 120 万 ~ 360 万条。通常，人们无法得知鱼是从哪里逃逸的。经济犯罪侦查局认为，养殖户对因三文鱼逃逸而惩罚养殖场的条款和规定知之甚少。逃逸的三文鱼与野生鱼交配繁殖，会对野生三文鱼种群造成伤害。要避免这种情况发生，几乎是不可能的，但是人们酝酿更有效的措施。如果逃逸的鱼被绝育了，就不能繁殖了。这样，野生三文鱼种群就会得到保护，而且现在的技术措施也比以前先进得多。在欧洲，已开始人工养殖“三倍体”三文鱼；澳大利亚的塔斯马尼亚岛和其他一些三文鱼养殖地区，也在进行“三倍体”三文鱼培育实验。人们找到了更好的方法使得三文鱼能够“三倍体”化。“三倍体”三文鱼存有很大的缺陷，它们可能是畸形的。产业媒体将其称为“残疾鱼”。

养殖场时而出现一些畸形三文鱼。耶德莱姆在《关于水产实验》一书中写道：“90年代，养殖三文鱼畸形的问题越来越严重。例如，除了脊椎，内脏也出现畸形。畸形鱼的出现给养殖产业造成了巨大的经济损失以及伦理方面的困惑。”例如，有的嘴变短，有的长了双嘴，有的嘴无法合拢，有的上颚缩了进去，看上去就像哈巴狗的头一样。在同时期的智利，发现了一种奇怪的畸形——鱼的嘴小且无法合拢，被命名为“呐喊疾病”。它们的嘴就像挪威画家爱德华·蒙克的著名画作《呐喊》中的形象，一个惊恐呐喊的人的嘴，因此鱼的畸形嘴的英文为“screamer”。

“三倍体”三文鱼的嘴也出现问题。20世纪90年代对“三倍体”三文鱼的调查显示，大部分“三倍体”鱼出现下颚畸形症状，即所谓的“鹦鹉嘴”“鹰钩嘴”。当鱼嘴畸形时，进食量就会减少，因此生长就变得缓慢。研究发现，80%～90%的“三倍体”三文鱼患有白内障，因此鱼儿看不见饲料。骨骼畸形，特别是脊椎畸形，是一个很严重的问题。在一次X光透视检测中，检测结果显示，30%的“三倍体”三文鱼有脊椎变形的问题。“三倍体”三文鱼的细胞核比正常鱼的大，这是因为里面有第三组染色体。因此它的血细胞比较大，但数量较少。心脏也比较大，对温水的适应能力差；肠子较短，对饲料的消化能力也变弱。

研究人员发现，“三倍体”鱼在养殖期间容易受到伤害，与正常的三文鱼相比，它们需要不一样的环境及饲料，因此必须“将其看作一个新物种”。

2012 年，海洋研究所对当前面临的问题作了总结。人们进行了各种实验，得出不同的结果。“三倍体”三文鱼仍然畸形，患有白内障，死亡率高，生长速度慢，疲劳感增强，对条件较差的环境的适应能力差，等等。人们在罗格兰郡对 10 万条“三倍体”三文鱼进行实验，其结果并不令人满意。“鱼身上的毛病太多，我们认为无法接受。”一位始终关注事态发展的兽医说。这位兽医对实际能生产出多少条“三倍体”三文鱼，持怀疑态度。“毫无疑问，还有相当长的一段路要走，但不知道以后会发生什么。”

现在再谈谈三文鱼逃逸问题。逃逸三文鱼对野生三文鱼形成了十分严重的威胁。2006 年，议会修正案第 32 条有类似的内容，政府在报告中写道：“利用节育的三文鱼对遗传基因产生的影响，是行之有效的措施。”这预示着将会实施一个项目，即大力培育“具有竞争能力的节育三文鱼”。“如果其他方法不是十分有效的话，尽快实施这个项目是非常必要的，节育三文鱼应投入大规模生产。”

海洋研究所受到启发，主动与鱼卵繁殖公司和许多养殖企业走到了一起。人们将测试“三倍体”三文鱼在挪威一般网箱内的生存状况。他们最终获得了实验许可证。

所有利用动物做实验的人，必须获取许可证，《动物福利法》第 25 款规定：繁殖应该促进动物特征的发展，给予动物健康的身体、良好的功能。不能利用基因技术进行繁殖，例如，改变演替，这会对动物的身体和精神功能产生不利的影响；或者将演替遗传下去，减少动物施展自然行为的机会，并且引起公众对动物实验伦理的担忧。

动物实验管理委员会认为，针对“三倍体”三文鱼进行的实验的出发点“违背了动物福利条款”。这样的繁殖对三文鱼的身体功能是不是产生了不利的影响？是不是减少了三文鱼施展自然行为的机会？这个实验是不是引起了公众对动物实验伦理的担忧？

动物实验管理委员会收到了鱼卵繁殖公司和海洋研究所关于此事不是偶然事件的保证和解释。100 万条“三倍体”三文鱼可以投放到峡湾里。2014 年 2 月 19 日，国家食品监管局巡视员在科瓦峡湾养殖场发现约 10 万条鱼死亡。随后的 3 月和 4 月又有 4 万条鱼死亡。国家食品监管局因养殖场违反《动物福利法》的相关规定而报警。报警文件指出，“三文鱼伤口无法愈合，遭受巨大痛苦，伤口不断扩大，功能衰竭，最终死亡”。国家食品监管局认为养殖场的方法具有高致病性风险，并且未制定应对预案，实验“完全不负责任”。然而，报案被搁置了。

2014 年 4 月，局势严峻。100 万条三文鱼的实验正在进行，科瓦峡湾上演动物悲剧。“三倍体”三文鱼的商业模式测试结果需数年才能揭晓，实验令人沮丧。现在正是反思之时，应等待技术成熟，或放弃节育三文鱼的想法，或从防止逃逸着手。

2014 年 4 月的新闻震惊了养殖户，渔业局将接管“三倍体”三文鱼养殖。挪威皇家三文鱼协会颁发了 9 个许可证，维尔高养殖场获得了 2 个许可证，即“绿色许可证”。

养殖户的上诉和评论如雪片般飞来。阿尔内三文鱼养殖场的图尔·尼高质疑项目的伦理和科学依据。莱瑞·奥罗拉公司的斯蒂格·尼尔森认为渔业局忽视了“三倍体”三文鱼的痛苦。塞马克公司认为此举不可原谅，研究员扬·拉附上备忘录，指出，抗生素对“三倍体”三文鱼肠道内的细菌无效，担心疾病传染给人。

律师格伦德·布鲁兰指出，渔业局破坏了自定标准。“绿色许可证”应发给经过实践验证的解决方案。顾问扬·阿尔沃·约维克提出警告，“三倍体”三文鱼可能对挪威野生三文鱼的生存构成威胁。

国家食品监管局在遇到不确定的问题时，会寻求管理部门专家的支持。挪威为“三倍体”三文鱼开绿灯后，该系统开始运作。国家食品监管局询问海洋研究所的专家，是否有文件能证明养殖“三倍体”三文鱼的安全性。海洋研究所回答说，没有这样的证明文件，最早也要等到北方三文鱼养殖场与合作伙伴进行的实验得出结果后，才能出具证明文件。权力当局开始养殖“三倍体”三文鱼，尽管专业机构认为这是不安全的。

人类对其他物种的操纵应被容忍到何种程度？这个问题一直困扰着我们，讨论已持续了数个世纪。毕达哥拉斯认为动物也有灵魂，亚里士多德则认为动物是为了人类而存在。哲学家勒内·笛卡尔否认动物有灵魂，认为动物没有思维和感觉，只是一种机器。伊曼努尔·康德认为，人类应避免残暴地对待动物，因为这样的行为会使我们变得阴险。生理学家克劳德·伯纳德自认为是知识渊博的人，他对动物的痛苦的嚎叫声置若罔闻，但他的家人是动物保护主义者，她们听到了他在厨房肢解活狗儿时，狗儿发出的惨叫声。作家乔纳森·萨佛兰·福尔提出了一个发人深思的问题：为什么我们不吃狗肉？为何我们吃猪肉？究竟是谁决定了动物是否被人类食用的标准？这种文化和个人偏好的差异，让我们不得不思考自身对待动物的态度和食用习惯。

法国哲学家雅克·德里达曾有一句名言：“动物看我们，我们在它们面前就是全裸的。”这句话揭示了人类与动物之间某种原始且深刻的联系。

伦理与法律结合的趋势在动物保护方面越来越明显。法律不仅保护哺乳动物和鸟类，而且保护爬行动物、两栖动物、鱼类以及小龙虾、乌贼和蜜蜂等。

对于养殖三文鱼，法律禁止为了检查海虱数量而清洗活鱼的肚子。如果你遇到患病、受伤或无法挽救的动物，就有帮助它的义务，甚至可以将其无痛地杀死，国家会承担相关费用。如果见到动物被虐待，报警是你的义务。

国家食品监管局以其专业知识，洞察了养殖“三倍体”三文鱼并未被包含在法律保护的范围内，但渔业大臣并未对此予以重视。

那么，动物“生活舒适”的含义是什么呢？1961年，英国布兰贝尔委员会提出了这个问题。该委员会声称，动物也应该有“自由”，包括免受饥饿、疼痛、疾病和伤害折磨的自由，施展自己本能行为的自由，以及免遭恐吓和过度劳累的自由。

这里讲的是动物，鱼同样被定义为动物。然而，鱼在挑战人类同情心的底线。鱼不会笑，不会皱眉头，不会张大嘴恐吓我们。我们听不到鱼疼痛时发出的叫声。根据生物学家乔纳森·鲍尔科姆的著作《在鱼的头脑里——2016》所述，鱼类能够以不同的方式发出比脊椎动物更多的声音，表明鱼类有着我们可能未曾意识到的复杂沟通方式。鱼类的沟通和感知能力远比我们想象的复杂。鱼的牙齿可以相互摩擦，音带肌肉可以收缩，使鱼鳔颤动，从而发出各种声音，如“嗡嗡”声、吹口哨声、敲打声等，这些声音是它们沟通的方式。有些鱼的名字就来自它们发出的声音，如白鸡鱼、鼓鱼、管口鱼。太平洋鲱鱼和大西洋鲱鱼能清晰地、有节奏地放屁，这被认为是它们的交流方式之一。

过去，我们认为鱼听不到声音，因为它们没有外耳结构，但实验表明，鱼能够通过其他方式感知声音。例如，人们通过吹口哨训练一条失明的鲇鱼进食，说明它能够听到声音并作出反应。

胭脂水虎鱼能够发出犬吠声，这被视为一种威胁信号。红尾触发鱼通过叼起石头甩到鱼缸底部来表达饥饿。鲤鱼能够区分古典音乐与布鲁斯音乐。美国慈鲷鱼会攻击喝水的猫，显示出它们的攻击性和智慧。金色蝴蝶鱼表现出了与移情类似的行为，它会尝试唤醒处于困境中的伙伴。

养殖三文鱼如果不适应环境，可能会成为“失败的鱼”，处于一种类似抑郁症的状态，表现出超高的应激激素皮质醇和血清素水平。这些发现挑战了我们对鱼类的感知和情感的理解。

研究员沃娜·伦德和她的同事提出，为什么不将养殖三文鱼纳入我们的“道德范畴”？她们寻求哲学家的帮助，阅读了彼得·辛格、玛丽·米奇利和汤姆·里根的著作。这些哲学家认为，我们对有意识的动物，包括鱼类，应承担道德责任，它们是社会的一部分，有复杂的精神生活和道义上的权利。

这些观点促使我们重新思考如何对待动物，尤其是鱼类。我们应该认识到，鱼类不仅是食物来源，而且是具有感觉和情感的生物，值得我们尊重和同情。这意味着，在养殖和处理鱼类时，我们应该尽可能地减少它们的痛苦和压力，确保它们的福利。这不仅是道德上的要求，而且是对自然和生物多样性的尊重。伦德和她的同事深入研究了人类对鱼的疼痛感觉、记忆力、社会思维能力和学习能力的认知，并得出结论：养殖三文鱼必须被纳入人类的道德范畴，人类应给予这种鱼更多的关注。她们提出的一系列问题触及了养殖鱼类的本质：它们是否以自己的生物功能生活，是否以正常的方式繁衍后代，是否“生活得很好”。

挪威解禁养殖“三倍体”三文鱼后，一系列问题随之浮现。“绿色许可证”的颁发从一开始就备受争议。鱼卵由水基因公司提供，公司采用了新型机器人技术，但一年后发现，这些卵子“并没有完全‘三倍体’化”。一项评估确认，“三倍体”化的进程“失败了”。在一个网箱中，半数三文鱼变成“三倍体”，其他的鱼遭受了巨大的压强，机器人工作不正常。科研人员质疑，在巨大的压强下，三文鱼是否遭受了伤害，三文鱼的“三倍体”化过程是否停止了。这一现象被称为“三倍体和两倍体的镶嵌”，在自然界中是很少会发生的。这是一种可能导致鱼类生殖功能衰弱的罕见症状。

评估结果显示，鱼儿生活得并不好。评估结果总结了三文鱼出现的症状：口鼻损伤、冬季冻伤、夏季损伤、伤口感染、紧张和行为异常、水泡囊肿、耶尔森氏菌病、心肌炎和骨肌炎、三文鱼贫血症。正常的三文鱼和“三倍体”三文鱼同在一个网箱内生活，后者比前者生病的数量多，死亡率也高，特别是秋季放养的鱼，这种情况更严重。在一个养殖场，放养三周后就将所有的鱼都杀掉了。在另一个养殖场，放养几个月后，一半鱼死掉了，其余的一半也被杀掉了。“三倍体”鱼中有11%～34%患有“严重的皮肤损伤”，23%～54%的鱼患有口鼻损伤，0.4%～3.2%的鱼患有脊椎畸形症，1%～5%的鱼患有“明显的眼疾”，3%～11%的鱼患有下颌骨畸形。

这些发现提示我们，养殖“三倍体”三文鱼在伦理和动物福利方面存在严重问题，需要我们重新审视和评估鱼类养殖的态度和做法。

国家食品监管局的评论指出，挪威的“三倍体”三文鱼养殖如同“挪威最大的一次战地实验”，这确实是从人为制造的问题——三文鱼逃逸——开始的。人们没有采取有效的措施防止三文鱼逃逸，转而研究三文鱼的繁殖问题，随之出现了一种只能在实验室里被制造的节育新“品种”。这种“三倍体”三文鱼的畸形和易患病性是显而易见的，但人们仍然一意孤行。法律规定很清楚，但人们给予了养殖实验例外。最终，最大的受害者是三文鱼本身，它们忍受着疼痛，拖着伤痕累累和畸形的身体四处游动。

尽管研究人员认为“三倍体”三文鱼是“一个新品种”，但这种鱼从未被正式命名。消费者在购买寿司时，可能并不知晓他们食用的鱼肉可能来自“三倍体”三文鱼。

2020 年的一篇报道称，海洋研究所的科研人员发明了一种新方法，使用基因技术为三文鱼节育。一位研究人员解释说：“人们会说我们在摆弄大自然，然而我们这样做是为了拯救大自然。”这个发言被认为包含了对人类和这个时代的认知，但没有谈及同时产生的诸多问题。

17

一段令人愤怒的历史

一个普通人食用三文鱼后，可能出现哪些健康问题？

2015年，一位挪威女性科研人员因研究一种用于三文鱼养殖的合成物质而受到德国电视台的采访。采访中她讲道："虽然我受到一些质疑，但公众对此表现出浓厚的兴趣。"她发现，饲料中的乙氧基喹啉在三文鱼体内发生变化，可能对人体健康产生影响。这令她无法心安。长期以来，人们关注环境污染问题，而现在，对添加剂的担忧日益增加。这位名叫维多利亚·布娜的研究员表示，在进行这项实验时，她开始担忧自己和孩子的健康。她的第三个孩子出生后，她决定亲自进行这项实验。她食用了三文鱼，并检测自己的母乳，震惊地发现其中含有乙氧基喹啉。这一发现让她极度不安，她曾每周多次食用养殖三文鱼，但现在已完全停止。20 世纪 50 年代，美国孟山都公司发现乙氧基喹啉用途广泛，遂进行销售。它被用于制造汽车轮胎以防裂纹，喷洒于苹果、梨等水果之上，以防止表皮出现棕色斑点，也被掺入辣椒粉和动物饲料。乙氧基喹啉通过鱼粉进入三文鱼养殖业。由于三文鱼饲料中必须添加鱼粉，而乙氧基喹啉能防止鱼粉腐败发臭，因此在鱼粉运输中被强制添加。随着三文鱼养殖业对这种制剂的依赖加深，需求也不断增加，导致需要更多的船只从南美洲运来鱼粉。1969 年，关于乙氧基喹啉的问题被提出。多项活体实验显示，乙氧基喹啉在动物体内转化为新物质，即代谢物。

2001 年，房门缓缓打开，一位新的奖学金获得者走上了工作岗位。空气中弥漫着紧张的气氛，一个新的科研项目即将启动。我们在前文中已经介绍过维多利亚 · 布娜，她专攻微生物学，在俄罗斯长大。现在，她将在挪威国家营养与海产品研究所攻读博士学位，该研究所位于卑尔根海边一座古老而质朴的建筑内。或许这个“海鲜王国”对乙氧基喹啉的了解更深入。研究背景是欧洲发生的食品丑闻。由于“疯牛病”，英国的牛肉被禁止进入欧盟；由于饲料污染，所有鸡被宰杀。欧洲在食品和健康方面有了新的认识。人们对乙氧基喹啉有所耳闻，必须对其进行深入分析。布娜承担了这项科研任务。她发明了一种测试方法，并获得了认可和批准。现在，她将对三文鱼体内残留的乙氧基喹啉含量进行测试。20世纪70年代，研究人员只观察到乙氧基喹啉在三文鱼体内转化为其他一些有毒物质，“人们无法进一步深入了解它们”。现在，布娜发现了更多的衍生物，总共衍生出14种有毒物质。她对此进行了计算，发现所有衍生物的总量超过了摄入的乙氧基喹啉的量，比人们之前预想的要多。她写道：“一餐三文鱼所摄入的乙氧基喹啉就达到了全天所能摄入的上限。”如果将乙氧基喹啉及其衍生物叠加，“就超过了所能容忍的乙氧基喹啉的最高临界值”。

三文鱼养殖业已经受到二噁英及致癌元素镉的侵扰，若再加上乙氧基喹啉，形势将更加严峻。国际社会对此问题的关注日益提高。日本建议，制定摄入该毒性制剂的最高临界值，而德国则表现出明显的不安。德国对挪威三文鱼进行了测试分析，发现其体内的残留量已超出安全上限。养殖业担心欧盟可能会限制使用这种毒性制剂。挪威水产联盟强调，“在富含油脂的饲料原料和饲料中添加抗氧化剂是绝对必要的”，并指出，“重要的是在规章制度中明确规定，除了必要用途，不得随意增加用量”。

与此同时，布娜进行了深入研究。她让三文鱼摄入大量乙氧基喹啉，然后观察其反应。她将食用含有乙氧基喹啉饲料的三文鱼制成饲料，喂养小白鼠，观察它的反应。布娜怀揣孩子般的梦想，成为一名侦探，在迷宫中寻找目标。这些毒性物质构成了一个谜团，亟待破解。她与波兰罗兹大学的研究员阿莉娜·布拉斯扎克取得联系，后者正在研究人体白细胞中的乙氧基喹啉。研究结果显示，这种毒性物质能够引发染色体出现空洞和断裂，使得问题变得相当严重。

在所有衍生物质中，布娜特别关注了一种，即喹啉亚胺。这种毒性物质存在于三文鱼体内，虽为人所知，但缺乏确凿的证据。布娜发现了它的存在，尽管只有极微量，甚至低于探测界限。科研报告指出，喹啉亚胺与DNA结合，能够引起DNA突变，因此根本就不应存在所谓的“可以接受摄入量”的安全底线。

在布娜和她的同事发表的文章中，喹啉亚胺并非重点讨论的问题。她们可能不希望引起公众的困扰和不必要的恐慌。布娜向上司申请对这种毒性物质进行更深入的研究。她在申请报告中写道:“其结构和化学成分揭示了，它可能是乙氧基喹啉以最具毒性的方式存在于鱼肉之中。”然而，所长在申请报告上批示“不同意”，要求优先进行其他科研项目。对这种潜在毒性物质的研究未能进一步深入。

在布娜关于小白鼠的实验报告发表之前，她辞去了研究所的工作。她描述道，她感觉在所里“被冷处理”了，研究的发现越多，越不受欢迎。她在挪威科技大学的同事奥古斯汀·阿鲁克维教授试图挽留她，但布娜对工作中的“意见不合与争吵”感到厌烦。当时的国家营养与海产品研究所所长表示，布娜主动递交了辞呈，因此他们撤回了开除通知。所长称这是个人问题，不愿对此作进一步评论。布娜曾多次接受采访，现在已经远离了公众视线。

这段历史由我们听到的对话及见到的电子邮件、公开发表的采访记录和文件等汇集而成。阿鲁克维表示，他们已经了解到喹啉亚胺与致突变性和致癌性存在关联。当被问及这种毒性物质被发现的微量具体有多少以及其“恐怖”程度时，他回答道:“根据我们目前掌握的情况，并没有发现这构成一个‘恐怖’产品的依据。我们确实知道三文鱼体内存在喹啉亚胺，但积累量很少。作为科研人员，我自然要关注此事，并深入探究真相。”

2008 年 5 月 29 日，布娜向她曾经的同事克劳德特·贝林恩发送了一封电子邮件，贝林恩曾因在镉元素问题上与上司产生分歧而被辞退。邮件中写道:“亲爱的克劳德特，我很抱歉，我想我现在的处境与你当时相似。”

2008 年 11 月，在渔业—沿海事务部举行的一次会议上，挪威水产联盟（现更名为“挪威海鲜”）的亨利·斯滕维格介绍了情况。德国已经为三文鱼体内的乙氧基喹啉设定了含量上限，他被告知，挪威的养殖三文鱼在“非常大的程度上”会超出这一上限。德国科研人员在三文鱼体内发现这种毒性物质，只是时间问题。这将导致出现对挪威不利的新闻报道，并可能迅速传播到全球媒体。正如斯滕维格在会议备忘录中所写，“根据经验，我们有理由对这一负面焦点产生的影响感到担忧，这种影响也可能扩散到其他市场”。我们可以想象，当大家意识到即将面临一场公关丑闻时，会场中发出一片叹息声。

出席会议的共有12人，他们分别来自政府渔业—沿海事务部、国家食品监管局、美威公司、莱瑞海产公司、塞马克公司、耕海公司及国家营养与海产品研究所，海产理事会通过电话跟踪了会议。会议结束前，作出了如下安排：国家食品监管局发布一份致“各个市场的备用声明”；挪威水产联盟尽快让欧盟重新确认该物质；渔业—沿海事务部联系德国，阻止德国将乙氧基喹啉含量标准“付诸行动”；国家营养与海产品研究所负责尽快准备必要的鱼类食用安全知识，因为乙氧基喹啉生产厂家没有此类资料。

一位与会者回忆说：“当时会场气氛非常严肃。”与会者对《科学》杂志文章引发的丑闻记忆犹新。他们还记得镉元素引发的争议，关于三文鱼体内污染物的大量报道，以及关于滥用抗生素的谜团始终未解。养殖业中的许多人认为，正如“IntraFish”所描述的，“庞大的公关公司与身价数百亿美元的客户，不分昼夜地工作，将捍卫三文鱼养殖业的文章见诸报端”。或者如一位联络员所说，“养殖业的人觉得他们已经做得很好了，但永远不够好”。

这就像历史被一再翻开。全力捍卫三文鱼养殖业的水产联盟工作人员，开始系统地准备材料，制作内部数据网站，以应对随时出现的负面问题。他们为了回答各方的提问，在网页上设置了多种语言和标题目录，可以搜索文件内容，而且实时更新，因此人们能够以最快的速度得到答案。网站已经准备妥当，外联人员的安排也得到加强。在水产联盟的年度报告中，人们可以看到公关工作是如何被加强的。“对食品安全、可持续发展和伦理的关注度提高了。每周都出现一些有损挪威海鲜良好声誉的新问题”，这是 2005 年的报告内容。“领导层认为，做好充分的预案越来越重要。”第二年，他们每周都处理一两件有损挪威海鲜良好声誉的案件。通过每周召开的例会，渔业出口委员会、渔业—沿海事务部、营养与海产品研究所与国家食品监管局之间交流信息，目的是以最充分的准备工作，应对任何时间出现的任何负面新闻。根据渔业出口委员会此后历年的报告显示，“定期周会”延续下来。一项评估确认，“对国家营养与海产品研究所及国家食品监管局代表的采访显示，他们明确表示对合作满意”。

现存的问题之一就是乙氧基喹啉，有人仍然在拱火。挪威水产联盟密切跟踪所进行的实验，水产联盟的一名领导人是国家营养与海产品研究所的董事会副主席。水产联盟是乙氧基喹啉研究项目的重要合作伙伴。对于养殖业组织来说，重要的是让更多的海产国家了解此事，并能参与其中。乙氧基喹啉的毒性到底有多大?问题不在于毒性本身。三文鱼是“安全的鱼”。如同国家食品监管局的一位人士所解释的，“最大的问题是人们围绕着乙氧基喹啉所产生的恐惧”。问题出在反对派的积极分子和个别研究人员身上，以及那些喜欢轰动性新闻的记者及感到恐慌的消费者身上。

有些人试图制造“三文鱼有毒”的印象，那些与海鲜产业一同工作的人认为，这是不科学的，也没有道理。面对不合理的威胁，挪威各方相互协调，国家营养与海产品研究所负责进行独立的研究，食品与环境科学委员会给予公正的建议，国家食品监管局根据欧盟的法规撰写报告。上百条三文鱼被检测，不，是上千条。实验被写成报告并公开发表。规定的毒剂上限被遵守，并且距离上限还有很大的距离。

随后，乙氧基喹啉的问题再次被欧盟确认，养殖业者因此松了一口气。全国渔业海洋产业协会的亨利·斯滕维格在《卑尔根时报》上信誓旦旦地表示:“我可以保证这种物质可以安全使用，这是一种使用多年的物质。”然而，在渔业—沿海事务部的一次会议后，对三文鱼进行检测时又出现了问题。检测方法是基于严格标准才被批准的，但布娜已经辞职了。检测结果不再准确。2010年，国家营养与海产品研究所撤回了检测方法，国家食品监管局也停止了检测。此后对三文鱼体内乙氧基喹啉的检测就无法确保准确性了。

欧盟委员会会议中心（贝尔莱蒙大厦）位于布鲁塞尔弗罗瓦萨特大街36号。那座巨大的混凝土结构建筑的玻璃幕墙背后隐藏着许多不为人知的事物，其中包括欧盟动物、植物、食品和饲料委员会。欧盟各国每月派代表来此出席一次例会，其中也包括来自挪威国家食品监管局的代表。代表到会比较早，简单地寒暄后，磋商正式开始。他们要对什么议案进行表决呢？可能是关于鱼的问题。大家取出提纲文本，上面写着政府发来的指示。大会主席开始发言。人们打开笔记本电脑，打字记录。会场内的气氛有些紧张，代表酝酿发言的时机。德国人讲话声音最大，而且时间很长，其他人有些不耐烦。波兰是一个大国，但代表坐在那里默不作声。丹麦人时不时往家打电话。可是挪威人没有表决权[①]，必须与别人联合，讨价还价。

会议讨论的是动物和鱼类饲料问题，平淡乏味。亮蓝、诱惑红、烟熏液，这都是什么呀？黄曲霉素、生物素、片球菌、乳酸片球菌又是什么？到底允许饲料中含有多少锌元素？兔子的饲料如何冠名？等等。所有这些稀奇古怪的名词背后都上演着经济价值的博弈，对于三

① 挪威不是欧盟成员国。

文鱼养殖业也是如此。饲料是养殖户最大的支出，只要对含量上限作一点不引人注意的调整，就关系到几百万挪威克朗的损失。

这段历史发生在 1999 年。国家食品监管局派出的代表名叫克努特·弗拉特兰斯木，他引起了人们的注意。他紧抓欧盟要更加严格地执行有关污染物的规定不放。比利时曝出食品污染丑闻，人们通过食用鸡肉而摄入二噁英。欧盟必须处理这件事！欧盟要将二噁英从食品中清除，那么在哪里还能查到二噁英呢？三文鱼！

弗拉特兰斯木始终关注着这些会议，并发现欧盟提出的上限值可能会将挪威三文鱼排除在欧盟市场之外。他向渔业一沿海事务部发出警报，随后养殖企业被动员起来。弗拉特兰斯木与科研人员保持联系，对三文鱼和饲料中的二噁英进行检测分析，并在欧盟各个委员会进行宣讲。他提醒大家必须从更宽广的视角来看待问题。凭借充分的资料、网络信息和高度的警觉性，弗拉特兰斯木准备了方案，最终成功地说服了欧盟。他成为无名英雄，尽管在阿尔纳·加伯格广场没有为他立塑像，但他确实挽救了挪威三文鱼对欧盟的出口。此后，挪威的地位得到了提升。大家都清楚，必须维护国家的利益。实验结果对欧盟产生了影响。国家营养与海产品研究所所长厄温·李伊总结道：“这显示了在确定了目标实验的背景下，可以更改规章制度。”

2005 年 11 月 7 日，挪威水产联盟向渔业一沿海事务部发送了一封信函，希望挪威向欧盟施加更大的压力，从而提高临界值上限。三文鱼饲料的生产基础是带有污染物的鱼粉，因此已经接近了临界值上限。为此，人们使用了更多以植物为原料的饲料，但是其中仍然含有农药残留。严格的临界值上限使得灵活性变得更小，这关系到资金问题。正如水产联盟所说："创造价值的可能性受到了限制。"与此同时，一种不协调的声音越来越响亮——要求提高食品中的有毒元素的临界值上限。正如渔业—沿海事务部的一份内部备忘录上所写的，"面对要求提高不明物质的最高临界值的舆论，政府非常为难"。通过多次开会磋商，最终达成共识，即挪威将努力提高三文鱼饲料中的萤石、砷、硫丹、较大量的二噁英以及类似二噁英的毒性物质多氯联苯的限值。

在随后几年中，这个目标实现了。代表们做了大量工作，实现了突破，镉、氟、砷、汞和硫丹的上限值被提高了。然而工作中又出现了矛盾。2011 年，挪威的饲料中硫丹含量超标 10 倍。兽医研究所认为这是不可接受的。专家写道：第一，硫丹能伤害三文鱼的健康，即便按以前的标准也是如此；第二，硫丹是一种与持久性有机污染物聚合在一起的农药，将其清除是很困难的；第三，欧洲食品安全局对此持批评态度。硫丹是一种令人讨厌的物质，在欧洲被禁止使用。它能伤害人的神经系统、内分泌系统和激素的生成。实际上挪威加速了全球禁止使用硫丹的进程。此外，如国家食品监管局阐述的，“无论从近期还是从长远看，它对养殖业都有着巨大的经济意义”。最后这一点是非常关键的。

代表奥拉·特格波尔肩负重任，前往欧盟争取影响。他后来表示，虽然觉得“这不是一件易事”，但作为新手，自己必须忠实地执行挪威既定的国家策略。乙氧基喹啉问题一旦出现，必将唤起挪威代表的警觉。国家食品监管局的2015年年度报告中提到，乙氧基喹啉是被优先解决的问题，因为它对鱼粉、磷虾粉和鱼的青贮饲料生产至关重要。

我们可以想象，国家食品监管局派遣参加12月会议的代表多么紧张。会前，他与其他北欧国家的代表团取得联系，探询其是否愿意支持挪威。会议桌上摆放着欧洲食品安全局的一份报告，这份报告代价高昂。

欧洲顶尖研究员宣读了维多利亚·布娜的研究报告，他们对衍生物非常感兴趣，特别提到了喹啉亚胺，并对此表示担忧。专家表示，乙氧基喹啉含有乙氧基苯胺，后者可引起突变。基于这一点，它就不能被认为是安全的，无论是对动物还是对人。

那位被迫离开科研岗位的布娜的研究项目，又被退回“海鲜王国”。随后几个月，由欧盟委员会直接领导的专业委员会对此进行了高调的讨论，认为这是“一种奇怪的现象”。专业委员会表示，“绝不允许销售毒害基因的化学制剂”。其中一个成员国的代表表示，“除了立即禁止，我们不接受其他任何选择”，“乙氧基喹啉滞留在体内是非常危险的”。

挪威非常担心禁令导致的后果，如果选择其他替代品，那么用于鱼粉的经费支出会增加 2.5% ~ 8.5%。挪威水产联盟、饲料生产厂家和挪威科研理事会出资 570 万挪威克朗，为了证明乙氧基喹啉的安全性，进行最后一搏，但没有成功。与此同时，人们在三文鱼体内发现了 10 种新的衍生物质，它们对人体健康的影响尚不为人所知。2020 年，乙氧基喹啉已被全面禁止在三文鱼饲料中使用。没有任何资料证明某个人因这种物质受到伤害，也没有人证明这种物质对人体没有伤害。这种物质被禁止，归根结底，人们对它的了解太少。然而，这种物质在三文鱼体内已存在了 40 多年。

18

狡猾的饲料生产商

2005年10月，智利。

空气中弥漫着新鲜的变化，新的管理层、新的机遇、新的知识。当地居民总是渴望成为三文鱼饲料生产商EWOS的一员。随着三文鱼在全球销量的增长，这家挪威饲料公司不断壮大。但现在，它被世界上最大的动物营养品和农产品制造商——美国嘉吉公司收购。工厂的日常工作并没有变化。工人依旧将鱼粉、鱼油、大豆、小麦、向日葵籽等原料混合，压制成颗粒状的三文鱼饲料。

大厅里回荡着新的声音。培训班负责人站在众人面前，介绍嘉吉公司的概况，讲述嘉吉员工的思维方式、公司的规章制度等。他用西班牙语说："向上级报告不当行为需要勇气，但这是正确的做法。"做正确的事情是理所当然的，这已成为嘉吉文化的一部分。报告他人的错误能得到什么？是良心的安慰吗？一个被谎言掩盖的秘密就能获得关注吗？企业内部存在一个秘密。12年来，公司参与了一个利益联盟。企业领导虚报价格，涉及金额高达数十亿挪威克朗。他们极度贪婪，违背法律，与海洋生物公司和斯克莱汀公司的领导达成了秘密协议。后来人们被告知，这些都是谣言。

斯塔万格农业协会自1899年成立以来，一直秉承着挪威农业的优良传统。据说，协会负责人图尔格·斯克莱汀（斯克莱汀公司负责人）将年度决算记在脑子里，记录本挂在脖子上，所到之处弥漫着雪茄烟的气味。在斯塔万格市，有三个"铁饭碗"工作——市政府、合作社和斯克莱汀公司。

老图尔格·斯克莱汀之后，图罗尔夫·斯克莱汀子承父业。他比父亲更温和，平和、腼腆且更加成熟。作为垂钓爱好者，他掌握了许多关于三文鱼和鳟鱼的知识，这是否促使他开始销售鳟鱼饲料？他尝试进行实验，生产干饲料和三文鱼饲料，后来斯克莱汀公司涉足三文鱼养殖业，公司获得了空前的发展。

图罗尔夫·斯克莱汀之后，一个新的图尔格·斯克莱汀继承了祖业，他的名字与祖父相同。他喜欢驾驶大卡车，欣赏高音现代音乐，至少他母亲是这样说的。但他对动物有着特殊的情感，于是进入奥斯农业大学，成为旁听生，主修动物饲料专业。斯克莱汀公司继续发展壮大，购买了新的土地，建立了新的工厂，每年以30%的速度增长。外国人见到这个盈利企业，羡慕不已。自1990年起，斯克莱汀公司一直是世界上最大的三文鱼饲料生产商之一，总部设在斯塔万格市。

斯克莱汀最大的竞争对手是EWOS公司。这家公司原本由瑞典人拥有，由埃里克·博格廉、维克特·韦德和奥勒·雪斯特德创建，公司的名称“EWOS”由三个人姓名中的几个字母组成。他们来到挪威与当地的供销社合作，他们展望的前途就是鱼饲料，是的，他们只关心鱼的问题。

诚然，1997—1998年是不景气的年份，EWOS总裁卡尔·赛普·汉纳沃德写道：“在这种形势下，即使双方在竞争中累死，也不会赚到钱。”他还写道，竞争越来越涉及价格，这样不太好。“其结果是饲料产业赚不到钱，企业也得不到发展。”斯克莱汀公司与EWOS公司有着共同的利益，两家公司同为于1991年成立的鱼饲料生产商协会成员。在此协会中，两家公司协调观点，共同制定规划、规章制度、含量上限标准，决定添加何种物质、科研项目和其他事项。两家公司之间的关系，最终被总结为，“我们是竞争对手，始终在跑道上竞速，是的。是敌人吗？谈不上。斯克莱汀公司与EWOS公司都是严肃认真的企业，我们几乎可以算作同事”。

继斯克莱汀公司和EWOS公司之后，市场上出现了一个新的竞争者——海洋生物公司。该公司于1987年在罗弗敦的米勒成立，从此市场格局发生了显著的变化。三文鱼饲料市场足以容纳更多的生产厂家吗？海洋生物公司的回答是肯定的。这家新兴企业在两大巨头之间挤出了自己的位置，宣称自己生产的是革命性饲料。

或许，最初两大巨头并未将其放在眼里，但很快海洋生物公司就占据了大约15%的市场份额。与斯克莱汀公司和EWOS公司一样，海洋生物公司也怀揣着走向世界的梦想。为了实现这一目标，三家公司组成了一个跨国集团，向全球的三文鱼养殖国家扩张，寻求新的发展机会。

这个集团首先将智利作为目标市场。2000年，智利，鱼油生产厂家组织成立了一个名为埃克萨斯卡（Exapesca）的协会，这些厂家可以抬高价格了。鱼油是三文鱼饲料的重要组成部分，占比高达30%。同时，鱼粉的价格也提高了。三文鱼养殖业的专业媒体写道：鱼饲料生产商遭到了打压。

原料生产商提高价格，而养殖企业则试图降低价格。饲料生产企业被称为寡头垄断。是不是寡头垄断呢？说是也不是。或许我们可以设想，一个人与另外三个人一起打牌，他们相互监视，他们愿意将价格降下来吗？如果降价，那么大家就一起降。会发生什么呢？肯定是价格战。这样大家都会有损失。他们为了留住自已的客户，就得赔本销售。不会的，大家肯定要避免发生这种事情。他们宁愿寻找其他的竞争方式。生产新产品、做广告，还是施以诚信留住客户？与此同时，寡头垄断中的所有选手都明白，必须寻找另一条出路。如果大家都保持高价，那么就可以做到共赢。大家坐下来一起谈，签订使各方利益最大化的价格协定，那是非法的，然而是诱人的、最甜的禁果。如此一来，这个行业只被极少数人控制。他们在会议上见面，交流对工作的看法。一起喝杯啤酒不会被禁止吧？“喝一杯啤酒时说的几句话”很有效果，通向“共同阴谋”的道路会缩短。

据饲料生产公司“鲑鱼食品”经理扬·罗扎诺讲，2000年前后，智利就发生了这样的事情。在警方的听证会上，他讲道：“几家饲料公司的领导开始交换看法，围绕着市场问题谈了许多内容”，“然后就发生了我们现在所说的事情，‘嘿，把你的价格表发过来，你现在报的是什么价格’，而后他们让我们远离一些客户”。这段历史由一系列事件碎片拼凑而成，它们来源于电子邮件、听证会以及智利警方在EWOS前雇员报警后确认的材料。警方进行了搜查、没收材料及侦查，但尚未开庭，不过警方已经完成了一系列诉讼文件。这个事件最早发生在2003年4月，当时一家公司的市场部经理提到了他所称的“协议”。后来，“这份协议被签署了”，“鲑鱼食品”公司并没有违背“协议”。这是一份什么样的协议？另一封电子邮件给出了答案——“显而易见，这是一份关于提高利润上限的秘密协议”。

2006年2月1日，海洋生物公司总裁给EWOS和斯克莱汀以及当时的竞争对手“Alitec”公司发了一封电子邮件。海洋生物公司总裁收到一个客户的投诉，认为海洋生物公司的报价太高。总裁被惹怒了。为什么这家客户竟然敢在价格上向自己施压？总裁在邮件中向竞争对手直接发问，他们是否降价了。“这样做不符合协议的约定。”他向竞争对手发去了客户名单，协议中的其他成员被告知，“不要再接收他们的订单”。后来总裁发出了告诫：“以前曾出现过这样的问题，只要我们遵守这个协议，而且没有人在背后搞什么小动作，那么我们就会取得好的业绩”，“我再一次要求大家坚定地遵守协议”。

2006年9月6日，EWOS内部邮件：“下面附上将提供给客户的第四季度成本表。”紧随其后的是三家公司在饲料原料上支出的额度。

	EWOS	海洋生物公司	斯克莱汀
鱼粉	1,305	1,320	1,330
鱼油	760	765	745
植物油	566	595	580
谷蛋白	390	486	405
大豆	273	280	280
羽毛	410	450	420

这段历史揭示了三文鱼饲料行业中长期存在的一个秘密价格操纵联盟。这个联盟通过协调价格，确保养殖户支付的款项高于饲料的实际价值，从而获取更高的利润。“请您将2003年2、3、4月的全部价格表寄给我，”“鲑鱼食品”公司市场部经理在给EWOS的一位高管的信中写道，“这个月我们将上调价格，因此需要你们的历史账目。”这表明几个公司掌握彼此的报价，并且存在一种不正当的价格协调机制。

随着时间的推移，一些公司的高管发生了变动，但他们的犯罪事实已经被记录在案。新的管理层加入了这个跨国同业联盟。例如，海洋生物公司智利公司的新任执行总裁在2013年到任后，学会了在寄出价格表之前与其他公司沟通，这种做法被称为“FU”，可能是“Familien Ugalde”（乌加尔德家族）的缩写，它被作为同业联盟的秘密代号。有时候也用“红、绿、蓝”作为代号，其中斯克莱汀是红色，EWOS是绿色，海洋生物公司是蓝色。这个联盟的另一个代号是“雪橇俱乐部”。

2006年9月28日，EWOS的一位高管在发送电子邮件时犯了一个错误，将邮件抄送给了一位对同业联盟一无所知的人。这位高管在随后的预警邮件中提醒其他人：“我只是提醒你们，EWOS的领导不了解与FU的对话……他问我是如何获得这份价目表的，我回答说这是你们的估算价格！！！”

此后，同业联盟成员在发送电子邮件时十分谨慎。

警方认为，合同的签署都是通过电话进行的，即便如此，他们之间仍有电子邮件往来，但要注明“阅后立即删除”。一位成员在发送给其他人的邮件中写道：“这只是一个小小的建议，一定避免在邮件中出现与竞争对手的联系情况，不要谈论生意上的事情。这样会带来麻烦。”2008年的一封电子邮件写道：“请通读全篇，然后删除邮件”，“电子邮件要删除，然后将字纸篓清理干净”。

同业联盟的最后邮件发送于2016年冬季。成员惊慌失措，“原料游戏”越发艰难。2016年9月13日，警方搜查海洋生物公司、斯克莱汀和鲑鱼食品，没收文件，“FU”游戏终结，三文鱼饲料产业的高管面临指控。

19

“SeeSalmon”博物馆

参观“SeeSalmon”博物馆后，我们又一次震惊了。

我们驱车前往沿海地区拜访三文鱼养殖户，途中意外停留在特隆汉姆。在那里，我们见证了一场会议，听到了一些本不应外传的内情。

我们来到了名为“SeeSalmon”的博物馆，它也被称作养殖三文鱼展示中心。这是一个向公众开放，尤其向孩子和学生宣传养殖产业对挪威经济发展重要性的场所。“SeeSalmon”是新近开放的，在我们到访之前刚刚迎接了首批访客。博物馆内设有电影放映厅和触摸式电子屏幕。展览的目的是普及知识，因此邀请了大学师生负责内容收集和布展，并成立了编辑顾问组。当我们购票进入展厅时，编辑们正聚集在展厅中央讨论如何安排展览内容。哪些内容应该积极展示，哪些又该舍弃。

展厅内只有我们和他们。我们站在新的展柜旁，聆听编辑们的不同观点。我们好奇地发现，自己仿佛成为幕后听众，听他们讨论如何向观众呈现三文鱼养殖业。此刻，他们已走到外面的走廊，争论得几乎吵起来，我们颇为尴尬。他们争论的焦点是如何将三文鱼养殖业展现为“可持续发展”产业。在我们到访前，有消息称博物馆工作人员彼此不和。

挪威科技大学科学博物馆的领导满怀激情地来到这里，介绍他们的新设想。他们访问了养殖专业户，并与当地政府讨论了一项令人期待的合作。养殖户将出资建设一个展示中心，命名为“SeeSalmon”，但展览内容交由挪威科技大学安排。当地政府认为这是一个双赢的项目，新建的展厅、充足的资金，以及自由发挥的空间和完善的计划。

然而，并非每个工作人员都持相同的看法。有人在会上提出了一些问题，比如，如何展示对大豆的使用、破坏巴西热带雨林、养殖三文鱼逃逸、海虱灾害泛滥等内容。一位工作人员甚至因此辞职。他不愿接受采访，但我们有机会看到他给同事发送的辞职电子邮件。“为什么有些人决定让我们出卖灵魂?”“为什么让我们美化挪威污染最严重、伤害动物的产业呢?”他认为养殖产业与挪威科技大学签订的合同，会让前者赚得盆满钵满，微笑着走向银行。“他们让研究员讲述养殖业经营得有多么好。那么，这背后的最大的受益者是谁?”

当编辑顾问组讨论展览时，我们在展厅四处参观。那么，展览讲解词究竟是怎样写的呢？一处讲解词写道，“养殖三文鱼从网箱逃逸的状况已得到控制，逃逸现象比以前大幅减少，养殖户竭尽全力避免了这种情况的发生”。另一处讲解词写道，“三文鱼养殖产业能够更好地、可持续性地发展”。“更好地”究竟是什么意思呢？还有一处写道，“污染气体的排放比其他潜在的污染源要低”，但他们只是将养殖三文鱼与肉类相比较，而不是与野生鱼类相比较。还有的讲解词写道，“联合国海洋委员会”曾表示，海洋生产的食物是当今人类消耗的 6 倍，但这里没有提到除三文鱼以外的其他海洋食品。根本没有什么“联合国海洋委员会”，这只是挪威的一项动议而已。另一处讲解词写道，“现在有很多关于三文鱼的谣言”，但并未提及大量食用养殖三文鱼会摄入很多有害污染物，如多氯联苯、二噁英和汞。

在另一个角落，我们看到博物馆希望学生前来参观，“成为博物馆传播虚假新闻的线上活动家”。放映厅里反复播放着一部电影，影片内容是挪威旖旎的自然风光。在小提琴音乐的伴奏下，画面中出现了碧波荡漾的海水，网箱里的三文鱼时不时跃出水面。画面在峡湾和山峦之间不停转换，我们看到了夕阳徐徐落下。画面是雄伟的，表现出民族浪漫主义。真正的劳动人民是以传统方式生活的。挪威人看到这样的画面会肃然起敬。这就是我们，这就是挪威。特别是看到影片的结尾，画面中出现了弗雷亚牛奶巧克力、伊尔德肉制品的广告，当然还有挪威三文鱼的广告，唤醒了我们内心深处的感悟。影片以这样的文字结束——“鲜活的海洋，生动的海岸”。

在博物馆外面的走廊上，编辑顾问组的争吵声越来越大。“关键问题是‘可持续性’，这是对养殖业批评者的极大的冒犯。”

在博物馆入口处，建有几个广告橱窗，展示了联合国可持续发展目标。编辑顾问组最后决定将可持续发展作为展览的一个组成部分。编辑顾问组的一位成员讲道：“至于养殖业是否达到了这些目标，值得进一步探讨。”我们想，这里怎么会有这么多难题呢？为了评估养殖业是否是“可持续发展”的，首先得给这个词下定义，这就是他们争论的焦点。

后来我们进行了调研，“SeeSalmon”被命名为“展示中心”，是为了实现养殖户的愿望。建立一个展示中心，紧随其后的是允许生产更多的三文鱼，也就是说，这里是对“养殖许可证”的展示。目前，类似的展示中心已经遍布挪威各地，已有29处。中心展示了三文鱼养殖是如何进行的，还为学生和参观者安排了养殖示范。

我们咨询了渔业局，他们确认，“批准建立展示中心的目的之一是提高养殖业的声誉”，使得养殖业发展得更好。

承办展览的编辑顾问组应该是独立的，但成员中有两名来自三文鱼养殖产业。人们可能会想，编辑顾问组实际上就是一份关于三文鱼养殖业的卖身契。人们应该“客观地”展现事实真相，可是每一项讲解词都或多或少地加入其他的内容。

人们仿佛观看了一场关于“事实”的浪漫演出，当人们打开“SeeSalmon”网页时会惊讶地发现，它得到了养殖产业的资金支持。人们如果查阅挪威大百科全书，其中关于“养殖三文鱼”的内容肯定是“客观的”。但这个被“污染”的词条，可能是由一位有着养殖业背景的人撰写的。他是专家吗？如果是，那也是不称职的专家。它是一份科研报告吗？谁会出资撰写一份持反对意见的报告呢？博物馆内一片寂静，我们在那里稍坐片刻。导游解释说，博物馆必须尽快正式开放，因为这是养殖户投资修建的，在这里展示的活体三文鱼，还要放回海洋中的网箱。很快，小学生就会前来参观学习了。

20

新鱼种是健康食品吗？

营养学，这门新兴学科，在科学的大家庭中迅速成长。当对污染物的研究变得阴暗苦涩，人们对植物的根、茎、果实失去兴趣时，营养学却如向阳的花朵，绚烂绽放。常听人说“最新研究显示”。“最新研究显示”，每天吃榛子能延长寿命；“最新研究显示”，哮喘患者增多，治疗方法是食用粉红色的三文鱼肉。2016年4月的一天，英国《太阳报》发文称，“三文鱼能保护婴儿不患哮喘”。文章指出，孕妇食用养殖三文鱼，孩子患哮喘的概率降低。搜索网络显示，这则新闻跨越国界，从英国传至美国，再到爱尔兰、印度、南非、孟加拉国、澳大利亚，被《每日邮报》《每日科学报》《印度斯坦时报》等转载，最终遍布70多个网站。全球孕妇为了宝宝健康，纷纷增加三文鱼摄入量！这则新闻源自何处？源于英国南安普顿大学菲利普·卡尔德教授的研究。该项研究在卑尔根的国家营养与海产品研究所协助下进行。该研究所的研究员在时评中盛赞三文鱼及其他海鲜的健康益处。

研究人员制作的幻灯片显示，海鲜不仅让人拥有健康的大脑，而且能预防癌症、偏头痛、皮肤病、阅读障碍、多动症、糖尿病、阿尔茨海默病、心脏病、疲劳、抑郁症、精神分裂症和肥胖症，当然还有哮喘。实验很简单：62名孕妇食用养殖三文鱼，另外62名孕妇不食用，形成对照组。然后对新生儿进行过敏测试。有何差异？差异甚微。孩子在半岁时未发现差异，但长到两岁时，仅发现微小的差异。这项研究背后隐藏着其他因素。孕妇食用的三文鱼非同一般。2007年的一份资料显示，国家营养与海产品研究所的网站上写道："将研究量身定制的三文鱼和食用过敏反应。"何谓"量身定制的三文鱼"？资料还提到，三文鱼营养是"完美组合"，含有"丰富的营养成分""鲜为人知的物质"。"量身定制的三文鱼"体内污染物仅为市场上销售的三文鱼的四分之一到八分之一。为何国家营养与海产品研究所要制造这种特殊的三文鱼？

我们询问了实验参与者利瓦尔·弗雷兰。他表示，"英国伦理研究委员会质疑，'关于三文鱼体内不受欢迎的未知物质，我们了解多少？’这个问题问得恰到好处，因为用孕妇食用的方式做实验，前所未有”。他指出，关键是制造一种类似未来人们食用的三文鱼。这一点在研究报告和国家营养与海产品研究所的介绍中都未被提及。“进行这样的实验，我们相信人们会理解。”弗雷兰说。他还建议我们联系英国南安普顿大学的菲利普·卡尔德教授，因为他主导了这项实验。

卡尔德在电子邮件中解释道：“故意给孕妇食用未知物质是不道德的，因为这可能对胎儿造成伤害。”那么，给孕妇食用普通的养殖三文鱼是否也是不道德的？“是的，”卡尔德说，“这也可能对胎儿造成伤害。”遗憾的是，那些阅读了“开创性研究”文章的妇女，因为这条信息的遗漏而受到影响。成千上万名孕妇在全球 70 多个网站上看到了这条新闻，她们只知道食用养殖三文鱼能预防孩子患哮喘。

与此同时，另一项研究成果发布了。这项研究涉及海鲜与哮喘的关系，规模较大，涉及 17 个国家的 60,774 名母亲和孩子。研究人员让母亲食用海鲜，从而降低孩子患哮喘的概率。研究人员希望了解这是否是事实。结果并非如此。

可信的研究在混乱中脱颖而出，它有利于民众健康。那么营养研究的可靠性究竟如何？ 2005 年，斯坦福大学的约翰·艾奥尼迪斯教授发表了一篇批评营养研究的文章，题为《为什么发表的大多数研究结果是错误的?》。他认为实验方法不可靠，统计方式变化不定，结论过于宏大，研究人员的偏见被忽视，与产业的关联也被忽略。

另一位研究员玛丽恩·内斯托尔在纽约大学任教多年。她在著作中详细地阐述了食品工业如何左右人们的饮食习惯和健康建议。她指出，众多营养研究实质上是市场营销的幌子。在一篇文章中，她列举了76篇由食品工业资助的文章，其中70篇的结论符合资助方的预期。因此，内斯托尔认为，科研与市场营销之间的界限已变得模糊。她呼吁科研人员反思，“为何产业愿意资助这些研究?”她还指出，营养研究员往往过于天真，未能意识到自己受到的影响。她对研究成果的可信度表示严重的担忧。

当我们试图联系内斯托尔时，一个令人震惊的事实浮出水面：她也接受了挪威三文鱼养殖企业的资助。2012年，她受邀访问挪威，由挪威水产联盟承担旅行费用。她和其他人士被邀请参观一家三文鱼养殖场。她在博文中承认，这次旅行得到了资助，同时对挪威的三文鱼养殖业大加赞赏。她并未提及环境污染问题，认为挪威在这方面做得很好。

我们询问她为何在邮件中称，养殖企业承担了挪威之行的费用。“这是一个非常好的问题，”她在邮件中回答，“养殖企业的目的是向我们证明，挪威养殖三文鱼的安全性和营养价值，它是一种生态产品。我们只参观了一个精选的养殖场。”她坚称自己从未接受赠款，反对对方支付旅行费用，因为这样她才能看到食品生产的真相。

2012年秋，挪威海鲜产业启动了一项规模空前的科研项目，总投资7,000万挪威克朗，旨在证明三文鱼对健康的益处。科研理事会拨款4,000万挪威克朗，尽管该理事会是国家机构，但其资金来源于产业税收，并由产业管理。莱瑞、斯克莱汀、美威等公司也慷慨解囊。

科研理事会发布的公告显示，研究的目的是“以文件形式证明海鲜的益处，以及摄入海鲜与人体健康之间的因果关系”。通过证明三文鱼的益处，增加销量，为养殖产业带来“更好的经济效益和发展”。这项科研项目由国家营养与海产品研究所承担，豪克兰大学医院和卑尔根大学的专业人员也参与其中。

研究所主任厄温·李伊分析了“证明挪威海鲜安全健康”的研究目标。他在备忘录中写道：“目前，关于海鲜的证明文件还不够翔实，未能达到健康机构提出的饮食建议的新标准”，因此我们必须研究更多的内容，以“确保长远的经济效益”，并满足“政府部门期望的海鲜消费额度”。

7,000万挪威克朗为国家营养与海产品研究所、全国渔业海洋产业协会及其合作伙伴的科研项目提供了良好的开端。他们逐步推进研究，生产出一种“量身定制的三文鱼”。随后，他们进行了试吃，从幼儿园的孩子开始，逐步扩展到学校学生、监狱犯人和超重人群。

这项实验需要扩展到更多的国家以提高说服力。这对产业来说至关重要。全国渔业海洋产业协会在一封邮件中解释说，让外国孩子参与实验，“其研究成果能使三文鱼销售不仅在挪威，而且在许多国家的市场取得突破”。我们必须避免只在挪威进行实验。此外，全国渔业海洋产业协会也担心被质疑有“事先证实的倾向”。

我们在搜寻已知的证明材料时发现，项目进行过程中存在风险，即预先设定了目标。所有这些都指向一个目标——三文鱼的益处。项目的关键只有一个，就是获得满意的答案。这个实验必须令人信服，必须是独立进行的，否则就失去了价值，毕竟养殖产业已经投入了7,000万挪威克朗。

养殖业要优先获得实验结果。这主要是考虑，“一旦实验结果是负面的，在公开发表前，个别养殖场要准备预案”。我们搜寻了关于这个项目的所有媒体评论，发现养殖产业对结果比较满意。研究人员表示，年轻人应当多吃鱼，吃鱼能够预防精神紧张、高血压，能够调节血糖，对于超重的人也有益处。对于养殖业特别有利的是针对孩子的实验，我们在研究文章中看到，吃鱼的孩子“思维更敏捷”“变得更聪明”“认知能力更强”。营养研究得出的结论是出资人希望的。

“最新研究显示”，三文鱼是超级健康食品。

21

海虾毒杀预警

2019年，挪威全国科学技术伦理研究委员会收到一封邮件，内容有些奇怪，关系到斯塔万格的一名女研究员。这位研究员的研究项目是消灭海虱的杀虫剂对海虾健康的影响，她发现事态严重了。

我们关注了这个事件。我们在挪威国家广播公司的电视节目中看到，人们最常使用的灭杀海虱的杀虫剂，对海虾和环境造成的污染，要比我们想象的严重得多。这一发现给人们敲响了警钟。

本书前面的章节讲过，灭杀海虱的杀虫剂是过氧化氢，“对环境几乎不存在危险性”。但这是错误的。为了对付海虱，12万吨杀虫剂已经被洒入大海。

与该事件牵扯的人是瑞恩·伯克曼。她是一名海洋生物学家，从前研究的是石油垃圾、钻井泥浆、海水升温、海水酸度升高以及人类所做的一切对海洋产生影响的事情。后来她对灭杀海虱的药剂进行研究。她很惊诧——这些杀虫剂已经使用了很多年，她认为人们应该了解它们对海洋生命有哪些伤害。伯克曼还表示，海虾对其他消杀海虱的药剂十分敏感，如溴氰菊酯和除虫脲（也叫敌灭灵）。她曾邀请政府有关人士、养殖从业人员和其他人士出席一个研讨会，但是没人参加，研讨会流产了。最后她不得不接受了媒体采访，由此引发了争议。

昆虫曾经拥有这个世界，后来人类出现了，人类不喜欢它们，如蛀虫、蚂蚱、甲壳虫，以及蠼螋、蟑螂、虱子、跳蚤等。它们传播疾病，败坏食物。人类对付它们的办法只有使用杀虫剂。害虫就是敌人，人类可采用一切手段消灭它们。后来人类发现，喷洒化学药剂对于自身来说也不是什么好事。

1963 年，作家蕾切尔·卡森描写化学杀虫剂的小说《寂静的春天》出版了。卡森写道：这一年的春天如此寂静，为什么鸟儿不再欢唱？此书对具有消杀作用的化学药剂，如“滴滴涕”，这本书发出了一个黑暗的警示。卡森认为，人们没有充分地测试“滴滴涕”的毒性，它已经深深地植入生态系统和人体。她认为，相信人能够战胜自然的说法是危险和傲慢的。《寂静的春天》

成为一本畅销书，该书对政府产生了积极影响，导致了听证会的召开。此书虽是一个小小的火花，却点燃了环保运动的烈火。但它也遭到了强烈的批评。很多年以后，《斯德哥尔摩公约》签署，其旨在禁止使用一系列毒性强的、危害大的化学杀虫剂。可是人们还在继续使用杀虫剂。一个新兴产业——三文鱼养殖业——对付海虱时就是这样做的。

1984年，挪威西部。

沿海地区的渔民观察到海面上出现了一种白色的、闪亮的奇怪现象。奥拉·M.诺尔敦和他的堂兄都是以捕捞龙虾为生的渔民，他们怀疑那种闪亮的物质是从梅林沃根养殖场的网箱漂浮而来的。他们猜想，那是用来灭杀海虱的“敌百虫”，是一种磷酸酯。

我们给诺尔敦打去电话，他已经退休了。他告诉我们说：“我们猜想这种杀虫剂除了消杀三文鱼海虱，也会伤害其他海洋生物”，“野生三文鱼不会游到施用过化学杀虫剂的地方，我们就想了解龙虾对此有何种反应”。在这方面没有进一步的研究。这种化学药剂是得到政府批准施用的，因此人们不得不相信这一切都是正常的。渔民对此一直持有怀疑态度，于是诺尔敦和他的堂兄亲自展开实验。

他们将一个装有龙虾的网箱置于三文鱼养殖设施附近，接下来每天观察，最后发现龙虾死掉了。正如他们观察到的，养殖设施附近的其他鱼类和贝壳动物几乎无法存活。

他们给海洋研究所的知名研究员艾米·艾吉杜斯写了一封信，她最早发现了治理三文鱼海虱施用的化学杀虫剂的问题，并帮助养殖户走出了困境。她现在着手研究渔民担忧的事情——灭杀海虱的毒素，是不是也能置龙虾于死地呢？因为它们都是贝壳动物。

艾吉杜斯对龙虾、螃蟹和贻贝进行了实验。她发现，正像渔民担心的那样，杀虫剂对这些贝壳动物有伤害作用。龙虾对某些化学杀虫剂极为敏感。仅需百万分之十剂量的“敌百虫”，即可在6小时内导致龙虾死亡；而龙虾暴露在“敌敌畏”的浓度为百万分之零点一的环境中，也会死亡。艾吉杜斯写信，将实验结果告诉了诺尔敦。当我们再次与诺尔敦交谈时，他说：“我认为我们的意见没有被听进去”，“对化学毒剂的应用没有被节制”。他们并不反对三文鱼养殖业，只是认为，将海洋变成一个大垃圾场是不可接受的。

人们对这些药剂究竟了解多少呢？我们在奥斯陆兽医研究所找出老旧文件夹，在泛黄的文件中查找。室内一片寂静，文件散发着尘土的气味，这表明已经很长时间没被查阅。我们找到一篇文章，作者是奥斯陆大学动物博物馆的玛莉特·克里斯特昂森。她曾于1978年用除虫脲进行过实验。她写道，尽管暴露在只含有微量杀虫剂的水中，但是几乎所有的螃蟹幼体三天后就死亡了。难道人们不知道这些吗？

我们在1984年的《晚邮报》中发现一篇文章，题目是《成吨的化学药剂在养殖场被施用》。医学家和药学家“拉响了警报”。“没有任何人像今天一样，对由此导致的后果进行调查。”一位医生讲。

1986年，研究员帕特里夏·坎宁安发出了警告。她在文章中写道，除虫脲“对海洋贝壳动物的伤害极大”，即使在低浓度的状况下，也能致死或导致畸形。

我们在1989年的《海洋污染新闻公报》中找到一篇关于“敌敌畏”“敌百虫”的文章，其中写道：“最新的研究得出了结论，表明这种化学药剂是有毒的。对于环境污染方面的知识仍有很大的欠缺，在海洋中不断扩大施用范围和加大施用量，是不可接受的。”

1993年的《鱼类疾病》期刊中有一篇文章，上面写道：药剂对海底沉积物中的无脊椎动物的效应“必须立即开展研究”，有关这方面的知识“特别有限”，关于“这些药剂对海洋生态系统可能产生的影响”的知识还是一片空白。

警报声再次响起，关于这种化学物质的毒性效应缺少材料。

我们与加拿大研究员莱斯·伯里奇进行了联系。据称，他的研究团队多年来一直从事这种化学物质对龙虾所产生的毒效应的研究。那里曾经发生过一件非常严重的事件。1996年，36,000千克龙虾因海虱灭杀剂而死亡。这是真的吗？2009年的情况也很严重。养殖龙虾的渔民发现，在整个养殖季，网箱里都有死去的龙虾。一个三文鱼养殖场被判非法施用了海虱灭杀剂。

伯里奇编写了一部知识概况，其中写道："海虱灭杀剂对于海洋中的贝壳动物的毒杀作用非常强。"他称这是对"环境污染的严重担忧"。但是，加拿大政府下令将研究项目停了下来，这与克里斯蒂·米勒-桑德斯被禁言几乎发生在同一时间。

伯里奇在给我们的一份电子邮件中写道："那些参与这项研究的人员，有的被调离，有的被通知更换工作岗位或像我一样被迫退休。这样一个重要的研究项目，以伤感和沮丧而终结。"在退休之前，他仍告诫大家，人们关于过氧化氢对海虾的毒效应知之甚少。

看起来，海虱灭杀剂在科研人员和政府部门的雷达中消失了很多年。但渔民仍然纠缠不放，时而在地方报纸上刊登一篇评论文章。一名渔民讲，现在的状况越来越差，他们将其归咎于海虱灭杀剂。但没人知道确切的原因，也不知道该相信什么。他们谈论半死不活的面包蟹，鱼类种群减少，海虾产籽的时间提前，幼虾苗死亡，磷虾死亡，等等。一些令人不安的表述不断出现：疑虑、知识缺失、需要进一步研究等。

"捕捞海虾的渔民呼吁，产业基础正在消失，"渔业局局长丽芙·霍莫弗尤德在一篇典型的时事评论中写道，"我也不喜欢辩论集中在某一点上。我认为辩论应该建立在事实的基础上，而不是任凭感觉。因此需要更多的专业知识。”

为什么人们的警告没有被接受呢？这是因为关于在海洋里究竟发生了什么，没有明确的答案。于是，海虾种群遭受伤害，几乎无法得到书面证明。海洋研究所的年度风险评估报告，并没有列入海虱灭杀剂构成的巨大风险，至少在2010年之前是这样。涉及这种化学药剂对其他物种的危害，也只有寥寥几句话。2013年的年度报告中才首次出现这样的描述，很难确定杀虫剂氟苯醚酰胺如何对生活在养殖设施附近的贝壳动物产生影响。

其间，新型海虱杀虫剂不断问世。那些杀虫剂的生产厂家向国家医药管理局申请批准书时，必须出示杀虫剂对其他物种——海藻、甲壳类动物和鱼类——的危害程度的证明材料。

根据我们了解的情况，人们提出了问题：这些杀虫剂是如何被批准施用的？是否对挪威的物种进行了彻底测试？我们申请查看检测报告，但被国家医药管理局拒绝了，理由是“商业秘密”。

2000年末，海虱对杀虫剂产生了耐药性，杀虫剂已经不像以前那么有效。养殖户不得不加大剂量。他们也开始施用所谓的“鸡尾酒式”方法，也就是将多种药剂混合在一起施用。但这同样没经过实验和批准。对海虾、龙虾和其他物种的伤害更大。

2014年，海洋研究所发出警告，海虱杀虫剂用量“显著”增加。这个发展趋势“有理由加剧人们的担忧”。报告称，国家医药管理局在控制使用杀虫剂的过程中发现，仅2015年、2016年，就进行了多达5,000次杀虫剂灭杀海虱的行动。“这是在挪威养殖业历史上首次进行大规模检查和研究杀虫剂的使用情况”。国家医药管理局发现了一系列问题，在大多数灭杀海虱的行动中，所用的剂量都大于包装上推荐的剂量。与此同时，施用的过氧化氢剧增，仅2015年就高达43,000吨。

渔民不断上告，含有过氧化氢的水被排放到海虾生长和产卵的重要水域或附近水域，他们几乎到了诚惶诚恐的地步。

挪威渔民协会的立场很明确：在除虫脲被证明对龙虾、海虾、螃蟹和其他贝壳动物无害之前，应禁止使用。研究实验表明，这些杀虫药剂阻碍了这些动物的繁殖、发育、成长，并导致其畸形和死亡。挪威政府允诺，将致力于最大限度地限制和使用除虫脲。

现在又有新的情况出现。一批从未对三文鱼进行过研究的学者对此产生了兴趣。

一名海洋生物学家来寻找新的研究项目。

同事都认识瑞恩·伯克曼，她是一位“可爱的女人”，一头红发，充满活力、性格开朗，而且十分诙谐。她和同事在报纸上发表了一篇有关捕捞海虾的渔民的文章。渔民声称海虱灭杀剂毒杀了海虾。这是真的吗？她对三文鱼养殖知之甚少，现在她对上述说法有些怀疑。渔民有证明材料吗？如果这种化学物质的毒性如此之强，为什么还会被批准使用呢？伯克曼和同事向科研理事会提交了申请，实验就此展开。他们修建了水族馆，开始进行初步实验，将海虾幼苗放入水池，然后将掺入海虱灭杀剂的饲料投入水池。几天以后，海虾幼苗应该更换外壳，但是几乎所有海虾都死掉了。伯克曼想，可能某个环节出了问题。后来在较大规模的实验中，实验人员将更小剂量的海虱灭杀剂掺入饲料，并测试了天气状况、温度和水的酸度等指标。当海虾幼苗应该更换外壳时，又有很多死去。

格鲁·哈洛格·莱弗塞特在特隆汉姆工作。她对生物学的兴趣源自在利勒哈默尔上高中时的自然课，当时老师图尔·黑耶达尔讲述了北极熊的相关知识。她写了一篇关于生活在冰雪覆盖的北冰洋中的北极熊如何摄入来自地球各个角落的污染物的论文。后来，她在博士学位答辩中，主要论述了石油污染物对不同海洋物种产生了怎样的影响。她使用的检测方法是新颖的、先进的，因此她知道这些方法也适用于测试海虱杀虫剂的效应。她阅读了很多文献，发现了一些资料，其中大多数是国外材料，材料中关于国外鱼类、贝壳动物及海洋有机生物如何被伤害的内容少得可怜。

莱弗塞特和她的研究团队来到沿海地区。她们捕捞了海虾、圆鳍鱼、面包蟹和大蜗牛，将它们放入盛有峡湾海水的大水箱，将过氧化氢倒入水箱。与伯克曼一样，莱弗塞特也感到了不安。“令我们震惊的是，一些物种很快就死了，死得如此之快，使得我们无法获取有价值的数据。它比我们想象的更具有毒性。”她们继续进行实验，这次更换了其他种类的杀虫剂。其中毒性最大的是溴氰菊酯。最初，她们将杀虫剂稀释至十五分之一，海虾都死了；她们再次将杀虫剂稀释至一百分之一，海虾还是死掉了；接下来将药剂含量稀释至三百三十分之一，两个小时后，所有海虾死掉了；继续稀释至一千分之一，结果依旧。她的同事对毒性在水中扩散的最远距离进行测试，结果表明，许多种杀虫剂能够在远离养殖设施几千米的地方被检测到。

如前所述，2018 年秋天，伯克曼就其中一种杀虫剂的测试，接受了挪威国家广播公司电视台的采访。关于海虾为什么死亡的争论就此展开。尽管一年前她已经将实验结果通知了政府有关部门和养殖企业，可是这些杀虫剂仍旧继续被施用。电视台报道称，“新一轮的研究表明，养殖场通常施用的杀虫剂对海虾和环境的危害性，远比人们想象的严重得多”。伯克曼解释道，人们找不到先前过氧化氢和溴氰菊酯对深海虾如何产生伤害作用的研究结果。她认为，实验结果表明危害如此严重，应该禁止施用这些杀虫剂。她的麻烦就此开始了。伯克曼不愿意讲述那些日子里发生的事情。我们在国家广播公司的专题报道中找到了答案。首先是来自养殖产业和杀虫剂生产厂商的大量批评。批评者表示，“研究严重地走入歧途”“研究结果犯了导向性错误”“实验没有代表性”“带有偏见”“结论为时过早”“带有政治目的”“国家广播公司为了取悦实验团队”等。批评者强调，实验报告尚未正式公布。

海虱灭杀剂生产厂商表示，“实际上药剂的毒性非常非常小，确信对海虾类生物几乎没有什么威胁”。

国家广播公司电视台后来又发表了一篇时事评论。伯克曼的上级机构——斯塔万格国际研究所——发表了新闻公报。公报称，研究表明，“过氧化氢没有对海虾造成伤害”。在公报的字里行间，我们看到一位研究员被自己的领导出卖了。斯塔万格国际研究所的领导不愿回答，是否受到了来自养殖产业的压力。伯克曼对电视台讲，领导承受了来自养殖业的高压，才写出这样的新闻公报，对此她深感遗憾。她坚信，实验室的实验和扩散模式显示，使用化学药剂灭杀海虱，对密集的养殖设施周边水域的海虾带来了很大的伤害风险。

伯克曼公开发表实验报告以后，她就从研究灭杀海虱的项目消失了。她表示，“她已经厌烦了海虱研究”，而且非常失望。她将研究文章交给我们，不愿发表讲话。就在这个时刻，全国科学技术伦理研究委员会收到一封反映问题的信件，据我们了解，信件来自渔民。委员会受理了这个案子，并给予伯克曼全力支持。“预防原则在此得到应用，”委员会写道，当前这种状况“会对动物和环境产生不可逆转的、严重的后果。”委员会认为，研究员公布实验结果是完全正确的，她表现出很强的责任心。

实验导致了一些变化的发生。针对在海虾生活和产卵的水域使用化学药剂，政府制定了更加严格的规定。

伯克曼交给我们一篇文章，文章的作者是《独立科学新闻》的编辑乔纳森·勒瑟姆。我们明白，这个制度执行得并不十分有效。勒瑟姆说：“化学合成物质一次又一次被撤回，只因被研制的新物质替代，然而，新物质同样是有害的，有的毒性甚至更大。”勒瑟姆表示，当那些化学药剂被批准使用时，其实人们并不知道，在不同的条件和环境下，它们对其他海洋物种是否是安全的。他进一步说明，50年前，没有人知道，污染物能从赤道漂洋过海来到地球南北两极，并在那里堆积。化学毒剂就像一位失明的乘客，在产业的各个环节中穿行，最终进入人体。他说，安全是一种假象。那么我们应该做些什么呢？摒弃天真幼稚的想法，不要轻信风险评估报告，要清楚没有什么是一劳永逸的，化学物质具有意想不到的破坏作用，只是人们事先无法预见。

莱弗塞特谈起了举证责任。当我们在特隆汉姆见到她时，她在思索，这些化学制剂为何被批准使用呢？“我不敢确定那些杀虫剂能够被当局批准使用。”她不知道是否已经对挪威的物种——如深海虾——进行过该制剂的毒性测试。

“我非常奇怪，不是所有人都能够得知这样的信息。”她说。

我们谈及了上万次的灭杀海虱的行动，上百吨的化学制剂被投放到挪威的峡湾之中。我们知道，其中很多化学制剂的毒性，比人们了解的更大。很多顶尖研究员质问，为什么这些化学药剂能够通过层层审批，最终被批准使用呢？让人们了解哪些物种做过毒性测试，难道是很难的事情吗？

国家医药管理局予以否定的回答，并表示，这对于制造和出售杀虫剂的厂商是一个很重要的商业秘密，应予以保护。

在这期间，养殖业又尝试以新的方法灭杀海虱——喷洗、温水浴、“清洗鱼身”等。一种体形极小的鱼以吃海虱为生，被放养在养殖设施中，成为三文鱼“卫士”。

22

原住民酋长“揭竿而起”

这是发生在2017年的事。

在加拿大举行的一次民众聚会上，人们在一块巨大的屏幕上，看了一部关于附近一家三文鱼养殖场内部情况的电影。一位酋长看了电影，气得发抖，站了起来。这位酋长开始演讲，他的眼睛放出怒光。

“我不知道你们想做些什么，但我要去那儿。”他对大家说。大家都盯着他看。

“要是愿意的话，跟我们一起走。”

他风风火火地走出会议厅。看起来他的坚定激发了大家的热情。前一天发生了日全食，很多人将此视为一种征兆，预示着一个新时代的到来。

酋长爱纳斯特整理好行装，登上一条船，向大海深处驶去。船在一个养殖设施边停了下来，他爬到一个网箱边，最终在这里驻留了 288 天。这种和平式占领是他的抗议方式。最初的两天只有爱纳斯特和他的侄女，后来又来了两个人。他们居住的地方只能容纳四五个人。电视台来为他们拍摄了新闻片，报纸等媒体也刊登了有关他们的文章，人们能够在照片中看到他们制作的标语。标语上写着——“养殖户从我们的沿海滚开”“养殖业就是对原住民迫害的延续”。

关于这件事，我们只知道这么多。我们的汽车沿着加拿大的西海岸向北方鹦鹉岛行驶，那里有一个很小的地方，名叫阿勒特湾。我们希望在那里找到原住民酋长，我们非常理解养殖三文鱼引发了他们的反感。

经过几个小时的车程，我们穿过不列颠哥伦比亚省的森林，跨过当地原住民曾赖以生存的鲑鱼河，来到了这个岛的最北端。我们将汽车驶入一艘小型摆渡船，空气中弥漫着海水的气味，灰色的天空中淅淅沥沥地下着小雨。海岸线的轮廓渐渐消失在雨雾中，摆渡船向西行驶。

深夜，我们来到了阿勒特湾，这是一个很小的社区，建有商店、咖啡馆、学校和市政厅。我们一眼就看出了为什么当初原住民能够在此定居，这里有小海湾和山峦屏障，能够遮挡狂风暴雨。

一些房屋维护得尚可，另一些院子里堆放着破损的家具和破旧汽车，还能看到一两根矗立的图腾柱。

从前他们被称为“印第安人”，现在被称为“原住民”。

“你好，来自挪威的朋友！我想对你们的国王说几句话。”说话的男人叫斯坦利·亨特。当时正值早餐时间，他端着装有深度烘焙黑咖啡的杯子。人们转过身听他讲话。他已经知道我们是挪威人。“我想让你们的国王吃你们在这里养殖的三文鱼。我们是无论如何也不会吃的。”

坐在我们周围的人，面前的碟子中放着煎鸡蛋和火腿，人们小声议论着，称这位 81 岁的老人是岛上一位重要人物。

“为什么我们不吃它？是因为养殖方式。它们原本不是生长在我们这里的鱼类。养殖者强行喂食，以使其快速生长，因此导致鱼生病。他们采用的不是常规的自然方式。我听说，你们已经破坏了你们的峡湾，挣了大钱，现在你们又来到世界上许多地方，破坏那里的峡湾。你们赚到了更多的钱，而我们丧失了原来的生活方式，我们付出了惨痛的代价。”

周边的三文鱼养殖设施属于挪威的塞马克公司和美威公司。“你们把垃圾运送到我们这里来了！”

这个男人非常生气，他让我们与岛上的酋长爱纳斯特谈谈。

人们坐在咖啡馆里，天空中酝酿着一场小雨，岛上外迁的原住民纷纷赶回来欢度一个十分特殊的节日——冬季赠礼节。酋长将亲属召集起来，围绕着一堆巨大的篝火跳舞，举行庆典仪式，然后分发礼物。1884年到1951年，这个传统节日被政府禁止了。面具、盾牌和传统服饰被没收。阿勒特湾人用了50多年，才将这个标志性节日重新恢复。

当亨特走开后，走过来一位老妇人，她小声说："大多数人反对这里的养殖业，但这是一个敏感的话题，因为少数人仍在养殖场工作。"

人们相互问候着、微笑着，并愿意为别人提供帮助。我们打听怎样才能见到爱纳斯特，一位妇女打开汽车门，表示愿意带我们前往。我们在路上看到一幢房子外竖立着一个标语牌——"拯救我们的野生三文鱼"。外墙上写着"对驯养三文鱼说'不'"。这位妇女将车开到一座议会大厅前停了下来。我们听说酋长正在开会。我们一边等待他的接见，一边到处转转。在摆渡码头旁边竖立着一个标牌，上面记录了20世纪60年代，这座小岛创造了吉尼斯世界纪录，即"每一米长的马路上占有汽车最多的纪录"。这是可与当年的淘金热相媲美，但此时人们只是为了鱼。"整个温哥华北部的夜生活几近疯狂。"出租汽车公司的汽车数量满足不了乘客的需求。上千条渔船登记注册。"你们所站的地方曾经是商店、服务设施、办公室、一座保龄球馆、唐人街、四座教堂、两座造船厂和两座剧院"。

这种景象已不复存在，当时的繁华盛世已经时过境迁，没落已经开始。在码头旁有 4 个修理工正在工作，他们向我们讲述，一年中最萧条的季节，渔船在水湾里东倒西歪，被海水腐蚀。

唯一一条渔船干净整洁、设备齐全，它的名字叫“海洋掠食”号。

为来自远方的亲友做导游是特莱沃尔·伊萨克，他讲述了阿勒特湾的历史和文化，很快就谈到了三文鱼。野生三文鱼是这个地区的精神内核，它被视为他们的祖先之一。

伊萨克回忆，早在 20 世纪 90 年代，当地就开始了抗议养殖三文鱼的运动。当时人们身着传统服装，乘船去抗议，他们还唱着歌颂三文鱼的歌曲。“关于详细情况，你们必须向这里的酋长爱纳斯特了解。”伊萨克说道。

按照当地的传统习俗，当一个家庭诞生了双胞胎，人们就说他们来自三文鱼的家乡，并预示着会有一个野生三文鱼的丰收季节。

人们称阿勒特湾的家庭是“三文鱼人”。

“根据古老的传说，所有动物都将蜕皮，而人类不会这样。据说，我们的祖先之一是‘Xwa Xwa Sa’，是一条三文鱼。他游入林普奇斯河，而后蜕掉外皮，变成我们的祖先。”

伊萨克解释说，这里的人们认为三文鱼是有灵魂的。“当你捕捞到一条三文鱼并将它吃掉，你必须将鱼骨投放回河流之中。这意味着‘三文鱼人’与自然和睦相处的关系。于是鱼会再生，人们可以再一次捕捞。”

“你好！你是记者吗？”一位妇女看到了摆放在桌子上的我们的通行证后喊道，“你来到这里是为了报道三文鱼的事情吗？”

她很快开始讲述。“30 年前，父亲捕捞到一条很奇怪的鱼，我们不知道它是什么鱼，也不知道如何处理它。它是我们从未见过的奇怪的东西。显然这条鱼生病了，然后我们意识到，这里的鱼情可能不会很好。”这位妇女名叫安德莱雅·克朗莫，她继续说：“我们都是出色的渔民，在我们的血管里流淌着渔民的血液。每到夏天，全体村民乘船出海捕鱼，70 年代简直是大丰收的时代！”

她很快订完餐，然后继续讲述知道的故事。“我的父亲一般连续七天捕鱼，然后鱼群逐渐消失了。与此同时，渔业部不断出台新的捕鱼规定。然而，鱼汛缩短到四天、三天，此后我们不得不为渔船的出海捕捞许可证支付费用。政府要我们转业成为木匠。老一代人只会捕鱼，现在他们做起木匠活儿了。”

她的语速越来越快。

“加拿大政府介入了我们的生活，”她说，“政府把我们的孩子送到寄宿学校，取消了我们的传统仪式，并试图抹杀我们的历史。”

他们自称为“bakwam”，即自然的。在与大自然的共处中，要对保持其新鲜的状态负有责任。

“此后，外来人越来越多，于是发生了贪婪的掠夺。他们想着发财，于是在沿海地区养殖三文鱼。他们将大西洋三文鱼运到太平洋来，这里根本就不是它们生长的地方。这是一个糟糕的主意，他们破坏了这里的生态规律。”

她曾被邀请进入养殖设施参观。

“那里的气味十分恶心，他们喂食三文鱼的饲料散发着恶臭。鱼看起来是什么样子呢？在水中半死不活，或者说已经死去了。”

此后，民众大会召开了，爱纳斯特站了出来。

“他看着我们，作为当地人，我们必须行动起来。”

这一天成为这个地区抗议行动的起点。“我父亲说：‘爱纳斯特当时所做的事情，我们这一代人永远无法完成。’”

在我们的想象中，这位酋长是一位怎样的人物呢？他是一位高大威猛、皮肤黝黑、手持烟斗的老者吗？

酋长爱纳斯特·阿尔弗莱德站在我们面前，他年轻，金色头发，戴着眼镜，是一位身着城里人服装的男士。他微笑着，表示愿意开车带我们转一转。

车在海边停了下来，他说：“请看远处那条船。”他的声音轻柔，但很严厉。爱纳斯特打开手机，向我们展示了一个应用程序，程序显示出过往船只的时刻表。

“我找到了，那条船是‘兰花首领’号，现在我们叫它‘兰花大盗’号。它是一艘向养殖场运送三文鱼苗的船只。”

他说每当自己看到这些船只，就会无比气愤。尽管他要求养殖场搬走，但养殖场仍源源不断地将三文鱼投放到养殖网箱中。

我们开车继续往前行驶，他将向我们展示他的祖先出生的一个岛屿。我们在阿勒特湾的东边停了下来，此时那条运送三文鱼苗的船已经消失在远方。

蔚蓝色的天空阳光普照，时而白云飘过，但风刮得强劲。我们看到一些岛屿将斯旺森岛遮住，爱纳斯特曾占领过那里的养殖场。

“你们见到的一切，是我们原住民的海洋和土地，”他说，“我有很多亲戚生活在这个岛屿王国中，我们的祖先在这里生活了几千年。这里是我们的土地，现在被三文鱼养殖者侵占了。”

他说，过去当听到“挪威”这个词时，很害怕，而现在这个名字被诅咒了。

“我真弄不明白，这些事与挪威有关。你们致力于绿色科技、可再生能源及可持续发展理念。我不懂为什么挪威的一个产业来到我们这里，与我们作对。挪威人将一个外来物种引入我们这里，他们在野生三文鱼生存的河流及洄游的水道旁建立养殖场。他们污染了我们的土地和海洋。现在我们受够了，因此我们要将他们从这里赶走。”

“你认为你们能做到吗?”

“是的，这个我清楚，已经有 5 个养殖场撤离了，还有 17 个养殖场像是砧板上的鱼肉。”省政府已经决定逐渐淘汰一些养殖场。

猛然间，他转身面对我们，愤怒得发抖，问我们是否知道，他们是如何被人称呼的。

“激进分子！对于他们来说，我们是激进分子！其实我是一名教师。我们这个社会有着反对殖民化的传统。从一开始，欧洲人就给我们带来了天花病毒，我们的语言被他们禁止使用，我们的孩子被掠夺。我们有反对他们的丰富经验，因此他们将我们称为激进分子。”

此时他的手机铃声响起，他快速接听了电话。

“对于他们来说，三文鱼就像牛排一样，是菜单上的一道菜。然而对于我们来说，这意味着生存条件和文化的消失。三文鱼已经融入我们的基因。一周不吃鱼会怎样呢？就像患上了缺失症。我们呼吸的空气中弥漫着三文鱼的气味，我们就是这样教育孩子的。”

汽车环岛行驶，爱纳斯特向我们展示了一块由高大的雪松环绕的墓地，墓碑上装饰着家族标志。一些墓碑上雕刻着鸟，一些则刻着鲸鱼和三文鱼。

“我们不仅是人，”爱纳斯特说，“我们最初的祖先也是动物。”

他解释了自己的自然观。

“我们的文化中有许多关于预防措施的神话。我们在与大自然的共处中，避免作出不理智的行为。因此，我们同孩子一起收获大自然给予的食物时，要唱感恩大自然恩赐的歌曲。预防与感恩是保护大自然不被毁辱的一道墙。当今的社会不再懂得我们的生活方式，不感恩大自然，忘记了世上万物互联。不懂得三文鱼为逆戟鲸和其他鲸鱼提供营养，也为狗熊提供营养，使得树木生长，树木又制造了氧气，吸收了二氧化碳。人们滥用了三文鱼，使整个系统失去了平衡。”

“你们的抗议行动是如何开始的?”

“当我们看到真相时，就决定行动了。”

“什么真相?”

“野生鱼灭亡了。我们在养殖网箱里看到死鱼、病鱼和畸形鱼，有的鱼浑身叮满海虱，有的鱼变成黄色，它们承受着病痛的折磨。我们将这些拍成了视频。”

这是 2016 年发生的事。

“在内地生活的儿子打电话问我:‘爸爸，为什么现在在河流里钓不到鱼呢?’‘我不知道，’我回答，‘这是困难时期。’”

酋长讲述这些事情的时候哭了。

“试想，你的儿子提出这样的问题，你没有底气回答，实在令人失望!”

“请你们置身于这种形势思考。”他一再重复着。

“我们曾是富有的民族，河流是生产三文鱼的机器，整个冬季，给我们世世代代提供食品，大地母亲无偿地将它赐予我们。现在，在我的生命中，这一切被毁掉了。我只能哭泣，但也明白了必须做些什么。于是，我联系了隔壁岛屿上的反对养殖的积极分子亚历山德拉·莫顿。”

莫顿是被养殖业憎恨的敌人。稍后我们将去拜访她。

就这样，爱纳斯特和其他几位原住民酋长被允许登上了“马丁·辛”号，该船由海洋守护者协会的积极分子保罗·沃森拥有。为了视察养殖场并进行拍照和录像，该船沿着海岸线航行。他们回家后，在各个社区展示照片、播放录像。“人们震惊了，有些人痛哭，有些人愤怒，同样的心情使我们团结在一起。”

爱纳斯特也站了出来，占领了一家养殖场。占领初期一切顺利，当时是夏天，很舒适。

“后来越来越艰难，住的地方紧挨着养殖三文鱼网箱，使得我的胃口全失，几乎吃不下东西。到了秋天和冬天，天气变得十分恶劣。但我在那里仍然坚守了288天。”

“在如此恶劣的天气下，你们是如何度过的呢?”

他张开双臂说:“我们是原住民，当然可以做到!”

我们笑了，他也露出稍有不同的笑容。

“我们通常不与大自然的力量抗争，你们看见了，我们在狂风时不出海。但是我们必须展示自己的决心，向养殖者展示：我们不会离开，在你们承诺从这里搬走之前，我们不会撤离。”

他讲述了在养殖场度过的第一晚。三文鱼跃出拍打水面的声音，帐篷被溅出的水花浸湿。他被饲料投放机和聚合器发出的声响吵醒。

“我每天都将死去的鱼制成视频，起名为《每日捕获》。那些可怜的死鱼漂浮在水面上。因为我们的行动，养殖户损失了上百万条鱼。我们的行动被曝光后，投资人纷纷撤出。我确信，因为我们的行动，他们将公司的名字从耕海公司改成美威公司。”

他大声笑了起来，在天黑之前，我们继续向前行驶。

我们表示，导致野生三文鱼消失的原因有很多，不仅仅因为养殖业。他急忙作了回应：“全球气候变暖，我们对此无能为力，但是我们在自己的海洋反对养殖，可以做力所能及的事情。”

我们的车经过他任教的学校，然后进入了一个居民区，一些房屋已显陈旧。

“等孩子长大了，他们愿意离开这里，去一个有更多发展机会的地方，”他说，“我们很穷，能给他们提供的工作很少。”

我们谈起他往日的讲话，有些已经被刊登在网络上。

“人要用心说话，”他解释道，“要找到人类的基本感觉，那么全世界就会理解你，难道不是这样吗？向右转，我要让你们看看我居住的小房子。”

当我们来到他家时，天色已经暗了下来。他的夫人是海洋生物学家。在他到养殖场进行抗议活动期间，她得支付所有账单，维持这个家。

“在你占领养殖场期间，期待的结果是什么呢？”

“我们必须做些什么，让我们站起来，显示我们与生俱来的力量。我当时并不知道这样做会给自己带来什么后果。”

他说，他们带着伤痕离开养殖场，有感情上的伤痕，也有精神上的伤痕。

“由于法庭的一项判决，我们被从养殖场驱离。他们的养殖场建立在我们的土地上，可是法官说我必须离开自己的家园。这项判决直到现在仍刺痛着我。”他讲道。他从家中搬出，喝酒，喝醉了以后睡了 6 天，醒来后，痛哭，然后又睡着了，再次醒来，仍然痛哭。“第 6 天，我的妻子来到我的房间，打开灯，说道：‘穿上衣服，去医院看医生，给你预约的时间还有 20 分钟。’医生的诊断结果是，我患上了创伤后应激障碍。”

“为什么如此舍不得搬家呢？”

“我为此投入的太多了。我们收到了来自各地太多的捐赠。全世界的媒体报道了我们的事迹。我们强烈地要求政府和养殖公司看看我们的现状，倾听我们的诉求。现在他们撤离了，但并不是很快离开的。我们要求他们立刻关停养殖场，但在谈判桌旁没有我们的位置，我们既没能与美威公司也没能与省政府进行谈判，我们只能傻乎乎地到养殖网箱旁去抗议。”

在黑暗中，我们的车停在了一幢木结构集会大厅旁。墙上装饰着一幅人脸画像，一双眼睛望着阿勒特湾。明天，冬季赠礼节欢庆活动就要在这个大厅举行。

爱纳斯特吹口哨招呼我们，他小心翼翼地打开那扇大木门，向我们展示了为明天活动所作的准备。大厅里弥漫着篝火的气味，地面铺着沙子，中央点燃了篝火，大厅被篝火映照为橘黄色。我们看到孩子和年轻人正在练习舞蹈。坐在他们后面的是这个岛上的乐队。我们听见了深沉的“咚咚”鼓声，而且随着节奏加快，鼓声也逐渐加大。

一位妇女跑过来与爱纳斯特热烈拥抱，他们也没有语言的交流，只是紧紧抱在一起站在那里。过了一会儿，爱纳斯特转身面向了我们。

“我们习惯展现自己，因为我们有一个值得骄傲的社会，”他说，“现在我们的意志力又回来了。”

23

问题的关键是什么？

每年都会有上百万条养殖三文鱼因心脏破裂而死亡。

仔细观察那些死亡的三文鱼，它们看起来似乎十分正常，身体光滑、闪亮、圆润、充满脂肪，这是因为它们被繁殖出来时就是这个样子。直到死掉之前，这些三文鱼的食欲保持得非常好，肚子吃得鼓鼓的，里面都是鱼饲料。

然而，这类三文鱼会因为过度紧张、疲劳而死亡。当养殖海域上空狂风大作时，当养殖人员用粗暴的方式对鱼儿进行分拣时，或者当它们挤在一起被吸进船的运输管道时，鱼儿都会因受到惊吓或者体力不支而死亡。

此外，在消杀海虱的过程中，人们向它们喷洒药物，或给它们进行温水浴，过高的水温和有毒的液体都会引起三文鱼的过度紧张或惊吓，导致其死亡。

养殖三文鱼平时在网箱里基本处于失重状态，因为它们基本无须考虑觅食竞争的问题，有充足的饲料供其享用，故而身体长满脂肪和蛋白质。但是，这类三文鱼天生游动缓慢，而且对任何可能发生的险情没有任何预警机制。

与养殖三文鱼相比，它们的野生亲戚就像是专业“运动员”。野生三文鱼幼年时就充满活力，而且经受了大风大浪的锤炼。为了洄游繁殖，它们能够沿着瀑布逆流而上，飞跃到河流上游。野生三文鱼必须经历生存的磨炼，没有强健的体魄，等待它们的只有死亡。养殖三文鱼则不然，基本全部身体超重。

鱼越疲劳、越紧张，心脏跳动就越快。可是心脏已经受到病毒的侵害，鱼类心肌炎病毒已存在于大多数养殖三文鱼心脏内。心脏功能变得越来越差，已经不能有效地将血液输送出去。

血液逐渐凝固，心脏变得僵硬，不能再舒张和收缩，血液循环逐渐停止。鱼的失血状况每秒钟都在加剧，肥大的三文鱼开始抽搐，很快就失去意识，逐渐沉入网箱底部的死鱼堆，或者由于肚子里胀气漂浮到水面。

如果此时兽医检查死掉的鱼，就会发现鱼的眼睛外凸，表皮布满出血点，鱼鳞发生水肿；解剖鱼腹部，一个黑色、丑陋的肝脏会展现在眼前，腹腔充满积液，肠胃中塞满尚未消化的饲料。

这种现象在1984年就有记载。兽医亨利·鲍勃收到一条死掉的三文鱼，他被要求对其进行检测。他小心翼翼地对鱼进行解剖，并在显微镜下仔细观察，他发现鱼的心脏有小裂缝以及凝固的血液。他和兽医研究所其他同事都不知道出现这种症状的原因是什么。这种现象出现在诺莫拉三文鱼养殖场。那里没发生过什么极其严重的事件，可是三文鱼死亡现象总是发生。人们谈论的话题是“背景死亡率”“损失因素”等。只不过是一点“损耗”、一点“损失”而已，正如人们所说，那是一些“对生物性生产的挑战”。这些词汇在养殖产业中不断出现。如果死掉的鱼比平时多，就被说成“比较大的损失”。如果三文鱼生长得未达预期，则被说成“取得的成果不够理想”“产出不够好”等。就像北美因纽特人的神话，对于雪有上百种描述方式，养殖户对死掉和发育不良的鱼也有非常多的表达方式：

> 失败者，可能说的是失败的鱼，一种发育不良的、瘦小的鱼；不达标的鱼是体弱的鱼，排骨鱼同样是对这种鱼的称呼；消沉鱼是笨拙可怜的鱼；伤鱼是指身体有伤口的鱼；伤晕鱼指的是受到重伤，几乎晕过去的鱼；垃圾鱼指的是在屠宰前被

挑选出来的不合格的鱼，可以与制造的鱼相提并论，即身体有伤、畸形，或遭到粗暴养殖方式伤害的鱼。

养殖三文鱼罹患疾病的情况必须向主管部门报告，但有关“鱼心脏破裂”的症状却没有上报。多年来，此种病症从来没被记录过，没有引起重视，也没有开展相关的科研。

2004年，兽医收到关于养殖三文鱼“不明死亡率”的报告，于是他们试图对病症进行调查和登记。首先对鱼进行仔细观察。它们看起来确实生长良好。然而，它们会突然死亡。例如，诺莫拉三文鱼养殖场共有307,000条三文鱼，然而在三个月内就有70,000条死掉，还有多达90,000条鱼有严重的伤情，达不到出售标准。原因是什么呢？对鱼的检测结果表明，这些鱼的心脏较小，有些鱼的心脏发育畸形。兽医证实了这种病症的存在。是不是因为心脏功能衰竭而导致鱼受到重大伤害呢？是不是因为血液循环不畅呢？那些奇怪的心脏暗含着一个谜团。

2010年，人们继续对这种症状进行研究。科研人员发现，有一种病毒对心脏进行攻击。从前，人们在心脏里发现了伪狂犬病病毒（又称猪疱疹病毒I型，PRV），它能导致心肌炎和骨肌炎。此外，人们了解到，半数的养殖三文鱼患有心膜炎。但现在发现的这种新型病毒，可以解释心脏破裂。这个病毒的名称为“鱼类心肌炎病毒”。这种病毒从心脏内壁开始攻击，杀死心肌细胞。如果病毒长时间存留在鱼体内，也能攻击肾脏、鳃、肌肉和血细胞，于是导致鱼眼外凸、出血、鱼鳞水肿、失去食欲、变得十分迟钝。鱼患病后，再也无法恢复健康。于是，养殖者会以最快的速度将患病的鱼屠宰加工，这样就能将鱼出售，摆在餐桌上。如果鱼死去了，就不能作为食品出售了。

谁也不知道，到底有多少条三文鱼因这种疾病而死掉。研究人员对一个地区的 12 家养殖场进行检测，发现到处存在着这种病毒。另一次检测的对象是 132 条种鱼，也就是性成熟准备进行繁殖的鱼，其中 128 条体内检测出这种病毒。

2007 年，耕海公司统计出半年内由于心脏破裂而死亡的三文鱼的数字，竟然高达 1200 吨，每个月都有 200 吨鱼死于心脏破裂。此外，这种病一直在蔓延，从诺莫拉蔓延到整个挪威沿海地区，然后又传播到苏格兰、法罗群岛和爱尔兰。就连清洗过的鱼也被传染了。很快在加拿大也发生了这种疫情。

最初，病毒只攻击成年鱼，后来对 300 克乃至 100 克重的小鱼也进行攻击。在 2000 年之后的 10 年内，每年有 75～85 个养殖场受到病毒的侵害，接下来是 125 个，最后超过 150 个养殖场沦陷了。

兽医将鱼的心脏破裂视为养殖业存在的最严重的病

患，也是导致三文鱼高死亡率的主要原因。

2020年，挪威养殖场的网箱中不断有鱼死亡。在屠宰上市之前，大约有5,000万条三文鱼死掉。其中一些是即将上市的成品鱼，然而更多的是投放不久的小鱼。死亡数字每年都在上升。报告显示，死亡率上升的原因是传染病，以及三文鱼无法忍受的灭杀海虱的新方法。最重要的死亡原因是消杀海虱对三文鱼的伤害。之后还出现了心脏破裂、鱼鳃疾病、心肌和骨骼肌炎症、冻伤和其他皮肤疾病等原因。最近几年，一些鱼被传染上三文鱼贫血症病毒和皮肤疥疮病。

死鱼最多的现象发生在挪威西部沿海地区。最新统计数字显示，100条死鱼中就有27条来自诺霍德兰与斯塔特两地之间的养殖场，而只有7条来自西芬马克地区的养殖场。

那么，这个数字到底有多么惊人呢？如果一个农民养了100头牛，其中27头死掉，可能会在报纸上以一个轰动事件刊登出来。然而在养殖场的网箱中，死掉很多三文鱼也会悄然无声，只是清除网箱底部的死鱼堆或漂浮到水面的腐烂死鱼而已。

到底哪些养殖场中死掉的鱼最多呢？渔业局对此秘而不宣。管理者认为，由于考虑到企业之间的竞争，这属于商业机密，因此要保密，尽管有些养殖场已经公布了自己的三文鱼死亡数字。依据《环保信息法》，我们多次要求获取这些数字，最终得到了2010年至2018年的统计数字。我们找到了那些三文鱼死亡率最高的养殖场。

在罗格兰郡的一家养殖场，八年间一共死掉了1,798,055条三文鱼。同期，在诺莫拉的一家养殖场死掉了1,827,226条，罗顿的一家养殖场死掉了1,889,502条。芬马克的一家养殖场，八年间平均每年死掉三文鱼261,924条，也就是说每个月死掉21,827条，每天死掉约727条。

这些堆积如山的死鱼，给正在蓬勃发展的养殖业当头一棒，养殖业被打回原形。霍达福公司——自称是养殖业的忠实合作伙伴——在一则广告中称，“现在网箱中有那么多死鱼，我们具备优良的设备，能够紧急屠宰和销毁它们”。公司的船只在挪威沿海地区穿梭作业。这些船只将活鱼和死鱼统统毁掉，制成饲料，效率很高。

作为一个固定程序，一些养殖户或官员经常走出来宣称，“必须将三文鱼死亡率降低下来”。与死亡率的斗争是养殖业的“重要任务”，渔业大臣派尔·桑博格在2018年就是这样说的。然而死亡数字随后又增加了几百万条。

研究员伊达·贝特奈斯·约翰森带领我们穿过兽医研究所的走廊，进入一间实验室，向我们展现了一些装有鱼心脏的试管，她拿起其中一个给我们看。柜子里一共存放着20个装有鱼心脏的容器，柜子门上贴着印有鱼心脏的图片。

她指着容器里的心脏说："这是心室，动脉球在这里。如果压力过大，心室就会破裂……"

一天前，约翰森到纳姆索斯收集鱼的心脏。她说一共收集了两三百个，并拍了照片，测量了它们的形状、大小和弯曲角度，并输入数据库。她将死鱼的心脏与存活的鱼的心脏进行了对比。

约翰森说，她观察到许多奇怪的心脏。

曾经有这样的说法，因为有了心脏，生命变得很容易，它会一直跳动下去，直至跳不动为止。这种说法不适用于养殖三文鱼的心脏，它要保持功能取决于许多先决条件。

研究表明，养殖三文鱼的心脏与野生三文鱼有很多不同之处。后者是紧实的，呈金字塔形，拥有有效的泵压功能。养殖三文鱼的心脏发展为接近圆形。研究人员认为，这是由孵化方式和生活方式决定的。

约翰森和她的团队对这些心脏进行了仔细的研究，发现养殖三文鱼的心脏扭曲，呈豆形或"S"形，而且体积较小。她们进一步研究发现，有些心脏呈坛子形、铃铛形或瓶子形。有的像切下来的蛋糕块儿。研究报告描述，有一个心脏的形状像弯腰收割牧草的农民，另一个像短颈的恐龙。类似这样的心脏，其泵血的功能肯定很差。人们可以想象，养殖三文鱼肯定生活在头晕和劳累的状态之中，急促的呼吸、糟糕的身体状态和低下的血液循环。人们绝不会带着这样的心脏去战斗。

“有些心脏的形状差别如此之大，你会想，鱼怎么能存活下来呢?”约翰森讲道，“它们的心房体量超大，或者形状是扭曲。”

很多心脏的心房中沉积脂肪。另一些心房有动脉球，血液从这里以一种奇怪的角度被输送到鱼鳃。

约翰森认为，这些心脏缺陷可以使鱼罹患病毒性疾病。她还对养殖鱼的圆形心脏进行了研究。是不是因为养殖鱼在成长的最初几个月中生活在室内的水箱里?

“我们假设，如果鱼在此阶段生长速度过快的话，那么就存在心脏没有足够时间成长和重塑自身的情况，”约翰森说，“因此，身体的成长脱离了心脏的发展。”

野生三文鱼在其生长最初阶段，心脏发生了很大的变化。当它们从淡水游入海洋的咸水时，心脏发育特别快。在此期间，心脏的重量可增加70%。

“这对于野生三文鱼非常重要，”研究员解释说，“因为它们要生活在浩瀚的大海里。它们游入大海，血液变得黏稠。身体各部位对血液的需求量增加。心脏必须具备提供血液的能力。如果心脏过小，那么负荷会大大增加。”

养殖三文鱼是填鸭式喂养。自然界中的野生三文鱼要长到5岁时才游入大海。那时它们的体重也只有100克。但是时间就是金钱，现在人们将三文鱼养到100克，只需半年，一年半时体重就可达到6千克。

体重增长如此快的关键因素是人为控制光线照射和温度。当春天到来时，野生三文鱼游入大海。但可以在工厂的厂房内通过调节灯光实现“春天”。有了足够的光照、合适的水温、充足的饲料，鱼的激素被激发出来，这就是春天。

约翰森说：“三文鱼在幼年期就被迫增加体重。”这就对鱼的心脏造成非常大的影响，可能对其他脏器也会有影响。约翰森和她的团队在2021年发表的一篇文章中指出，“三文鱼生长早期体重快速增长与成年后心脏变形有着明显的联系”。

食品研究所的诺菲尔玛研究员的报告显示，较高的温度可使三文鱼生长速度加快，也能使其骨骼畸形。体重快速增长影响鱼肉的质量和骨质的强化，给鱼造成伤害。鱼的皮肤也会受到伤害。诺菲尔玛警告说：“人们经常可以看到经济利益优先于生物学发展规律。”

对“生产导致的疾病”的定义，可能在任何字典里都难以找到，然而在三文鱼养殖业中经常使用。这种疾病既不是由细菌又不是由病毒导致的。如果将其称为“疾病”的话，那是由强化繁殖、人为控制光照和水温、使用药物导致的。这样的生产方式引发的疾病是不可治愈的。

兽医亨利·鲍勃认为，三文鱼的心脏问题也与患病的鱼鳃和鱼鳍有关。鱼鳃经常受寄生虫、病毒和细菌的骚扰。鱼鳍变短，呈圆形，并且有破损，就像受损的

“螺旋桨”，削弱了前进的动力。因此三文鱼必须花费更大的精力游动。“这超出了鱼的呼吸能力，鳃是鱼的肺。这是今天养殖业存在的最大问题。”

兽医和研究人员于2004年对三文鱼的心脏进行了研究，并得出如下结论：

“导致诸多心脏疾病的原因，肯定与我们的养殖设施、饲料的投放和人工繁殖有关。

“人们通过养殖活动，控制着养殖三文鱼的生命进程，同时这些活动对野生鱼的健康产生负面影响。

“养殖缺少心脏功能的鱼，并应对在养殖过程中所带来的负担，在伦理上是不可接受的。”

诺菲尔玛指出了一个根本问题——我们在制造一种什么样的鱼或动物？

作家露丝·哈里森撰写的具有广泛影响的《动物机器》，其挪威文版于1965年发行。她在书中指出，动物变成“生产中的一个环节”。它们的功能是将饲料转化为人们的食物，这一过程是在动物工厂通过工业化畜牧业完成的。哈里森写道，农村曾经是一种自然的庄园经济。人们耕种和收获需要的食物。动物可以在牧场里自由觅食。后来这一切发生了变化，农场经济变成以赚钱为目的，实行机械化生产。农民只种植那些赚钱的作物。过去他们生产健康食品供全家享用，现在不得不考虑收入问题，要降低成本，实行专业化、增加产量。因此，动物就不得不更像一种机器。过去在农村人们可以看到，一群小鸡围绕在母鸡周围觅食，可是现在则成为稀罕事了，因为现在有了孵化器和育雏器。哈里森认为，现在动物有足够的食物和水，但失去了心灵、灵魂、本能和动力，动物变得冷漠和沉闷。

现在的三文鱼生产已经实现了工业化，在三文鱼工厂里，几百万条三文鱼被生产出来。据鲍勃讲，“生产导致的疾病”给三文鱼带来的痛苦，与家畜曾遭受的痛苦完全相同。那些产出越多的动物，受到的损伤就越大。产奶最多的牛，患上了乳腺炎和乳热症，而肉牛产子必须进行剖腹产。人工饲养的动物生长得很快，食量很大。同样，人工养殖的三文鱼常常死于心脏破裂，它们至死都是非常饱满的身材，过度肥胖，而且一直进食。

24

三文鱼失踪之谜

沃索河的“三文鱼失踪之谜”。

通过记载，我们很难确定这个谜团出现的准确日期，而要找出三文鱼失踪的原因更是难上加难了。不过，我们知道的是：1988 年之后，沃索河里的三文鱼突然消失了。

人们记得最后一次在这条河里垂钓三文鱼是 1987 年。当时，当地的挪威人和英国游客带着鱼饵、虾或蝇竿蜂拥而至，当他们把钓饵绑在鱼钩上时，手指会像发烧一样颤抖，这是因为抑制不住的兴奋；而当他们将鱼钩甩出去时，心脏也会狂跳，期待着今天的收获。当时在这条河里，人们可以看到三文鱼不停地翻滚和跃出，水里到处是三文鱼。然而，1988 年的夏天之后，这里再也找不到一条三文鱼了。

经过几个这样的季节，这个区域没有三文鱼了，人们无法从这里钓到三文鱼已经成为一个不幸的客观事实。

于是，1992 年，挪威开始立法对三文鱼进行特别保护，禁止人们从这里的河流和峡湾捕捞三文鱼。此外，科研工作者从设法捕获的少数野生三文鱼中，提取了遗传物质，并将其发送到位于埃德峡湾的挪威海洋生物基因库，作为防止其灭绝的保险措施。

直到今天，我[①]依然怀有一种莫名的担忧之情。现在，我将背包放在草地上，站在岸边凝视着沃索河，看着这条小时候就知道的河流。

我还记得小时候，曾经和父母一起在这里钓三文鱼。在帐篷营地旁边，沃索河蜿蜒穿行，进入深水河段后变宽，然后继续流向大海。世界上很少有河流里会生长如此大的三文鱼。这就是挪威三文鱼生活的地方，而现在我就站在这里。我看着波光粼粼的河面，想象着跃出河面的三文鱼会有多么美丽。

经过申请，我被允许在河边露营，我选择了一个可以看到上游和下游景色的岬角。营地的对面是连接卑尔根和奥斯陆的铁路线。铁路线的后方，远处是茂密的云

① 本章中的“我”是谢蒂尔·厄斯特利。

杉林，以及陡峭的山峰和被白雪覆盖的山顶。但在这样的美景面前，你的目光依然会被眼前的流水所吸引。沃索河有一种神奇的魔力，会将你吸入，并吸引着生活在其中的一切生物。

在这里，万物合而为一，只有一条河流贯穿其中。好莱坞著名编剧诺曼·麦克林恩在那部经典的《大河恋》中曾写道："最后，所有这一切融合在了一起——一条穿越时间和生命的河流。大河因为暴雨涨潮而涌向四面八方，在时间的基石中川流不息。有些岩石上有着永恒的雨滴印记。岩石下面有着许多不为人知的故事。而这大河里的一切至今萦绕在我心头……"我现在轻声对自己说出这本书的最后一句话，"而这大河里的一切至今萦绕在我心头……"。我的"大河"就是沃索河，这条河就是一切的源头，让我难以忘怀。

透过帐篷的开口，我看到夕阳把河水染成粉红色。可以看到一条浅浅的支流缓缓延伸出去。河水清澈见底，河里有浅色的细碎砾石，河流在到达沙洲之前变得更深。继续向远处望去，就是河流的主河道。可以想象，那里就是三文鱼曾经奋勇冲锋的产卵场。我静静地躺在驯鹿皮上，观察着周围的一切。溪流的边缘，河流底部的岩石，河水中的漩涡，以及那些黑暗且神秘的沟壑。这条河里的三文鱼有大有小，小的大约重 5 千克，还有重达 10 千克、15 千克，甚至 25 千克的三文鱼。而且沃索河出产的三文鱼的外观非常特殊，经过漫长的进化，它们长成了鱼雷般的形状，因此可以冲过湍急的洪水和激流。我不禁又一次感叹大自然在挪威西部的创造力。

河流上游基本是荒无人烟的区域。这时，远处驶来了一辆车。如果说有一个人可以代表沃索河的三文鱼救援行动，那就是这辆车的主人——盖尔·欧文·亨德森。自政府立法以来，沃索地区的社区、三文鱼养殖场、政府、科研人员、渔业公司和电力公司等，一直努力通过紧急援助以及研究水道和峡湾的各项问题，来拯救沃索区域的三文鱼。亨德森发挥了很重要的作用，他是拯救三文鱼行动长期化的倡导者。作为沃斯三文鱼养殖场的经理，亨德森曾专门去过挪威海洋生物基因库并收集了三文鱼的遗传物质，其中包括来自沃索三文鱼的精子、卵子、鱼苗和幼鱼。这是保护沃索三文鱼的第一步。如果幼鱼在出海之旅中幸存，最终抵达大海，那么它就有希望长成大三文鱼返回沃索河。接下来，我们就进入保护计划的第二阶段。

如果这条三文鱼能够成功回到沃索河并产卵，后代可以被定义为“自然产生”的三文鱼，并在沃索河里自然孵化。这就是带有真正的沃索河三文鱼基因的幼鱼。那么，我们就进入了第三阶段。

接下来，如果有足够多的沃索三文鱼在出海和返回河流时存活下来，就形成了一轮又一轮的自然循环，沃索三文鱼就可以保存下来。但是，整个过程并不总是顺利的，总有一些意外发生。故而，沃索三文鱼的正常洄游可以被视为一次大自然的奇迹。

亨德森身材瘦削、肌肉发达，他的脸庞被晒得很黑，还有一双因长期户外生活而变成棕色的手。他曾在挪威首都奥斯陆当过卡车司机。亨德森从小生活在一个风景优美的西部农场，长大后以运送货物为生。亨德森说，当他在首都生活了一段时间后，感觉自己的身体有些不对劲儿。他对自己说：我不是城里人。他渴望家乡，渴望挪威西部的山脉，渴望乡村、大自然、狩猎和捕鱼……他搬回西部，在沃斯三文鱼养殖场找到了一份工作。

亨德森开车带着我沿着旺思湖一路行驶，经过爱汪格尔湖，他告诉我，沃索河从这一段开始，就进入博尔斯塔德尔瓦河，之后就会流入峡湾。这里有一处著名的渔业地点——博尔斯塔德伊里，它在英国对挪威旅游景点的宣传中经常被提及。这是一个拥有白色房屋的著名景点，建在过去捕捞三文鱼的河流上游，备受欢迎。

亨德森指向一间小屋，告诉我这是一间钓鱼小屋，世界上最有名的三文鱼垂钓大师曾在那里休息。在河岸边，我们看到了棕色的小渔屋、公交车候车亭，以及远处的三文鱼渔场。沃索河沿岸还有几间年久失修的小房子，可以说，它们是当地三文鱼和渔民这两种“濒临灭绝物种”的纪念碑。

亨德森说：“我们不想用‘灭绝’这个词。”在过去几年里，他们不断将鱼苗和幼鱼放入河中，希望它们自然地长大。然而，奇迹没有发生。大家不知道为什么会这样。

人们想知道，三文鱼失踪之谜的关键是否隐藏在幼鱼身上——那些在沃索河里长大，准备迁徙到大海的幼鱼。从孵化场释放到河中的幼鱼的行为与河中自然生长的幼鱼究竟有何不同？

人们观察到，春天，野生幼鱼常常在夜间，成群结队地聚集在小浅滩上。相反，养殖场孵化的幼鱼整个夏天都在四处游荡。这是导致幸存者减少的原因吗？

不过，如果人们把养殖幼鱼直接运进峡湾，就像用出租车带着它们驶向大海一样，情况就会有所改善。

亨德森是一个乐观主义者，从 2011 年到 2016 年，他们经历了几年的好时光。那时，他们将养殖场培育的幼鱼直接运入峡湾，帮助它们成长。果不其然，其间每年从峡湾里捕捞的幼鱼多达 184,000 尾。

于是，在接下来的几年里，三文鱼又回来了。

90%的产卵三文鱼来自当时被人为制造的鱼群。亨德森说，这就是“星星之火可以燎原”。沃索河的三文鱼回来了！生命之轮转动了！产卵的数量已经足够多了。然而，当他们停止人为干预后，三文鱼又消失了，他们不知道这是为什么。

2019 年的捕捞记录非常糟糕，渔获量不断下滑。当时的记录如下：

第一个周末：周四，可以看到鱼浮出水面，体长约为 15 厘米，5 千克，斯科尔夫。

第二个周末：没有鱼。有渔民两次捕到鱼，但都不是三文鱼。

亨德森再次度过了艰难的日子。当我们到达这里时，沃斯养殖场将释放剩余的 9000 条沃索三文鱼。这是他们最后的努力。

挪威环境局认为，这条河是在人们的努力下才保持下来的。现在必须尝试大自然自行管理，不应该继续干预。亨德森谈到这一决定时表示，这就相当于对沃索河判处死刑。

亨德森说："野生和养殖的幼鱼都会遇到水道和峡湾的激流，这意味着它们无法成功回到上游或是进入大海。难道三文鱼会突然'管理自己'吗？特别是它已经 30 年没有成功地'管理自己'了！"

明天是最后一次投放鱼苗的日子，之后，这里的养殖场将被撤除。

第二天早上 7 点，亨德森来接我。早晨的阳光将沃索河染成了橘色。波光粼粼的水面，仿佛沃索河用闪烁着兴奋光芒的温柔的眼睛，看着我们。

亨德森带我来到养殖场外，打开大门，我们走过渔具、鞋子、夹克、卷尺、工具、刀具，从一处楼梯走向休息室和办公室。亨德森办公室的墙上挂着当地报纸的剪报，报纸上的新闻标题是“成为子孙后代的耻辱，因为我们未能照顾好自然动物群中独特而美妙的部分”。这里到处挂着三文鱼与村民的黑白合影。

亨德森摸了摸墙上的这些照片。照片中的三文鱼体型巨大，肌肉似乎要从皮肤中迸发出来，就像健美运动员。这种三文鱼的基因非常强大，研究人员可以利用它的遗传物质来培育养殖三文鱼。

然而，此时墙上的照片营造了一种死寂荒野上的陵墓的感觉。

“30 年来，这些照片一直围绕着我。这些年来，我一直梦想着能够用彩色照片取代这些黑白照片。”亨德森说。

亨德森带我进入凉爽的养殖场大厅，可以看到约 15 厘米长的幼鱼在绿色的小水箱里游动。这里有 6 个水箱，每个水箱有 1,500 条小三文鱼，总共 9,000 条。在水箱周围，你可以看到饲料袋、日记本、水桶、胶带、填缝枪、钢笔、泡沫塑料、卷尺、电缆、垃圾袋、秤、床单、水管、耙子、刀、螺丝刀等工具。为了拯救自然，一个人必须同时成为守护者和发明家。亨德森和一位同事将管道从油轮上拉入其中一个储存罐。

这里的鱼苗看起来出奇地平静。“它们已经成为被驯化的农场动物了”。

“准备好了吗?”亨德森一边喊，一边把手伸向一个绿色的开关。

“是的！”他的同事回答道。

接下来，我们听到了巨大的“呼呼”声，幼鱼被吸进了油轮的管道。

这些鱼的腹部装有微芯片和小型发射器。其中一半的鱼被喂食了甲维盐，用于对抗三文鱼虱。在峡湾系统之外，监听站将追踪幼鱼的活动，或许可以揭示它们究竟在哪里遇到问题，导致这条生态链中断。同时，他们将分别计算带有三文鱼虱抗体和没有抗体的三文鱼的死亡率。

沃索三文鱼的失踪之谜仿佛是一件刑事案件。这里的三文鱼甚至都没有机会长大，就悄无声息地消失了。它是在产卵场与大海之间的什么地方消失的呢？在河流还是在峡湾或大海？

为了解开这个谜团，人们不停地研究、争论、合作、思考、测试……

来自发电站、工业和运输业的化石燃料产生的废物，被德国、波兰和英国等国的风携带，并以含硫和含氮的酸性雨的形式落在了挪威的水道里。此后，挪威河流里的鳟鱼成群结队地死去。因此，还有一个明显的“嫌疑人”——沃索河上的酸雨，它会流入幸存的三文鱼生存的河流。

因此，研究人员必须扩大调查范围。

此外，20世纪80年代沿江道路的发展也值得怀疑。从沃斯到布尔肯的铁路隧道工程，数以吨计的砾石和污泥在沃索河出口处被清空。

另外，旺思湖突然降低的水位也是“嫌疑人”之一。在三文鱼消失期间，旺思湖曾一度被用作防洪排险的水域，然而这里的水却经常因为低温结冰。

亨德森说：“当你沿着海滩散步，会看到散落在各处的三文鱼幼鱼，也许这里的第三、第四代三文鱼都死了。”

我们一直在思考和寻找，但尚未找到最重要的“嫌疑人”。

在孵化场里，只剩下一桶幼鱼了。我们了解到这些鱼是不同的。他虔诚地、警惕地看着它们。

“接下来，我们就去看看美丽的野生三文鱼吧!”他说。

野生鱼？这里的养殖场还有一个副业项目。多年来，三文鱼鱼苗一直被持续不断地投放到沃索河的支流中。这些鱼在野外存活了2～4年，并且已经长大，准备迁徙至别处。

亨德森和他的同事用陷阱和轻微的电击捕获了其中834条幼鱼，这些鱼与刚刚被投放的9,000条养殖三文鱼不同。后者虽然只有一岁，但大小已经和三岁的野生三文鱼一样了，这是因为它们定期吃颗粒饲料，不过还算健康。这834条野生幼鱼可不一样，它们一直自主地寻找食物，看起来更加充满野性。

我们从亨德森的捕获日记中了解到，他一直全神贯注地记录它们的变化和成长，以至在工作日早晚、周末甚至国庆日加班。

亨德森小心地把它们捞出来。他计划将这些特殊的三文鱼也带到海上。他把它们装在一个塑料袋里，放在汽车后座上。

“我们可以开始祈祷了。”这里的三文鱼全部被转移后，亨德森说。我们踏上驶向峡湾的旅程。亨德森带着特殊的 834 条野生鱼紧跟在后面。

在爱汪格尔湖附近，我们看到了粉橙色浮标，这里还有鱼苗的监听站。在这里，他们可以测量带有标记的幼鱼通过水的速度。对于亨德森来说，这一段水道显然是一个值得调查和研究的地方。

他在一面岩壁前停了下来。在我们下方，水是从发电厂流出的，经过隧道，流入爱汪格尔湖，这也是沃索河水道的一部分。经过 100 年的发展，挪威三分之二的水道受到监管。10 座最高的瀑布中有 7 座已经被开发。挪威目前有水力发电厂 1,400 座。

“感受一下水流。”亨德森对我说。

于是，我沿着一条陡峭的小路走下去，把手指伸进从水电站流出的水流。它们十分冰凉，让我的手指变得苍白。这是因为经过发电厂处理的水几乎处于冰点。

爱汪格尔湖发电厂于 1969 年建成，目前是挪威最大的发电厂之一。

“在这里，出海的幼鱼会遇到这种非常冰冷的海水。

监听站的记录显示，这些鱼需要在爱汪格尔湖中度过一周多。漫长的冬天过后，它们因为消耗过度，会变瘦。另外，在这种‘死水’里，它们的体力会减弱，很容易成为鸟类和鱼类的猎物。”亨德森说。

“我们对农业发展及其对大自然的影响了解很多，但电力产业监管的影响却很少被研究。”他说。

当我们站在那里时，一对老夫妇沿着村道走过来。

“这里的河流以前是蓝色的，河里盛产三文鱼和鳟鱼。”老人对我们说。他向我们讲述了这里曾经繁荣的渔业的故事。

“我相信一切仍有希望。”亨德森对老人说，并表示今天他们将向河流投放数千条幼鱼。但是，老人只是冲着我们摇了摇头，继续往前走了。

据三文鱼管理科学委员会称，野生三文鱼面临的最大威胁是三文鱼虱和逃逸的养殖三文鱼。

沃索的三文鱼游向大海时，必须经过挪威农业设施最密集的地区之一，通往大海的途中有几个大型农业设施。如果它在抵达奥斯特罗伊之前向南游，就会遇到大大小小的水力发电站；如果它在奥斯特罗伊北侧游，必须经过 3 个设施。如果它开辟了通往拉德峡湾的路线，则必须蜿蜒游过另外一个水电设施。虽然幼鱼在游入大海之前会沿着海岸度过一段时间，但之后它会在海岸边遇到成排的捕鱼或养殖渔业的笼子。对于幼鱼来说，出海之路就是一条艰难的大冒险之路。另外，三文鱼养殖场附近还有海虱。在一段时期内，高频感染的海虱也是洄游的幼鱼最大的恐惧。

当沃索河充满了酸雨、水坝、电力监管、道路开发、铁路改进工程和海虱等影响三文鱼繁衍的因素时，河道里依然充满了养殖三文鱼。目前，挪威对野生三文鱼和养殖三文鱼的杂交持开放态度。沃斯养殖场曾组织过鱼类捕捞活动，即秋季捕捞准备产卵的野生三文鱼。这些被捕捞上来的三文鱼的精子和卵子将被用于孵化新一代沃索三文鱼。在挪威环境局公布的捕捞统计数据中，捕获的野生三文鱼用蓝色柱表示，逃逸的养殖三文鱼用粉红色柱标记。1990 年和 1991 年，环境局捕获的三文鱼中有三分之一是逃逸养殖三文鱼。1992 年，粉红色柱开始上升，超过一半的捕获量是逃逸养殖三文鱼。1993 年，粉红色柱继续上升。1994 年，养殖与野生三文鱼的捕捞量的比值是 11∶4。在接下来的几年里，粉红色柱占据了主导地位，这一情况一直持续到 2003 年前后。现在，蓝色柱几乎消失了。

野生三文鱼的种群数量在 20 世纪 80 年代末崩溃了，过去 20 年中出现了大量养殖三文鱼逃逸的情况。最初的沃索三文鱼种群正在被受养殖三文鱼遗传影响的种群所取代。这就是对这个地方的独特适应消失的方式，研究人员认为，这将使沃索三文鱼救援行动变得更加困难。

我们开展鱼类捕捞来拯救鱼类，并建立基因库来保护濒临灭绝的自然环境。这就是自然奇观沃索三文鱼，在孵化场和人类双手的帮助下复活的方式。但人们心中仍有一个疑问：为什么不让大自然自我治理呢？大自然是否可以自救？

“是的。”亨德森开车时回答道。以前曾有人问过他这个问题。

“如果我们也关闭发电厂和农业设施，就可以让大自然自我管理并恢复活力。我们在这里谈论的是如何照顾一个在经历的一切过程中无法生存的物种。”

但讽刺的是，亨德森正在养殖野生三文鱼，以复兴野生沃索三文鱼。据一些人说，这种三文鱼因养殖而濒临死亡。沃斯养殖场也在通过水力发电获取电力。然而根据其他研究人员的说法，这会杀死幼鱼。

运送幼鱼的油轮停靠在一个码头，从这里开始，河流流入了峡湾。三文鱼研究员埃里克·斯特劳姆·诺曼在这里工作。他会将幼鱼拖向大海。研究人员住在峡湾沿岸的一个农场里。他昨晚几乎没睡，不过现在精神焕发，心情愉快，皮肤也晒得很黑。船上装满了设备。他是一个能力很强的人，经常独自工作，并且在这个领域做得出类拔萃。

今天的天气很好，有点热。诺曼在水中放了3个网袋。一根长软管从车上被拉进水里，然后将准备工作全部做好。

“完毕！”

罐车上的阀门被打开。三文鱼在灰色的管道中欢快地航行，最终驶入峡湾的浅滩。

在那里，研究人员和亨德森观察着幼鱼的游动，它们在深绿色的海水中闪烁着微弱的银色光芒。

“没有鱼肚皮朝天，”一位研究人员高兴地说，“我希望你们顺利长大。”他就像一位父亲看着自己的孩子搬出家独立生活。

另外，亨德森心爱的834条野生幼鱼也蓄势待发了。

“照片！”他说，“我必须最后一次拍下彩色照片！”他在码头上小跑并拍照。蹲下来盯着他的野生幼鱼。“就是这样，去自然地生长吧！”他祝福这些幼鱼。这时，有血从他的手上流出来，刚刚操作时，他不小心割伤了，但他什么也没说，只是看着三文鱼。

“旅途愉快。希望我们两三年后再见。”

据估计，自20世纪80年代以来，返回河流产卵的三文鱼数量较此前已经减少了一半。

挪威三文鱼管理科学委员会调查委员会公布的研究报告显示，“由于缺乏措施，挪威西部韦斯特兰地区的北部和莫勒－鲁姆斯达尔等地区的情况不断恶化，一些三文鱼种群因三文鱼虱而遭受濒临灭绝的风险不断加剧，目前被评估为高危物种”。

2021年夏天，研究人员称，挪威西部出现了“从未见过的大量海虱”。在他们检查的一个地方，平均每条三文鱼身上有99只海虱。于是，当地的三文鱼捕捞量持续下降，渔获量不断减少。

同年夏天，挪威物种数据库专家首次将三文鱼评估为“濒危”物种。正是这些人创建了所谓的“挪威濒危物种红色名录”。在之前的评估中，三文鱼种群被归为“可生存”的物种，没有较大的风险。现在专家认为情况已经恶化。他们强调，经过三代的时间，挪威三文鱼的数量已经减少了。自20世纪80年代以来，进入挪威河流的三文鱼数量已减少了一半。然而，全国渔业海洋产业协会在一份咨询报告中曾表示，他们反对将三文鱼列入“红色名录”。

在马克·科兰斯基的《三文鱼》一书中，他提出了一个看似简单的问题。如果我们要拯救三文鱼，究竟应该做什么？我们必须停止砍伐森林，减缓城市扩张；我们必须停止捕杀熊、狼、海狸、鹰等野生动物；我们必须停止污染陆地和海洋；我们必须停止甚至扭转气候变化；停止修建水坝，必须拆除水坝；减少能源消耗，或依靠可再生能源，我们必须放弃加剧全球变暖的化石能源；我们必须减少破坏河流的水力发电设施，农业必须停止使用农药；我们必须改进灌溉系统，建造的房屋、道路不能位于河岸附近。需要特别注意的是，必须停止破坏生物多样性和遗传多样性，养殖业必须停止传播海虱、传染病；还要关注逃逸的养殖鱼类和野生物种的杂交问题，必须保护海洋哺乳动物，但也要控制它们的数量。如果我们能做到上述这些，就能拯救三文鱼。我们只有拯救地球，才能拯救三文鱼。

现在我们正准备进入峡湾，船后面的网袋里装着三文鱼及亨德森的幼鱼，而挪威的国鸟河乌，则在我们头顶上飞翔。现在阳光普照，一切都是安静美丽的，但是有一种莫名的死气沉沉的感觉。

“我们的工作完成了吗?”我问开船的诺曼。他在抽烟。

“是的，现在就把工作交给大自然了。我们必须看看大自然是否能够自行管理。”他回答说。

虽然诺曼是本地人，但年纪比我们都小，因此没有关于三文鱼繁荣的记忆。沃索三文鱼对于他而言是父辈的故事。在他年纪很小的时候，这里的三文鱼保护工作就开始了，因此他没有在这里海钓三文鱼的经历。

“我可能钓上来过三文鱼，大概都是逃逸的养殖三文鱼。”他说。

上小学时，诺曼就知道自己以后会一直和鱼打交道。当时他在日记中写道:“以后我一定要和鱼打交道，最好是三文鱼。”

长大后，每年春天，诺曼会标记幼鱼并记录它们的活动。夏天，他记录了三文鱼的迁徙；秋天，他数着产卵的鱼。对于诺曼来说，生活中的一切都是鱼。

今天一整天，我们在这里只见到了一条鳟鱼。

这或许就是我的莫名的不安感浮现的原因。置身于如此壮丽的大自然中，真是令人心旷神怡。然而，我们脚下的大海似乎死了。诺曼指着不远处的一面岩墙，递给我一个双筒望远镜。有人在岩石上雕刻了一条巨大的三文鱼，大约有 1.5 米长，岩石上有雕刻的年份，应该是 1934 年。我们望着峡湾沿岸的一座木结构建筑——一座 15 米高的塔楼，但它看起来就像是一座废墟，是这里早期文明的遗迹。人们曾经坐在那里寻找三文鱼。然而，这里的三文鱼已经消失，只是作为文化历史存在。我们重新回到三文鱼养殖场，亨德森开始清理文件。他的一个在河边长大的朋友过来喝咖啡。这位朋友身材高大、精力充沛，他的职业是建筑师。他对我们说，他记得见到第一条三文鱼的经历：当时因为洪水，河水暴涨，河里满是跳跃而出的三文鱼。他直接去商店买了钓具，随便往河里一抛，就能钓上来一条巨大的三文鱼，最终钓了整整一车的鱼。

“对于我们这些 60 年代出生的人来说，在电视、互联网和智能手机出现之前，钓鱼才是每个挪威人都会做的事情。”他说。如果你出生于 1988 年或之后，河流中没有三文鱼才是一件无须大惊小怪的事情。

然而，垂钓三文鱼的传统不复存在了。

这是巨大的损失吗？对于谁来说这是损失呢？科学家试图发现，一个物种从生态系统中消失后，会发生什么，会有哪些影响或连锁反应。他们谈论关于生态临界点的问题——乍一看很小的变化可能导致系统的剧变。

自然界更迭，新的平衡形成。随之而来的可能是全新的生态链或生态系统，而原来的平衡可能会永远消失。

“水道的状况是周围环境的一个参数，”亨德森的朋友说，“如果没有鱼，那么环境就存在很大的问题。如果没有人钓鱼，就没有人看到这些变化。现在沃斯地区以极限运动闻名，然而没有人知道，这里曾经有大量沃索三文鱼。曾几何时，世界各地的人们来到这里钓鱼。河流对于我们来说已经变得陌生了，它已经枯萎了。”

“想想真是糟糕，”亨德森说，“30 年来我们一直在研究，却没有弄清真相。这充分说明了所有生物都有自己的生存方式，人类难以控制大自然。”

他拿出相机，浏览自己拍摄的幼鱼照片。

然后，他沮丧地叹了口气，“这些照片不太好，我没拍好，基本都是模糊的”。

25

历史与梦想家

新鱼种改变了自然和社会。更大的计划很快就会制定出来。有人阻碍了发展。

我们之前已经强调过弗兰肯斯坦。现在我们必须去看歌德的《浮士德》。

浮士德是一名社区规划师，他是理想主义者、有远见的人。他想驯服自然并消除世界上的饥饿。最著名的是该剧的第一部分，但我们接下来要讲的是第二部分，思想史学者马歇尔·伯曼教授对第二部分进行了生动的诠释。至此，浮士德与魔鬼梅菲斯特立下契约，为梅菲斯特服务一段时间，以换取自己的灵魂。他也接受了女巫的酿造，再次变得年轻。他与梅菲斯特一起旅行，他们与美丽的女士和享乐主义者一起生活（就像嘻哈视频！），但浮士德想要的更多，他想要美好。浮士德认为，大海有潜力。这意味着巨大的力量和可能性！为什么人类不能反抗自然的力量呢？

浮士德向漫步海岸的皇帝提出了自己的想法。发展！工作！海洋产业！他谈到了大型项目。可持续的！蓝色革命！

比耶克的诗："你们王国土壤深处的大量剩余凝固黄金并未被使用。"

皇帝搓搓手。这听起来不错。海岸恢复。他赋予浮士德广泛的权力。浮士德现在已经成为一个战略家，是的，一个国家的战略家。现在一切皆有可能。港口、运河、干法铺设、粮食集约化生产、新兴产业。"这是为了所有人的利益"的想法赋予了浮士德能量。一天的时间太短了。他喜欢这样做。他处于"心流区"，知道工作有意义，每天以更多的精力推动项目前进。看看浮士德多么闪耀！他所做的一切是为了人类的福祉！他驯服了大海！他会对这款游戏赞不绝口，这是一场冒险！

他成功了。海岸上的衰落时光被逆转，空置的房屋里出现了灯光，正如歌德所写，它变成"天堂般的土地"。人们从很远的地方搬到海岸寻找工作。尤其让浮士德高兴的是，在这些项目中受益最大的是普通人，是那些在其他方面遭受失败的人，是那些想要建设更美好社会的人。

当建造未来时，只有一件事让浮士德烦恼——一个细节。海边住着一对老夫妇。他们有一座简单的小屋和菜园，也许还有一座小教堂。他们甜美大方、热情好客，具有理想主义，与自然和谐相处。不幸的是，他们生活在浮士德已经作出规划的地方。浮士德想要创新，但这对夫妇拒绝搬家。

现在浮士德有些失望。在这里，他把所有的时间都花在了发展上，为所欲为，沿海工业蓬勃发展。但这两位老人家不会放弃。

他无法将他们从脑海中抹去。当小教堂的钟声响起时，就好像钟声恐吓浮士德一样。浮士德向他们提供搬家费用，但他们拒绝了。他们只想住在那里，像往常一样生活。这样的事情不是非常烦人吗？但现在我们不能忘记浮士德认识很多人，如好朋友梅菲斯特。浮士德建议他提供一些帮助。没什么大不了的，只是一点点说服。好吧，我猜浮士德并没有真正考虑过这些方法，但他知道梅菲斯特是一个热情且令人愉快的人，很容易交谈。

梅菲斯特出去会见老人，但他们不肯开门。接下来的事情就变得有点困难了。梅菲斯特必须炸毁门。这对他来说有点困难，因为老人们拒绝移动。不幸的是，他们死了。

浮士德后来顺便了解到了这一点。他没有预见到这一点。他所做的一切都是为了民众好，不是吗？他想把这件事从脑海中抹去。他把土地夷为平地，拆除了铁轨。

有人认为浮士德缺乏同理心，但这是错误的，他是一个怀疑者，毕竟他是有感情的。老夫妇的事情让他很烦恼。他确实与梅菲斯特签订了一个浮士德式契约，但他的想法仍然是完全正直地行事。那么他是不是出了什么问题了？在快速发展中看似不重要的问题现在变得越来越严重。我们只是听到很多这样的事，歌德是遮遮掩掩的，但他写道："一切都是徒劳的捶打、砍伐/今天忙碌的工作团队；但夜间火光闪耀的地方，第二天就矗立起了一座水坝。在那里，人类的生命被浪费了。整个晚上，痛苦的尖叫声不断响起……"该项目增加了额外的工人和生态成本。

我猜梅菲斯特会认为这是完全正常的。浮士德以为自己很特别，但他陷入了古老的自恋权力意志。在他之前的许多人也认为自己所做的事情是世界上最重要的，但他们被权力的傲慢所蒙蔽。现在我们看看浮士德之后还剩下什么。一个同质的、牢不可破的地方。现代化、精简、适应单一栽培和生产。旧世界的所有痕迹已被清除。

出于对发展的热忱，浮士德抹去了旧世界中一切有效的东西。与自然和谐相处的老夫妇已经搬走，传统知识和沿海文化消失了。

马歇尔·伯曼启发了我们，他认为这就是开发商所处的困境。该剧于1831年完成，远远早于我们得到“发展悲剧”这个词，但它是正确的。人类获得了前所未有的重塑自然的力量。但由于政治短视、贪婪和生态系统受损，“重塑”的结局往往很糟糕。尼罗河鲈鱼被放入维多利亚湖以提供食物和就业机会，但它们吞噬了其他所有鱼类。最令人印象深刻、最雄心勃勃的计划才能创造最大的兴奋。浮士德将海洋投入生产。他释放的力量远远超出他的理解。

26

拯救世界的新鱼种

农业将拯救世界。

有时，重要人物会抬起头并提高嗓门——挪威三文鱼可以养活全世界。在这样的时刻，言语会长出翅膀，血液会涌动。

农业发展确实关乎全球粮食需求的增长——这一关键的信息在节日演讲、编年史和媒体报道中被反复强调。挪威渔业大臣强调，挪威肩负着遵守国际社会要求的重大责任。一位杰出的经济学家认为，三文鱼养殖是挪威对绿色世界作出的最重要的贡献之一。这位经济学家指出，挪威已经并将继续为“蓝色革命”作出贡献。然而，有人质疑这只是业界的一面之词。显然不是！这种说法并非来自业界，而是来自联合国！

“联合国已要求挪威为世界民众生产更多的海产品。”挪威渔业大臣在公开场合讲道。据三文鱼行业媒体报道，在联合国峰会上，挪威渔业大臣表示，来自挪威的海鲜是“重要的气候贡献”。“联合国海洋小组”也表示，海洋生产的食物是陆地的6倍，而三文鱼是解决人类粮食问题的方案之一。从一封关于该问题的电子邮件中可以看出，挪威人盖尔·安德烈亚森有些恼怒，这位挪威海鲜行业领导人在公开辩论中使用了一个新词——“环境账目”。环保活动人士对挪威农业的“环境账目”提出了要求。9月的一天早上，安德烈亚森给挪威渔业和水产养殖业研究基金会的负责人写了一封电子邮件：

> 泰耶，你好。现在许多人询问是否有关于各种鱼类的环境成本的数据和文件。根据我们看到的电子邮件，你所在的部门没有这方面的信息，这有些尴尬。如果有任何关于三文鱼“环境账目”的指控，请给我订购一份。

正如安德烈亚森所写的，“如果分析结果是积极的，那么这当然能够以积极的公关方式加以利用”。但他不确定，如果“环境账目”显示三文鱼养殖不环保该怎么办？那么最好保守这个秘密。

安德烈亚森与挪威渔业和水产养殖业研究基金会同意挪威科技工业研究所的研究人员准备相关的“环境账目”。社会经济学家乔恩·奥拉夫·奥劳森等人最终完成了这项任务。这位忠诚的研究人员认为，“环境账目”的核算必须正确进行，所有相关内容必须包括在内——野生三文鱼、海虱和逃逸养殖三文鱼的影响、饲料、排放等问题。但业界并不希望这样做。他们希望“环境账目”只包括二氧化碳排放量，至少在最初是这样的。“我的感觉是，他们事先就知道三文鱼养殖在碳排放方面表现得最好，”奥劳森说道，“我觉得业界试图通过选择研究内容来控制研究方向。”三文鱼养殖业制定了安德烈亚森所说的“示范环境账目”，但不是奥劳森提出的“综合环境账目”。该行业的第一次环境核算到此为止，但这并不是最后一次。

2010 年，三文鱼养殖行业面临新的挑战。瑞典电视团队抵达挪威，全国渔业海洋产业协会的公关经理克努特·奥拉夫·特维特负责接待。瑞典人声称来自四套电视台，表示要制作一个积极的节目，但当他们询问有关三文鱼饲料的关键问题时，电视灯光下的特维特脸色苍白。

“三文鱼吃的饲料是从哪里来的?”

特维特试图回答:“三文鱼的饲料来自世界各地捕捞的各种鱼群……”纪录片中的旁白说道:“我们把镜头停在这里。”为海鲜行业解答问题的特维特无法解释饲料鱼是什么鱼。“我们使用�鳈鱼、煤鲻鱼和其他鱼类作为三文鱼的饲料鱼。它们在南美洲、挪威和其他地方被捕捞。重点是，如果这种情况持续下去，那么所有库存都必须得到可持续管理。”特维特用了“可持续”这个词汇，但在屏幕上，他看起来并不相信自己说的话。他试着微笑。摄像机的焦点一直停留在他身上。“挪威饲料工业与各个国家的政府有关，”他说，“我们必须相信这些国家能够很好地管理其鱼类资源。”但纪录片中的旁白沉声说道：“我们的调查显示，三文鱼吃下的一堆颗粒背后，隐藏着三文鱼产业不愿谈论的一些问题，即过度捕捞和磨成鱼粉的食用鱼的安全问题。”

瑞典人也撒谎了。他们不是来自四套电视台，而是来自以爆料闻名的瑞典国家电视台调查节目《任务回顾》编辑部。他们的调查表明，挪威三文鱼饲料生产基于过度捕捞。各郡不对捕捞进行监管并允许掠夺性捕捞发生。大量三文鱼被标榜为“可持续”进行销售。“这种情况在今天还能被称为‘可持续’吗?”记者问道。“是的，我会这么说。”特维特有些不自信且不确定地回答。记者继续向特维特的同事提出问题。

全国渔业海洋产业协会在其广告中表示，1 千克野生鱼饲料足以生产 1 千克三文鱼。这一点很重要。因为世界上的鱼的数量是有限的。如果三文鱼吃的由野生鱼制作的饲料少于它为我们提供的食物，那么就会有更多的鱼作为人类的食物。

“生产 1 千克野生鱼饲料，我们可以获得 1 千克三文鱼。”特维特的同事格伦贝克说道。

“这是什么意思，能解释一下吗？”记者问道。

“我只是……我可以打个电话吗？”格伦贝克突然变得吞吞吐吐。

纪录片中的旁白突然说道：“我们在这里休息一下，我们的营销经理需要接个电话。”而电视图像显示格伦贝克离开去打电话。他回来后表示，“1 千克进，1 千克出”实际上只是三文鱼生产商的尝试。

“另外，通过增加蔬菜的比例……我们有可能使用 1 千克海洋饲料生产出 1 千克鱼。”

“有可能吗？”记者问道。

“有可能。”格伦贝克回答道。

旁白说道：“但是当我们联系该项目的研究人员时，我们得到了不同的，并且总是变动的答案：1.8 千克、2.2 千克，或者是 1.5 千克？但是他们还没有成功地用 1 千克野生鱼生产 1 千克三文鱼，即使这方面的实验也没有成功”，“饲料问题如此敏感，三文鱼养殖人士在他们的竞选活动中非常善于玩弄文字游戏”。

这一消息的曝光将使三文鱼养殖行业感到无比尴尬。全国渔业海洋产业协会提供了错误的信息，因此必须道歉。几个月后，公关经理特维特辞职了。

三文鱼养殖行业找到了替代者，改变了论点，并写出了新的故事。

挪威生命科学大学教授阿特尔·古托姆森呼吁进行“蓝色革命”。“农业是人类利用自然的一种新方式。”他写道。这位经济学家年仅34岁就成为一名教授，现在他在编年史和讲座中展现了自己的愿景。“虽然‘绿色革命’主要包括增加已经预留给农业的地区的产量，但下一场革命，即‘蓝色革命’，将使新的地区受益。”他在行业媒体中声名鹊起。“挪威农业已在国际上占据主导地位。”这位右翼人士有着迷人的微笑和锋利的笔触，很容易被人喜欢。

2014年，挪威渔业界希望古托姆森写一份报告。挪威大型三文鱼生产商莱瑞是背后的推动力。很快，全国渔业海洋产业协会和挪威海鲜公司国家协会（NSL）一起联系了挪威渔业和水产养殖业研究基金会。

事情紧急。挪威政府正在起草一份关于三文鱼产业的议会报告。古托姆森“将着手准备向议会提交的新报告”，这份报告可以证实“三文鱼养殖对环境友好”的说法。这在经济上很重要。挪威政府发出了“信号”——如果该行业能够做到可持续发展，就应该允许其发展。

古托姆森教授的意思已经很清楚了。他一直支持三文鱼养殖是环保的。他认为鱼肉可以代替其他红肉。人们想要吃蛋白质，更多的人要吃肉，但肉类不健康，而且生产肉类会排放大量二氧化碳。人们得到了更好的建议——如果可以吃三文鱼，这对世界来说会更好。三文鱼还特别擅长将饲料转化为可食用蛋白质。三文鱼提供了收入、就业机会、良好的公共卫生和低碳排放。

古托姆森教授对三文鱼充满信心，因此他购买了挪威多家海产公司的股票。当他为行业撰写报告时，还抛售了格里格海产公司的股票，但购买了勒罗伊海产公司的股票。

古托姆森的同事弗兰克·阿什教授帮助撰写了这份报告。他们的报告是积极且愉快的。但当这份报告草稿摆在挪威生物经济研究所管理层的桌上时，管理层变得犹豫不决。报告指出，三文鱼引发的环境问题是“微不足道的”。农业真的“在所有主要方面都是可持续的”吗？古托姆森和阿什是如何得出关于环境影响和可持续性的全面结论的呢？“这不是一件小事。”挪威生物经济研究所总监尼尔斯·瓦格斯塔德表示。

“如果您要评估水产养殖的可持续性和环境影响，必须具备这方面的专业知识。”挪威生物经济研究所要求修改报告。

草稿来来回回。古托姆森陷入了绝望。他在给挪威渔业和水产养殖业研究基金会的电子邮件中写道，他认为挪威生物经济研究所会让这份报告“变得越来越无用”。难道古托姆森从来没有试图隐瞒自己对这个行业的积极态度吗？

最终，挪威生物经济研究所没有发表这份报告，但古托姆森至少在其中写了前言。受到这份报告影响的其他一些议会报告当时已经发布。

此时，联合国赞同三文鱼养殖的想法已经深入人心。

“联合国已要求挪威为世界人口生产更多的海产品。”挪威渔业大臣在接受挪威国家电视台采访时表示。

但联合国什么时候真正这样做了呢？我们搜索了信息来源，但没有找到任何支持这一说法的内容。

那本章开篇提到的联合国峰会呢？关于挪威海鲜对气候很重要的说法呢？全国渔业海洋产业协会网站上的采访似乎令人印象深刻——“联合国峰会：技术和海鲜是挪威对气候的重要贡献”。

但当我们检索网络时，发现它也不是来自联合国。事实上，这与联合国无关。它来自挪威报纸所谓的“联合国海洋小组”。

据说正是这个“联合国海洋小组”表示，海洋生产的食物是陆地食物的6倍，其中包括三文鱼。但联合国系统中不存在这个海洋小组。联合国没有海洋小组！

这是全国渔业海洋产业协会的发明，也是挪威外交部的一项倡议。我们联系了外交部，得知媒体对联合国存在误解。“海洋小组”由挪威邀请的国家元首组成，其中许多元首来自三文鱼生产国家。该小组由时任挪威首相埃尔娜·索尔贝格担任主席，她也是农业活动家。多年来担任全球最大的三文鱼供应商——挪威美威集团——主席的玛丽特·索尔贝格，是首相的姐姐。

演讲中提到的“世界粮农组织”又是怎么回事呢？

它就是联合国粮食及农业组织。联合国粮食及农业组织支持养殖三文鱼的说法可以追溯到 2007 年。当时养殖行业媒体发表了一篇题为《粮农组织：养殖将拯救世界》的文章。4 名挪威人穿着敞开的西装外套在阳光下微笑。他们被业界送到总部位于罗马的联合国粮食及农业组织，并以这座城市为背景拍了一张照片。他们表示，“接待方热情高涨”，联合国粮食及农业组织认为农业“规模确实很大”，“联合国粮食及农业组织正在向挪威农民寻求帮助，以增加世界粮食产量”，“世界迫切需要增加粮食产量”，而“水产养殖是迄今为止生产蛋白质的最佳方式”。

在罗马举行招待会后，挪威业界代表认为，“在挪威开展的讨论是奇怪的和地方性的”。他们还表示，联合国粮食及农业组织的支持可能很重要，因为“它对于在全球范围内形成舆论极其重要”，并且“在联合国系统中，我们的声誉奠定了许多前提”。

联合国粮食及农业组织没有任何人接受采访。

此后，媒体不断提及三文鱼养殖，对联合国粮食及农业组织的指责不断增加。

全国渔业海洋产业协会表示，联合国粮食及农业组织认为，“养殖鱼类的产量必须增加 1 倍”；挪威渔业食品研究所主任表示，联合国粮农及农业组织认为，“水产养殖对确保未来获得海洋蛋白质绝对是至关重要的”；

渔业大臣表示，联合国粮食及农业组织认为，“世界粮食供应增长的大部分来自海洋”。

联合国粮食及农业组织想表达什么意思呢？我们去该组织网站下载报告。最后一份名为《2020 年世界渔业和水产养殖状况》。野生鱼类的捕捞似乎已经停止。超过三分之一的捕捞活动是不可持续的。为了获得更多的鱼，人们必须诉诸养殖业。

但读下去，人们会看到“养鱼”是一个如此多样化的类别。在过去 20 年中，近 90%的鱼类养殖是在亚洲进行的。最重要的品种是鲤鱼和罗非鱼。当联合国粮食及农业组织谈论“养鱼业”时，它指的不只是三文鱼。

三文鱼仅占总产量的 4.5%。它是第九大养殖物种。三文鱼养殖与许多鱼类养殖不同，前者的养殖技术更先进，是有利可图的出口导向型产业。

那么三文鱼养殖能否成为维护世界粮食安全的一种手段呢?

在联合国粮食及农业组织的报告中，我们找不到这种观点的依据；相反，我们了解到三文鱼养殖危害了粮食安全。原因是原本可以作为人类食物的小鱼却被出售作为三文鱼饲料。

联合国粮食及农业组织表示，“直接食用廉价鱼类可能对粮食安全和营养有更大的好处，但是它被转变为养殖鱼类饲料”，“富裕国家消费的大型肉食性鱼类是用小鱼制成的饲料养殖的，这些饲料更有营养，因为传统饲养方式是整条喂食，特别是在发展中国家”，“有营养的食物成为养殖鱼类和其他动物的饲料”。

联合国粮食及农业组织表示，穷人与养殖三文鱼争夺食物。目前全球人口的11%缺乏食物。如果他们吃鱼，就可以避免营养不良。但渔民将渔获出售给生产鱼粉和鱼油饲料的大公司，这些公司往往支付更高的费用。

联合国粮食及农业组织表示，“西非一些国家用于出口的鱼粉产量不断增长，正在引发粮食安全问题，因为远洋鱼类（鲱鱼、鲭鱼、毛鳞鱼等小型鱼类）数量减少，西鲱、沙丁鱼、鳕鱼等可供人类食用”。

正因如此，联合国粮食及农业组织希望缩减三文鱼养殖规模。更多的鱼类需要很少或不需要饲料。

我们继续读下去。

联合国粮食及农业组织表示，维护生物安全需要转变生产方式。养鱼业必须从根本上改变，原因是新的鱼类疾病的威胁。病毒、细菌、寄生虫，它们从一个国家传播到另一个国家。很长一段时间后，你才会获得相关疾病的知识。

联合国粮食及农业组织认为，育种者和政府的反应太慢了，法规过于宽松，技术落后，不遵循国际标准，这些机构相互之间的协调性太差，农场的经营策略也很差。

这就是联合国粮食及农业组织对农业的看法。

我们找到了媒体对联合国粮食及农业组织水产养殖部负责人马蒂亚斯·哈尔瓦特的采访。

“有人声称，世界粮食产量的增长将发生在海洋中，因为世界农业产量已达到上限。你同意吗？”记者问道。

哈尔瓦特表示，“我不能确认这样的结论”，并指出，农业领域仍在不断创新。

记者询问三文鱼能否拯救世界。

哈尔瓦特回答，三文鱼确实变得更便宜了，但“全球社会中最脆弱的群体仍然无法获得”。

三文鱼引发的环境问题始于饲料。它必须吃野生鱼才能生长。正如前文提到的，世界上的鱼类数量有限。

在21世纪第一个十年中期，研究人员进行了计算。他们发现，世界上68.2%的鱼粉和88.5%的鱼油都用于喂养养殖鱼类。如果农业生产继续增长，就需要更多的鱼。这是戏剧性的。

养殖三文鱼是最需要野生鱼类饲料的鱼类之一。罗非鱼、鲇鱼、比目鱼、鲤鱼等鱼类只需要进食0.2千克的野生鱼，就能增重1千克。鳗鱼、鳟鱼和虾需要的野生鱼也比三文鱼少。当我们查看最新数据时，发现三文鱼每增加1千克体重，就吃掉1.39千克从海洋捕获的鱼。这样一来，养殖三文鱼导致世界上的鱼类数量减少。

上述研究表明，存在着一场争夺饲料鱼或中上层鱼（小鱼）的战争。这种鱼是成为人类的食物还是养殖饲料，取决于谁付的钱更多。

秘鲁便是一个例证。调查表明，秘鲁捕捞的凤尾鱼仅有0.7%用于食用。秘鲁人有食用凤尾鱼和沙丁鱼的传统，但现在这些鱼类却被用作养殖鱼的饲料。为何人们无法享用这些健康的鱼类？研究人员发现，富裕的秘鲁人选择购买更昂贵的鱼类，而贫穷的秘鲁人更倾向于选择鸡肉，因为鸡肉同样经济实惠且保存时间更长。此外，如果渔民将凤尾鱼销往国外，就能获得更多的收益。研究人员克里斯蒂娜·希克斯和同事在非洲海岸进行了类似的研究，她们发现远洋鱼类恰恰含有当地儿童缺乏的营养——锌、钙、铁和ω-3脂肪酸。如果孩子能够食用附近水域的鱼类，他们的健康状况将得到改善。然而，这些鱼类被大公司捕捞并销往国外。《自然》杂志评论道："非洲和亚洲传统渔民的家庭，尤其是儿童，正在底层遭受苦难。罪魁祸首是水产养殖业的需求。"

这些被用作饲料的小鱼到底有多好吃呢？研究人员提姆和同事通过计算得出结论，90%的饲料鱼都可以用作食物。如果最重要的问题是养活世界人口，那么小鱼就应该被吃掉，而不是运到三文鱼公司的网箱里。

与此同时，小鱼争夺战正在蔓延至越来越多的国家。其中之一是毛里塔尼亚，这个非洲小国出现了鱼粉和鱼油的繁荣，但饲料工厂缺乏规划和控制。据联合国粮食及农业组织的工作组称，这些工厂生产使用的几种原料鱼类遭到过度捕捞。与此同时，三文鱼公司也是急切的买家。截至 2019 年底，挪威从该国进口了 20,435 吨鱼油。仅挪威美威公司就购买了 10,759 吨。在印度也有人提出类似的问题：沙丁鱼和其他用作饲料的鱼种的库存已经锐减。

就在我们撰写本书时，这些指控一次又一次地出现。

挪威海鲜行业肩负着重要的社会使命，为不断增长的世界人口生产可持续和健康的食品……这是满足食品需求和从事气候友好型生产的一部分。

近年来，三文鱼已经侵入了巴西的大豆种植园。鱼粉和鱼油变得昂贵，人们开始寻找其他饲料。1990 年，90%的饲料原料是鱼，2015 年只有 25%。饲料生产商用植物代替了鱼。有人说三文鱼变成了“素食鱼”。不管怎样，它吃了小麦、玉米、向日葵、豌豆、蚕豆、油菜籽、亚麻籽和大量的大豆。很快，大量的大豆就穿越了大洋。经计算，用于生产挪威三文鱼饲料的大豆占了巴西百万亩田地的四分之一。

雨林保护基金会派人去调查此事。他们四处走访，遇见了田里的工人。调查人员指出，该地区十分之六的工人没有合同。调查人员透露，向挪威市场销售大豆的饲料公司从农场获取原材料，这些农场与剥削工人、使用违禁农药和非法砍伐森林有关。三文鱼公司吹嘘这些公司比其他公司更好，但这些公司不愿意谈论自己的业务。这些公司后来同意，从2020年起，不再烧毁雨林来种植大豆。

但故事并没有就此结束。

如果我们希望认真研究可持续性和粮食安全，就必须阅读研究人员艾米莉及其同事的研究。她计算出巴西41%的田地产量用于饲料生产，只有46%的田地产量用于食品生产。因此，粮食生产系统效率低下。如果你在世界各地种植饲料的地方种植粮食，每年可以养活40亿人。

我们计算得知，未来三文鱼吃的饲料每年可以养活1200万人，而这些三文鱼只能成为240万人的食物。换句话说，三文鱼为我们提供的每1餐，都吃掉了人类的5餐食物。关于计算方法有很多争论。根据艾米莉的调查报告的说法，三文鱼为我们提供的每1餐，相当于消耗掉人类的2.4餐食物。无论如何，三文鱼生产无法有效地解决世界粮食短缺问题。

“我现在要说的是挪威海鲜行业的气候核算。”研究员伍尔夫·温特发现，自挪威科技工业研究所首次提供气候报告至今，已过去12年。如今，温特及其团队准备了一份新报告，计划在2020年的会议上展示。研究人员指出，“我们发现，所有野生鱼类产品的价格都处于最低水平”。野生鱼类捕捞——鳕鱼、狭鳕、黑线鳕、鲱鱼和鲭鱼——产生的二氧化碳排放量低于三文鱼养殖。“以前，野生鱼类与养殖三文鱼的关系密切得多。

现在两者已经分道扬镳了。”研究人员解释道。尽管渔民减少了二氧化碳排放量，但农民增加了排放量，尤其是大豆种植。温特解释说，如果三文鱼运输距离遥远，那么空运排放的二氧化碳最多。“还有死亡率的问题。如果鱼最终没有被端上餐桌，而是作为青贮饲料，那么它对气候的影响将非常糟糕。”研究人员将三文鱼与肉类进行比较。研究表明，牛肉对气候的影响最大，其次是猪肉，然后是三文鱼。鸡肉的生态足迹略少于三文鱼。鳕鱼、黑线鳕、狭鳕、鲱鱼和鲭鱼留下的生态足迹最少。

这样的计算还有很多。最近瑞典的一项调查得出的结论是，养殖三文鱼比瑞典养猪的二氧化碳排放量更大。尽管如此，大多数研究得出的结论是，牛肉生产的二氧化碳排放量最高，养殖三文鱼位于排放量的中间，而鸡肉生产和野生鱼捕捞的排放量最低。

挪威科技工业研究所认为，三文鱼食用的每 1 千克大豆浓缩蛋白会排放 6.01 千克温室气体（二氧化碳当量）。2016 年，三文鱼吃掉了 309,711 吨大豆浓缩蛋白，排放量将达到 186 万吨。这相当于挪威一年内所有温室气体排放量的 3.7%，这仅仅是三文鱼大豆饲料的排放量。

挪威养殖三文鱼中的六分之一是空运到亚洲或美国的，挪威政府希望增加出口。根据贝罗纳的计算，三文鱼航空运输产生的排放量相当于挪威所有航空旅行的排放量总和。预计排放量只会增加。奥斯陆机场计划建设一座新的海鲜航站楼。

由前首相埃尔娜·索尔贝格担任主席的海洋小组，委托专家进行了一项关于海洋与气候的研究，即“海洋作为气候变化的解决方案”。专家建议2023年停止鱼类空运。索尔贝格等国家领导人选择忽视这一建议。

但是，嘿！三文鱼不是也有一些好处吗？

是的，它在水中是失重的。它既不需要喝淡水，也不需要吃草。鸡需要巨大的骨头来支撑自己，一个月内它就会长到可屠宰的重量；但三文鱼可以毫不费力地游来游去，因此，它可以有效地将饲料转化为食物。如果它能吃掉我们不允许使用的副产品和废物，那就太好了。研究人员正在研究解决方案。它可以吃薯片中的酵母吗？屠宰剩余物？海藻？昆虫？

科学家正在收集三文鱼的粪便，这些粪便可以成为幼虫的食物，而幼虫又可以成为三文鱼的食物。

关于三文鱼的最重要争论仍然是我们应该少吃红肉。根据国家给出的饮食建议，我们吃的红肉越多，排放的温室气体就越多，罹患的生活方式疾病也就越多。

研究人员大卫·蒂尔曼和迈克尔·克拉克表示，对环境有益的事情也对我们的健康有益。我们应该将饮食多样化，最好都是素食主义者或是鱼类主义者。这个结论被很多人重复。

研究人员约瑟夫·普尔和托马斯·内梅切克发现，

肉类、蛋类、牛奶和养殖鱼类生产的废气排放量占全球食品生产的废气排放量的56%～58%，并占用了全球食品生产83%的土地。所有这些只为我们提供了18%的卡路里和37%的蛋白质。他们认为，这种粮食生产体系是不可持续的。与此同时，他们拒绝承认鱼类养殖是一种解决方案，因为无论如何，鱼类养殖的排放量比植物蛋白的排放量大得多。

任何想要为世界气候和粮食安全做点什么的人都必须多吃蔬菜。如果人们选择三文鱼而不是牛肉，那就太好了，但如果他们选择鸡肉或野生鱼，而且最好是经过认证的，那就更好了。

养殖三文鱼可以当作晚餐，但不能解决气候危机和世界粮食短缺问题。

27

一首英雄的悲歌

自古以来，濑鱼便在这一带海域繁衍生息。它们通常栖息在五六米深的地方，未曾意识到进化带来的优势将改变自己的命运。多年来，它们默默无闻，如今却突然成为报纸上的焦点，获得了研究基金，并在会议的大屏幕上展示。这个物种已成为“推动农业可持续发展的关键因素”。它现在被称为“清洁鱼”，也有人用“超级英雄”等词汇来描述它。濑鱼属于一个很大的鱼种家族，这个家族有500多个品种，其中的几个品种在挪威水域已经被发现——绿鎏金、山鎏金、棕色鎏金、草鎏金、红喙和蓝钢头（最后两种实际上是同一物种的雌性和雄性，但差异如此之大，以至被研究人员认为是两个物种)。

世界上的一些濑鱼爱好者发现,濑鱼以其聪明才智和复杂的社会行为而闻名。这些鱼可能比灵长类动物更聪明。但实际上,令濑鱼研究人员迷惑不解的并不是它的智力,而是外观。濑鱼有厚而美丽的嘴唇,强大的牙齿,有的濑鱼还有绚丽的颜色和图案,仅有少数研究者在枯燥的学术报告中提到过它。

濑鱼在岸边的海草和海藻、悬崖周围和岩石水下区域游动,从挪威南部到北部的特伦德拉格,甚至远至北部的罗弗敦群岛,都能发现它的身影。几千年来,它们没有意识到人类的辛苦劳作,不熟悉人类在荒野、森林、海洋中的耕作,它们受到了庇护,而马、牛、羊、猪已被驯服,被剥夺了野生的前缀,变成家养动物。

当工业化跨越瀑布和苔原、穿过森林和山脉时,濑鱼以甲壳类动物为食。在受保护的海湾和峡湾的微弱波浪中,濑鱼做了完美的事情:吃掉蜗牛和蛤蜊、海虱和跳跃的小龙虾。它躲避更大的掠食者,如鳕鱼、鳗鱼和海鸟。与此同时,资本主义、工厂、福利国家、教育机构出现,人们的生活变得更好,海上的船只变得更大,拖网渔船捕捞鲱鱼、鳕鱼,但是大部分濑鱼自由了。除了少数人,谁会需要它?

当我们有鲸鱼、海豹、鲭鱼、鳕鱼、鲱鱼、三文鱼和鳟鱼时,为什么还要关心岩嘴鹬和草鎏金呢?几千年来的生活就是这样——直到有一天,一切都改变了。

转折点始于热带地区。潜水员观察到一些美丽的鱼类与危险的掠食性鱼类交配。这是为什么？人们看到，鲌鱼（“吸盘鱼”）被允许与鲨鱼和平相处，并吃掉鲨鱼身上的寄生虫，这是两者之间的默契。鲨鱼摆脱了烦人的元素，鲌鱼得到了食物。

1970年前后，英国人波茨在水族馆中发现，濑鱼和其他鱼有一种奇妙的共生关系。在一篇论文中，波茨记录了对濑鱼清洁行为的最早观察。

这就是开始。一场革命正在进行。挪威沿海地区的三文鱼海虱问题日益严重。它们给三文鱼带来了痛苦和死亡，并给渔民造成了经济损失。必须做些事情。

这正是挪威海洋研究所研究员奥斯蒙德·比约达尔发挥作用的地方。20世纪80年代末，他研究了养殖三文鱼水箱中的濑鱼。接下来，他看到了波茨曾经在其他鱼类身上发现的情况：濑鱼正在接近三文鱼，三文鱼让濑鱼吃掉海虱。

这次观察非常重要。1991年，比约达尔的研究文章在一份科学期刊上发表，文章建议，三文鱼养殖业使用石嘴金、草鎏金和绿鎏金来消灭海虱，从而清洁鱼体。一种对抗海虱的新武器被发现了。

研究人员还发现了更干净的鱼。鹬嘴鱼（长响鱼）在养殖三文鱼的水箱里游动，清除了三文鱼身上的海虱。有些人持怀疑态度。实验能否转化为现实？几篇关于“清洁鱼”的文章发表了。

研究结果令人鼓舞，以至在1994年苏格兰举行的国际研讨会上，濑鱼成为讨论的焦点，与会者来自挪威、爱尔兰、英国和智利。濑鱼被视作农业的一位“新盟友”，与海虱毒素相比，以濑鱼为代表的“清洁鱼”，几乎不会对环境造成毒害。在“清洁鱼”的配合之下，养殖户仅需使用少量的化学品，就能控制海虱的数量，三文鱼也不必承受过大的压力和风险。

20世纪90年代末，从事农业清洗工作的鱼类数量有所增加。濑鱼经常在斯卡格拉克河的挪威一侧被捕获。如果挪威没有足够的濑鱼，人们就去瑞典捕捞。

研究人员表达了担忧。虽然濑鱼不是我们的食物，但它们是某些物种的食物。大规模捕捞濑鱼的后果是什么？捕鱼会影响食物链中的其他物种吗？对此我们知之甚少。可以说，早期的研究文章“对鱼的生态重要性的了解不足”。

研究人员发现濑鱼的数量有所减少。在连续两年捕捞的地方，情况变得更糟。鱼变小了，性别平衡也发生了变化。科学家呼吁政府监管。

另一个想法出现了。人们应该保护野生濑鱼并开始养殖吗？为养殖三文鱼制造养殖“清洁鱼”？

濑鱼离开了习以为常的生活，在笼子里工作，成为农业的小战士，这导致其大量死亡。如果它们太小，就会逃跑。有些可能被三文鱼猎杀。如果它们被送到遥远的北方的冷水设施，它们的大脑可能会发出信号，身体进入代谢低下状态——它们是醒着的，但身体机能却关闭了，免疫系统已经处于崩溃的边缘。

也许濑鱼因被捕获、被油轮运输并发现自己与数以万计的掠食性鱼类困在一起而备感压力？濑鱼不是出色的游泳者，进化并没有让它们适应游泳。

虽然濑鱼大量死亡，但越来越多的濑鱼不得不被捕获并运到笼子里。当海虱对海虱毒剂产生耐药性后，“清洁鱼”的消费量激增。2017 年，捕获了 2800 万条濑鱼。

2019 年，全国渔业海洋产业协会会长写道：“沿海濑鱼种群面临巨大压力”，“同时（我们必须）考虑到，濑鱼是一种流行的环保措施，可以减少养殖设施中的海虱”。

濑鱼一直在属于它们的地方做自己的事——现在它们已经成为三文鱼产业中的一种环保措施。

在挪威的繁殖设施中，每天可能死去 137,000 条“清洁鱼”。国家食品监管局表示，“有许多迹象表明，濑鱼不适应饲养设施中的生活，或者说它没有得到应有的照顾”。国家食品监管局必须确保法律被遵守。资深鱼类兽医特里格夫·波佩教授在一篇又一篇的帖子中问道：为什么没有人关心“清洁鱼”的状况？

挪威的《动物福利法》规定，动物具有内在的生存价值，无论它们对于人类可能具有的效用价值如何，必须被妥善对待，并保护其免受不必要的压力。但针对养殖场从事鱼类健康工作的人员进行的一项调查显示，鱼儿会出现消瘦和溃疡的症状。三分之二的人认为现状是不合理的。最严厉的批评者——如波佩——称其为“动物悲剧”。

濑鱼的悲剧是它被人类发现了。人类发现可以用它赚钱。人类给它起了一个新的名字——吃海虱的鱼，并用“绿色”“环保”等流行词汇进行修饰。当人类需要更多的濑鱼时，就把它当作新宠物，但没有人说出它的真实情况。所有动物除了对人类而言具有实用价值，也具有内在的生存价值，这一法则当然不适用于濑鱼。濑鱼就这样成为奴隶，失去了名字，变成“清洁鱼”“食虱鱼”。它是在“蓝色革命”中殉难的一位悲剧英雄。

28

一位“迷人”的富二代

他坐在椅子上，小臂有文身，白色的衬衫完美贴合身体，手腕上戴着一块挪威《金融时报》广告中的手表。他张开嘴，中指靠在洁白的牙齿上，就像一个顽皮的混蛋。

他的名字叫古斯塔夫·马格纳尔·维佐，在网络上拥有13.2万名粉丝。据《福布斯》杂志报道，他是全球30岁以下最富有的人之一。全国名人杂志报道了挪威三文鱼继承人的疯狂生活。报道中的照片显示，维佐半裸地坐在床上，若无其事地叼着香烟，就像时代广场上的詹姆斯·迪恩。

在一幅单人照片中，维佐上身呈棕色，拥有6块腹肌和轮廓分明的肱二头肌，穿着白衬衫和深色西装，躺在巴洛克风格房间的沙发上，四肢伸开，仿佛刚刚结束了一整天的重要会议。他把腿放在桌子上，迪奥的鞋底正好对着照相机镜头。这幅画面有一种迷人的魅力，俗气而美妙，渗透着巨大的财富。他的父亲是挪威最大的三文鱼养殖者之一，如果没有父亲，这幅照片就不可能诞生。

这些照片呈现了金钱、地位、奢侈的衣服、世界各地的旅行、自我保健和训练有素的身体。

维佐发布了另一张照片——他坐在一块岩石上，也许是在弗洛岛上的家；手里拿着烟，头发乱糟糟的，穿着宽松的连帽衫和一条没有牌子的裤子。他就像村里的一个男孩儿，回到爸爸妈妈身边，只想在晚饭前喝一口，整理思绪。秋天的落叶林沐浴在阳光下，红色的罗文浆果，一只鹿正在路边吃草。我们看到山脊上的一排白色风车，其中一些正在建设。面向大海的是海湾、小岛和珊瑚礁，它们之间是养鱼场。在弗洛岛的中心，你可以看到一个巨大的码头设施，配有农业设备和风力发电机。

《资本论》杂志编制了挪威最富有人的名单，三文鱼亿万富翁的数量正在增加。我们到达当天，当地报纸写道，"弗洛岛不再是'百万富翁岛'，必须改为'亿万富翁岛'。在弗洛岛的5,000名居民中，有6位是亿万富翁，百万富翁也在不断增加"。

酒店看起来是新装修的，为挑剔的顾客提供优质的葡萄酒和菜品，草药种植在接待处的橱柜里。我们看到马路对面的年轻人进入岛上的高中。有些人穿着工作服，戴着帽子，好像是去钓鳕鱼，另一些看起来像是大城市里享有特权的西方年轻人。校舍内设有文化中心和电影院。电影院配备了新设备，每周放映三天。这所学校是用三文鱼养殖行业捐赠的 5,500 万美元打造的。

我们在足球场上漫步。它很大，看台上挂着巨大的横幅，上面写着对三文鱼的热情。我们自由自在地踢了半个小时足球，直到俱乐部的体育总监到来。他从卑尔根搬到这里，得到了一份不错的工作邀请——开放弗洛岛的功能。他说，如果你有一个好项目，就可以向业界要钱，“他们在这里做得很好，几乎是完美的”。

看台上，弗洛岛最富有的人赞助了自己的座位。这里是三文鱼产业继承人维佐和他的父亲古斯塔夫·维茨的座位，后者是萨尔玛公司的老板，有些人认为他是弗洛岛真正的首脑。

我们沿着狭窄、蜿蜒的道路驶向岛屿社区的“发动机”，这是一座建在濒临大西洋的荒地上的巨大工厂——萨尔玛公司的屠宰场。工人站在装配线旁，每分钟屠宰 128 条三文鱼，这些鱼被包装后装入 35 辆拖车，运往 45 个国家的市场。该社区围绕着全球最大的三文鱼公司之一的萨尔玛建立。弗洛岛比挪威其他任何海鲜城市创造的价值都高。

曾经人们纷纷离开的岛屿，如今成为工作的热土。

弗洛岛实现了政治梦想，它由68位怀揣小农场梦想的人携手培育。这一梦想主张，挪威人应遍布每座珊瑚礁、每座悬崖，生活在陡峭的峡湾沿岸的小农场中。“这一信念的基石是‘人们应居于屋檐下’。人们必须为家乡而战，家乡面临关闭的威胁，若战败，将失去自我。”渔业和农业不再提供工作机会，鲱鱼和胡瓜鱼捕捞失败，人们失去了生计。三文鱼的到来给予了人们第二次机会。如今，弗洛岛已成为展示橱窗，是这个时代的理想社会。政客到访此地，为了与维茨——这一切的导演——合影留念。我们给他打电话，惊讶地发现接电话的是一位亿万富翁。

“我现在不能见你们，”他含糊地说，“我要离开这里，周六才能回来。”我们表示会留在这里直到他回来。

维茨于1991年创立了萨尔玛公司。他在年轻时获得了汽车修理工证书，在奥斯陆生活了几年，曾在一家汽修公司工作，该公司拥有沃尔沃的代理权。

根据奥托·乌尔赛斯的《快乐的三文鱼：萨尔玛历史》记载，维茨在汽修公司的任务是接收投诉并避免公司为这些投诉承担责任。维茨周末回家，想到了将三文鱼带到首都。他从投身新行业的熟人那里购买三文鱼，然后将鱼卖给奥斯陆的同事。三文鱼是独一无二的美味佳肴。维茨在公司运动队的布告栏上贴了一张纸条——“来自弗洛岛的三文鱼”。销售非常顺利，他需要一辆货车。最初他以千克为单位出售，接下来是以吨为单位出售——三文鱼、龙虾、螃蟹。但三文鱼必须保持凉爽，维茨的熟人想到了制作聚苯乙烯泡沫塑料盒。维茨建立了销售网络，很快这项业务开始腾飞。1981 年，维茨和妻子犒劳了自己，前往南部的罗德岛旅行。他们有 14 张旅行支票，每天用 1 张。

20 世纪 90 年代初，维茨得到了机会。三文鱼养殖业陷入了危机——生产过剩、价格低廉、公司破产。先驱破产了，而维茨却获得了破产者的财产。行业中发生了很多事情：鱼类养殖销售协会破产，媒体报道了堆积如山的冷冻三文鱼……竞争开始了。大公司收购小公司，维茨则掀起了收购狂潮。他收购了一家又一家公司和三文鱼养殖场，直到拥有了 100 家公司。萨尔玛成立 10 年后，他成为挪威新的首富。如今，他是挪威第六大富豪，而他的儿子、继承人维佐以 200 亿美元的财富名列纳税榜榜首。

我们从这个 28 岁的年轻人的照片中看到了什么？一个拥有巨额财富的年轻人，一个有着昂贵消费习惯的国际化人士，这种风格令业内人士抱怨不已。他们推崇的形象是脚踏实地的挪威沿海人——饱经风霜的男人站在养殖箱的边缘，手指冰凉，脸上长着水泡。

在一张照片中，维佐站在城堡前的一辆类似詹姆斯·邦德座驾的跑车旁摆姿势。你莫名地感觉到反叛的意味，这个新来的暴发户是这个阶层的新人，拒绝被所谓的前辈精英吓倒。照片中只有他一个人。他在“酒店房间”里，在“汽车”里，在某个“街道”里。他独自出现在这个世界上，在路上，离开，乘坐私人飞机，但总是有一个隐身的帮助者可以给他拍照。

在一段视频中，记者问他：“这么富有是什么感觉？”他回答说：“你得问别人，我不知道。”

晚上，我们驱车前往邻近的希特拉岛。天气潮湿多风。车子驶入空荡荡的停车场，市长奥勒·L.豪根走了出来。他把我们领入低矮的市政厅，他要准备一次议会会议，但先和我们见面。他立即开始了一段关于农业历史的独白。他是历史的见证者。岛上的水源良好，温度适宜，而且时机也完美——渔业正在衰落，人们需要做点什么。这里的人们对鱼了解很多。格兰特维特兄弟钓鱼时看到野生三文鱼在海角吃草，便产生了人工养殖的想法。

豪根说道：“他们学会了如何饲养牲畜，也知道如何在海洋中利用牲畜。他们有实用技能。”

豪根的命运预示着接下来发生的事情。他共同拥有并领导了几年的公司被大佬收购了。据豪根称，三文鱼养殖提供了五六百个就业岗位。

“在10～12年内，这里的人口结构发生了根本性变化。”豪根说。

豪根表示，四分之一的劳动力是外国人，大多数人住在这里，但两百二三十人是通过人才中介公司签订的短期合同。他们住在小公寓里，想在回波兰或立陶宛之前赚到尽可能多的钱。豪根表示，“购买”灵活劳动力很容易，但这不会推高工资。

移民在弗洛岛占据主导地位。每四个移民中就有一个是外国人。实际上，十分之一的人来自立陶宛。青年男子大量过剩。

在与豪根的会面中，“三文鱼冒险”呈现出更多的细微差别。当地政府为农民提供出海口能得到什么回报?

“谁承担真正的风险?”豪根问道。“如果出现问题，谁来付出代价？只能是当地政府和公民。这些排放物最终归我们所有，三文鱼海虱也是如此。三文鱼的粪便和饲料溢出物可能破坏环境。但这涉及独特的自然价值和优势，我们尽可能以最好的方式利用它们，我们不能拒绝。”

墙上挂着猎犬、山脉、独木舟之旅的照片。

豪根是一位脚踏实地的自然资源保护主义者，一位坚定的阿普人。他说，有一天，当他瞄准一头鹿时，看着它的眼睛，突然明白无法杀死它，便停止猎鹿了。

我们问他是否嫉妒弗洛岛。

“人们说希特拉岛的一个优势是普通人居住在岛上，”他回答道，“我们没有人投下长长的阴影。”

他将当今富有的三文鱼养殖者与内塞国王进行了类比，后者是19世纪残酷统治沿海渔村和贸易站的特权商人。

“你必须有坚强的脊梁才能承载巨大的财富，”豪根说，“这是一项巨大的责任。许多人认为不应该允许养殖者变得那么富有，因为你没有那么明智。”

豪根的历史课结束后，我们必须调查一些事情。是的，城市向农业开放能得到什么回报？

沿海地区的市长眼里都是美元符号，希望吸引养殖者，但研究人员质疑这是否值得。他们评估了特罗瑟姆地区各城市开放三文鱼养殖的优缺点，随之发现，许多人愿意花钱避免在自己的城市养殖三文鱼。事实上，如果进入养殖业的不是当地的农业公司，那么就会出现亏损。

记住这一点：当地人拥有的三文鱼公司越来越少。三文鱼公司是被收购的，最好是从国外收购的。污染发生在当地，但剩余的污染却消失在远方。

三文鱼产业称自己创造了“具有吸引力的就业机会”，但这些就业机会到底有多大的吸引力呢？

渔业局称，挪威有近9000人从事水产养殖工作。没有人知道有多少农业工人，也没有统计数据。

研究人员认为，屠宰场和三文鱼加工部门的大多数员工都是外国人。我们了解到，在萨尔玛的屠宰场，三分之二的工人来自国外。弗洛岛上的人们失业了，但又不想工作。维茨感叹道：“我们在挪威发展得非常好，搬到特罗瑟姆，喝一杯拿铁咖啡并利用广泛的文化是非常容易和舒适的。”

没有人知道有多少人是通过人才中介机构来到这里的。我们询问了一个三文鱼养殖工人群体，得知临时工占 11%～14%，旺季时高达 25%。

这个市场正在发展。许多临时机构将东欧人带到挪威从事三文鱼加工工作。每年约有 650 人前来参观。“在许多三文鱼公司中，只有中层管理人员是挪威人，其余都是东欧人，”维茨向挪威《金融时报》解释道，“这个行业正在发展，巨大的价值正在被创造，但三文鱼养殖工作仍然不是很有吸引力。”

研究员埃德加·亨里克森及其同事表示，三文鱼产业和其他鱼类加工业“正在努力地提升挪威劳动力的竞争力”。

社会学家约翰·弗雷德里克·拉伊研究了希特拉岛和弗洛岛的移民工人，他认为，二级劳动力市场发展缓慢，该市场正在被外国工人占据，工资和工作条件较差，临时工作较多，工会力量较弱。

2020 年，希特拉岛市政主任敲响了警钟。她说，当市政府追踪移民工人的新冠病毒感染情况时，发现“海鲜行业的外籍员工的生活条件令人担忧”，“很大一部分公民，比我们想象的人数多得多，过着与我们不同的生活”。

第二天早上，我们乘船劈风斩浪。雨水打在脸颊上，皮肤刺痛。几分钟后，我们到达位于希特拉岛的参观设施。我们进入饲料车间。船队载着成吨的饲料抵达这里，这些饲料通过软管被送到笼子里。我们听到管道里颗粒发出的“呼呼”声。在笼子里，它们像喷泉一样被喷出去。这是一座现代化的三文鱼工厂，通过监视器远程控制，高效且自动化。

笼子下面是游动的鱼山，不仅有三文鱼，还有“清洁鱼”、游进去的鲭鱼以及浅滩里的小鱼。溅起的水珠像大雨一样撞击水面。

导游伯恩特开车送我们上岸，并向我们展示了海岸博物馆中关于三文鱼先驱的展览。这里曾是他们用来磨鱼饲料的旧磨坊。博物馆中有一张来自斯莫拉的治安官的照片，他是第一个笼子制作者。今天的三文鱼亿万富翁站在那些曾经尝试、下注和失败的人的肩膀上。

维茨怎么能这么快就变得如此富有呢?

每个人都梦想做到这一点，但几乎没有人成功。维茨做到了。10 年间，挪威新增了 37 位海鲜亿万富翁。

与此同时，大企业变得更大。现在挪威三文鱼产量的一半集中在四家公司，它们都是跨国公司。挪威峡湾的三文鱼生产能力的 35.4% 由外国人拥有。峡湾一半的股息流向国外。

我们可以将其与农业进行比较。农村人都知道谁拥有周围的农场。他们在商店、圣诞树派对、慈善活动中见到农场主。农场主的名字与农场息息相关。如果农场不是由农民经营，而是由集体经营，情况可能会更糟。一个外国组织将在我们居住的地方附近经营农场，然而负责人不会露面。我们会长期关注该组织赚取的股息。

此外，假设农业是有利可图的。如果卷心菜和土豆的产量激增，那么它们将成为赚钱机器。数十亿美元会被投入卷心菜和土豆种植，我们会在报纸上看到卷心菜集团的所有者炫耀财富——跑车、宫殿、私人飞机。我们站在哪里？在淤泥里，在卷心菜、土豆和牛粪的气味中，在那些名媛前往大城市时路过的村庄里。当来自卷心菜集团的陌生人向我们周围的田地喷洒农药时，当集团喂养的奶牛逃脱并在我们的菜园里吃东西时，我们会非常恼火。

我们还没有谈论最重要的事情。如果这些农业团体不拥有其耕种的土地的所有权该怎么办？如果他们在公共区域、公共场所经营该怎么办？政府赋予了农业团体这个权利，住在那里的人不被允许接近这些地方。

这就是今天的“农耕经济”。

这就是豪根市长担任成员的水产养殖税收委员会认为必须作出改变的原因。委员会调查了三文鱼公司在我们共同拥有的峡湾中养殖三文鱼赚了多少钱。这项养殖权利的利润如此之大，以至这些公司现在为一个许可证愿意支付 2 亿美元。

专有权之所以如此有价值，是因为它是有限的。谁拿到了许可证，谁就可以赚很多钱。

水产养殖税收委员会确定，养殖许可证持有者应支付地租。“基本租金”为该行业带来了高额回报。养殖者被允许使用峡湾，但不允许当地社区分享峡湾带来的巨额收入。三文鱼养殖者跻身挪威和世界富豪榜，并不是因为他们比船东、工业巨头、房地产大亨、金融家、作家或网络记录者更聪明、更努力。不，他们变得如此富有是因为我们向他们提供了“基本租金”。过去几年，这一“基本租金”每年超过200亿挪威克朗。我们几乎可以称其为赚钱机器。

三文鱼养殖产业欺骗水产养殖税收委员会的事情将被研究多年。政治学家将其视为游说艺术的运用，社会学家将其纳入对权力精英的研究，公关人员将其视为值得付出代价的证据。我们必须一步一步来。

长期以来，人们一直质疑养殖者是否应该向社区支付更多费用。区域费？制作费？基本利息税？基本利息税是在2014年的一项政府研究中提出的，其背景是世界税收状况。大公司将其业务转移到税收最低的地方。随后各郡被迫降低税率。挪威养鱼者协会原领导人塔拉尔德·西维特森在2014年写道：“我们必须让社会契约井然有序。”他认为，那些靠三文鱼赚钱的人必须“找到一种和谐，让社会从中受益”。毕竟，他们要“收获社区的价值观”。投资者将获得自己的份额，但“沿海地区的社区和居民也有权获得投资资本的回报”。

2018年4月，社会主义左翼党提出一项提案，提议对每千克三文鱼征税。中间党和工党竖起了大拇指。基督教民主党还希望采取某种形式的税收，而左翼政党不反对，但希望进行调查。随后，政府和进步党提议引入土地租金税。大多数人支持税收。多年来，三文鱼养殖业一直设法避免这笔税收，但现在它可能崩溃。政治家开会并得出结论，需要进行调查。海洋使用税委员会诞生了。

三文鱼养殖产业开始运转，税收将被停止。他们不会具体说明说客是如何运作的。挪威没有行政大厅登记册，公关机构有一份秘密客户名单。我们知道的是，挪威的 3 个三文鱼养殖组织合并了。在接受采访时，养殖组织负责人称，这是“自欧盟引入贸易壁垒以来，挪威水产养殖面临的最严重问题”。他宣布，将“在此事上花费大量资源和大量时间”，目的是“唤醒海岸”。

争论正在形成。律师斯图霍尔特写道:“各地区价值数十亿挪威克朗的收入不应受到更严厉的惩罚。”这不仅仅关乎数十亿挪威克朗的收入，而且关乎海岸和生机勃勃的村庄。

一位三文鱼百万富翁在报纸上警告说:“‘海岸抢劫’正在进行。”另一位富翁警告说:“挪威海岸可能会被家族企业和社区建设公司抛弃。”

这就是报纸呈现的世界——农村反对城市，沿海地区反对市中心，草根阶层动员起来反对奥斯陆的中央政府。

水产养殖税收委员会主席卡伦·海伦·乌尔特维特-莫伊认为，游说最终获胜了。“2018 年新年前后，我意识到三文鱼养殖行业的游说者正在沿海地区开展一场活动，”她说，“我们收到了来自各个地区团队和商业协会的意见，他们代表了三文鱼养殖行业的利益——三文鱼非常好。游说者联系了协会、市政官员、地方团队，并在沿海地区的基层开展活动。”

挪威政治学学者内斯特·斯坦·洛坎曾写道：“挪威政治中的矛盾线，其中之一是业主与工人之间的矛盾。人们可能认为对亿万富翁征税的案件会激活它。相反，另一条矛盾线被激活了，即中心与外围的冲突——外挪威与首都奥斯陆的冲突。”

利用这一矛盾是众所周知的游说者的策略。“我们始终没有从奥斯陆开始，而是从哈默菲斯特出发，沿着海岸一路前行，与当地的每个人见面。然后，这些人会联系议会中的政客。”一位游说者在一篇关于政治影响力的博士论文中解释道。游说者声称，他们正在为社区利益而努力，这也是众所周知的策略。是否应该允许财政部的官僚、奥斯陆的精英压榨沿海人民的血汗钱？当两党全国会议召开临近时，没有什么比这更能吸引当地政客参与了。

政治家将在全国会议上讨论这个话题。在全国会议上提出这个问题很特别。政治家通常先进行调查，阅读报告并进行讨论。如果你在报告到达之前就作出决定，那么报告就失去了存在的意义。首相埃尔娜·索尔贝格呼吁保持冷静，“我们应该暂缓对这些问题作出决定，直到真正地开始调查”。但对三文鱼友好的政客没有时间等待。

首先出场的是左派人士。渔业政策发言人安德烈·斯克耶尔斯塔德最初表示，自己“支持征税的意图”。现在他已经成为激烈的反对者。“我居住的城市里有一股咸味。”他解释道。散发咸味的地方是北特伦德拉格郡的维兰。2017 年，他曾去萨尔玛公司参观。斯克耶尔斯塔德设法在全国会议上营造了反对征税的氛围。“有人故意在报告发布之前撤销了它，”他说，“该行业给人的印象是，如果开始征税，投资和增长就会停止。沿海地区的人们很担心，但我认为业界所说的并不属实。”下一个就税收问题作出决定的政党是保守党。保守党内也有很多人在农业产业中担任重要职务。《卑尔根时报》透露，三文鱼养殖产业为当地保守党组织提供了慷慨的财政贡献。5 家三文鱼生产商捐出了 2 万至 25 万不等的挪威克朗。

保守党全国会议否决了这项税收提案。挪威中间党则成立了一个工作组。坐在那里的是海鲜律师丽芙·莫妮卡·斯图霍尔特，一年前她写了一篇文章反对这项税收。她后来说，自己以“专业知识、对行业声誉的承诺以及对挑战和机遇的了解”为此次评选作出了贡献。

就这样，在进行任何调查之前半年，税收提案就被叫停了。制定这份提案花费了 1,982,030 挪威克朗，但钱被浪费了。当水产养殖税收委员会仍在调查时，决定已经作出了。

当提案报告最终到达时，一些人知道了它的全部内容：只对利润征税，税率为40%。没有利润就没有税收。

游说活动被曝光后，引起了强烈反应，业界最终同意征收小额生产税，但地租税被否决了。

“我们从工作中吸取的教训是，”水产养殖税收委员会主席莫伊说道，“必须尽早引入基本利息税，不应该等到某些人获得巨额收入后才开始行动。在这里，他们一直等到这个行业变得强大，能够购买资源开展活动，从而使征税变得不可能。如果早点儿开始行动，就不会是这个结果了。”

我们把车停在一条土路边，几乎停在沟里。维佐的名字就印在邮箱上。他没有时间见面，但在离开弗洛岛之前，我们想看看他的房子，三文鱼媒体对他的住宅作过报道。我们经过一条潺潺的小溪，一片树林，一条鹅卵石小路，然后是一个码头。在灰蓝色天空的映衬下，一座白色别墅出现在眼前——1750平方米：柱子、拱门、宽阔的阳台、面向大海的巨大玻璃窗、电影院、游泳池和健身区。我们从媒体报道中读到，继承人、亿万富翁、男模古斯塔夫·马格纳尔·维佐结束喷气式飞机生活后，有200平方米的空间用来放松。我们没有见到他，但后来他出现在电视剧中，全身涂成金色。在这个电视剧场景中，他为金融精英举办了一场享乐主义派对。导演想表达什么？电视剧中的其他人也很富有，他们觉得已经拥有世界，但在这次聚会上，他们变成男孩子，被置于更富有的事物的阴影下，而他们只看到了影子。

这座房子有一些南方建筑的特色。20 世纪的美国富豪也在远离人群、风景秀丽的乡村建造房屋。在外面，他们确保为自己工作的人过得愉快。他们建造学校、住房、医疗设施。他们是当地人的恩人，但贫富差距巨大。范德比尔特、卡内基、约翰·洛克菲勒……他们拥有铁路、钢铁、船舶和石油。有些人——如记者艾达·塔贝尔——成功地记录了那个时代，用文字描述了他们的权力和财富。因此，塔贝尔和她的同事被称为“挖粪者”。据说，“挖粪者”低头凝视粪便，他的目光只盯着一切错误和不公平的事物，而没有捕捉到美丽，以及富人和有权势者所代表的全部价值创造。有权势的人看起来像是局外人，富人看起来像是理想主义者。但就在这里，从海口的码头抬头望向维佐的房子，我们看到了财富。

29

一场关于海虱的会议

2020 年，海虱研究会议。

特隆汉姆酒店的大厅及会议中心里挤满了海虱研究人员和其他与海虱有利益关系的人。他们想了解有关海虱的一切最新信息。

3 名海虱地区协调员作了“2019 年海虱总结”。他们表示，药物清除的时代已经结束了，海虱对所有施用的毒剂都有抵抗力。

他们谈论了海虱毒剂的替代方法：用机械方法冲刷海虱；将三文鱼浸泡在淡水中，以便海虱脱落；利用“清洁鱼”吃掉海虱；热水疗法是一种有争议但被广泛使用的方法，将三文鱼挤压在一起并暴露在热水中，使海虱受损并脱落。这些方法中的每一种都有副作用，海虱地区协调员认为这些副作用没有被详细地描述。

“在与海虱的斗争中，生物安全被牺牲了。”一位与会人士指出。另外，大量三文鱼因清除海虱而死亡。

一位与会人士表示，“控制海虱意味着玩一场鱼类健康和福利的轮盘赌”。寻找新方法的进展如此之快，以至在付诸实施之前没有经过试用和监管。

“我们（养殖行业）允许自己采取不明智的解决方案”，“我们一次又一次把自己逼到了墙角”。

在当天早些时候举行的开幕式上，主办方挪威海产局的负责人表示，海虱是该行业的“驱动力”。

“海虱成本”（控制海虱的支出）每年为50亿挪威克朗，有人估计数额更高，达到100亿挪威克朗。

曾经，每1千克三文鱼的海虱成本为1挪威克朗，现在是原来的4倍。但海虱也为新产业提供了收入和就业机会。海虱已成为一个充满活力的研究领域，数百人被雇用，它已成为挪威自然界中话题最多的生物之一。对于养殖者来说，海虱已经成为压倒一切的事物。咨询公司的计算证实，海虱是未来，海虱是大生意，海虱是一个不断发展的产业。

后来，一位成功地控制海虱的人士发言了。来自罗弗敦群岛的安道尔森代表了挪威三文鱼养殖业的精华，他脚踏实地、热情、幽默、自信，乐于接受新方法和新技术，真诚地寻找解决方案。正如我们所理解的，控制海虱的策略包括预测、预防以及在正确的时间进行正确的干预。这需要创造力和对新技术的好奇心。这就像是安道尔森想出了新的步法，在棋盘上快速有序地移动棋子，每次都令海虱措手不及，轻率地丢失了兵、象、车，费了很大劲才走出一步。安道尔森的事例给会议大厅带来了希望。

在任何特定时间，都有数百名研究人员从事海虱研究工作。卑尔根大学有一个三文鱼海虱中心，挪威科技大学有一个三文鱼海虱工作组，海虱研究也在海洋研究所和兽医研究所等机构开展。6 年来，已有 3.44 亿挪威克朗被投资于 102 个海虱研究项目。海虱的所有基因已被绘制出来，近 10 年来，一家名为“ILAB”的公司一直在卑尔根的实验室中保存海虱品种进行测试。ILAB 公司将不同品种的海虱卖给研究人员和公司，营业额已超过 100 万挪威克朗。关于海虱生存的详细知识已经达到专业程度，应该建设海虱图书馆。

来自卑尔根大学三文鱼海虱中心的研究人员厄文高德，在会议第一天就证明了海虱研究的专业程度。厄文高德专注于海虱的基因、肠道和唾液腺研究。

午餐时，我们问厄文高德是什么驱使她进行这项研究。她说，自己很着迷，想了解有关海虱解剖结构和腺体的新知识。在电子显微镜的帮助下，她可以看到海虱的各个组成部分，一直到毛孔和神经。“海虱顶部的圆形部分是头部和上半身合而为一的。它的内部有性腺和小大脑，性腺是卵子和精子形成的起点。我不知道是否可以称其为大脑。至少在那里，它的两只眼睛感到紧张。它的眼睛不像鱼眼那么先进，但能看见光。”厄文高德的研究还具有“了解敌人”的特点。她寻找对手的弱点，然后毫不留情地攻击。她的梦想是研制海虱疫苗。她和同事已经尝试了海虱的激素。你能控制海虱不繁殖吗？另一个可能的攻击点是肠道。你可以“抑制某种东西的吸收”，让海虱因营养不良而死；或者，正如她所说的，“你可以想象让一只海虱的肠子破裂”。

我们面对的是“敏感海虱”吗？如果答案是肯定的，那么我们可以用化学物质杀死它；相反，我们必须使用非药物性除虱方法，否则“海虱可能失控”。

蓝色虱子公司成功地模仿了三文鱼黏液的气味，将海虱引诱到陷阱中。曾几何时，人们用化学物质对抗海虱。我们正处于海虱控制技术向尖端技术的转变之中。养殖者在“海虱成本”上花费的50亿挪威克朗最终落入了某些人的口袋。

“三文鱼在热水中会疼痛吗？”兽医研究所的克里斯汀·吉斯梅尔维克问道。

为了进行热除虱，必须将三文鱼浸泡在温水中，直到海虱脱落。三文鱼身上有疼痛感受器，可以向大脑发送信号并引发保护性反应。早在20世纪40年代，人们就发现三文鱼在29.5摄氏度的水中死亡。后来的测试表明，三文鱼在30摄氏度的水中承受着压力。如果水温达到35摄氏度，三文鱼就会惊慌失措，出现“剧烈的逃跑反应”。

当三文鱼疼痛时，它会做什么？吉斯梅尔维克展示了图像。在屏幕上，我们看到三文鱼暴露在34摄氏度的温水中的实时图像，该水温高于理论限值。三文鱼互相碰撞，绕圈游动，寻找逃生路线，身体抽搐、紧绷，然后“像香蕉一样”倒下。当它感受到温暖的水时就开始痛苦了。在图像中，我们看到三文鱼为生命而战。它坚持了1分52秒，然后侧躺并漂浮在水面上。研究人员解释说，疼痛阈值为28摄氏度。如果水变得更热，鱼就会出现剧烈的疼痛。国家食品监管局建议将此作为限值，不建议使用温水。然而，渔业大臣拒绝了，还想继续实行34摄氏度的限值。这个限值也被不断突破。在年度鱼类健康报告中，鱼类卫生人员报告，驱虫水温高达36.1摄氏度。此时的驱虫速度确实比较快，仅用了半分钟，不过，这比我们在屏幕上看到的场景水温高2摄氏度，三文鱼在惊慌和痛苦中扭动。

这是目前使用最多的方法，2020年进行了1736次治疗。你能让鱼接触温水吗？国家食品监管局认为这是不合理的，必须在两年内终止。但一位研究人员指出，“鱼惊慌的事实并不一定意味着它感到痛苦或被折磨”。这位研究人员认为，当化学物质不再起作用时，三文鱼必须接受一定程度的疼痛，“海虱的情况非常严重，以至于人们不得不‘边划船边造船’”。

在闭幕小组讨论中，业界试图划清界限。会议参与者已经退房，他们不停地望向时钟，担心错过机场巴士。正是在这次会议上，演讲者问养殖者:“如果出现一种新的除虱药物，我们是否能够正确使用它，还是会像以前一样落入陷阱?”

这个问题的背景是持续10年的危机。养殖者使用了海虱毒药，并进行了混合使用，但效果逐渐消失了，急需新的方法。停止使用海虱毒物对环境有好处，但人们慢慢地意识到新方法也存在问题。国家食品监管局认为，热消融术是在对鱼的疼痛没有必要了解的情况下投入使用的。养殖者在对生物安全和“清洁鱼”缺乏足够了解的情况下，大规模使用了“清洁鱼”；而冲洗、刷洗等机械除虱方式很残酷，会给鱼带来伤口。你是在划船的时候造船的，或者正如一位海虱地区协调员所说，“一个行业领先，其他行业落后”。

现在他们已经进入了“后陷阱”阶段。兽医、鱼类保健人员和研究人员提出了严肃的问题。国家食品监管局希望进行限制。业内人士在闭幕式上表示，担心人们“从一沟到另一沟”。

这一切的背后隐藏着一些从未被直接提出的问题，但这些问题盘旋在会议中心。可以放弃多少动物福利?多少痛苦才算是太多了？有多少三文鱼和“清洁鱼”在跨越道德底线之前必须死掉？这些应该是哲学家回答的问题，但会议中心里没有哲学家。

社会学家阿莉·霍克希尔德普及了“深层故事”这个术语，它指的是一群人的感受叙事。海虱身体强壮，组织严密，灵活且适应性强。养殖者压力很大，碰壁了，退缩了。由于养殖者没有合适的武器，所以只能使用在地上找到的东西。其中一个人拿起一根小棍子挥舞着，吓跑了海虱；另一个人捡起一块石头，扔向海虱，没有任何作用；一个人拿起一张纸，不受控制地挥舞着，没有人认真对待。时间紧迫，局势失控，养殖者压力太大，思绪混乱。海虱大军全副武装地逼近了。现在，养殖者听到其他人的声音——活动家、科学家、环境政治家、钓鱼者、自然资源保护主义者，他们没有提供帮助，相反，他们发出贬低的声音——一切都错了。养殖者站在那里，被海虱大军强迫跪下，脏兮兮，汗流浃背，孤身一人。

人们在这样的危机中是否能作出长远的、正确的选择？或者当我们获得短期获利的机会时，是否能够为社区选择最好的东西？我们是否能够像毒理学研究员大卫·O.卡朋特那样向莫霍克人学习，思考未来七代人的处境？

如果这是真正的问题，那么斗争就不是发生在养殖者与海虱之间的了。人与自然之间也没有斗争。相反，这是人类内部的斗争。斗争发生在我们的正直、同理心与贪婪之间，发生在我们的野心与在大自然中找到自己位置的能力之间。人类拥有如此多的技术——基因、大数据和激光，我们详细地了解海虱的肠道，并解决了生物学深层的奥秘。但当我们与自己的短期主义作斗争时，常常失败。

30

三文鱼真的健康吗？

本章的讨论开始于一个问题。产科医生梅里特·艾格斯伯有两个患有食物过敏症和哮喘的孩子。她的儿子的情况十分严重，必须去医院治疗。艾格斯伯姐姐的两个孩子也患有哮喘和过敏症。但姐姐很健康，艾格斯伯很健康，她们的父母也很健康。

为什么会这样呢？为什么大人都是健康的，小孩子却生病了？

艾格斯伯进一步调查后发现，她父亲的曾祖母也患有哮喘。家庭中是否存在影响孩子的微小遗传风险？孩子应该是社会中的健康人。挪威民众很富有，这里的人拥有清洁的空气、清洁的水和安全的生活条件。那么为什么这一代儿童更容易患哮喘和过敏症、睾丸癌和儿童糖尿病呢？

艾格斯伯的研究之旅就是这样开始的，因此她也成为我们这个故事的一部分。她辞去了医生的工作，减薪去做研究员，并获得了食物过敏研究博士学位。食物过敏者人数增加的原因是什么？没人能够理解。第一个孩子比第二个、第三个孩子患过敏症的风险更大。环境毒素会在其中发挥作用吗？她的调查研究表明，自己的体内储存了大量污染物，当她用母乳喂养第一个孩子时，污染物便转移给孩子。公共卫生研究所启动了一个重大研究项目，她在那里找到了一份工作。她想测试母乳。她四处旅行并遇到了健康护士，当她们听说环境毒素时，感到很不安并想提供帮助。护士让母亲将母乳收集在瓶子里，然后送去分析。这项研究被称为“挪威母乳研究”。研究总共收集了2,606名新妈妈的母乳。艾格斯伯测量了母乳中的环境毒素，并绘制了孩子成长过程中的健康状况图。这项研究已经进行了多年（仍在进行中）。那些生病的孩子吸收了更多的环境毒素，因此比别人更容易生病？

艾格斯伯想要研究的物质之一是六氯化苯。她读到了20世纪50年代土耳其发生的一起事件。人们给种子使用了六氯化苯，这样就不会腐烂。但这些谷物被人类误食，人体摄入了大量六氯化苯。母亲流产，婴儿死亡。据报道，几个村庄中找不到5岁以下的儿童。艾格斯伯调查了母乳中六氯化苯含量最高的母亲是否会生出病情更严重的孩子。如果母亲吸烟，而且体内含有大量六氯化苯，则婴儿出生时的体重会较轻。在瑞典，研究人员发现，母乳中的溴化阻燃剂含量不断增加。这些化学物质可能会干扰激素的工作。在这里她没有发现确定的效果。

搜索仍在继续。艾格斯伯与来自其他 11 个国家的研究人员合作，检查了 7,990 名女性的母乳。当研究规模更大时，测量就会得出结果。摄入多氯联苯最多的妇女生下的婴儿的体重更轻，差异虽不超过 150 克，但效果是明显的。动物实验也显示出同样的趋势。1968 年，日本发生了一起事故，母亲通过米油摄入多氯联苯，导致孩子体重减轻。即使多氯联苯含量较低，也可能导致胎儿在子宫内生长缓慢。

媒体开始感兴趣了。“环境毒素导致婴儿出生体重减轻。”艾格斯伯保证，这就像母亲抽烟一样。但她也表示，想要预防这种情况的年轻女性应该少吃鱼肝和富含脂肪的鱼。养殖三文鱼进入了艾格斯伯的生活。含多氯联苯最多的食物是贝类和多脂鱼类，如大比目鱼、鲱鱼、鲭鱼和三文鱼。

更多的研究正在进行中。一位研究人员表示，摄入二噁英和多氯联苯最多的母亲生下的婴儿，在出生后第一年出现呼吸困难、喉咙痛和免疫系统变弱的风险更大。另一个研究小组根据母亲的饮食计算了多氯联苯、二噁英和二噁英类多氯联苯的摄入量，发现其与孩子体型较小有关，头围也变小了。艾格斯伯说这些发现让自己害怕。她开始减少吃鱼的次数，并购买有机食品。她确保孩子的卧室里没有电脑，因为她知道电脑发热的气味来自溴化阻燃剂。她一到学校就闻到了强烈的电脑气味，要求老师打开窗户通风。

这些污染物虽微不可见，却数量庞大，暗藏杀机。它们旨在让生活更便捷，保护人类免受虫害（“滴滴涕”），或让我们在滑雪时更畅快（含氟化合物），以及用于绝缘电子产品（溴化阻燃剂等）。这类物质能浸渍聚四氟乙烯制成的平底锅、夹克和鞋子（全氟辛烷磺酸），并使油漆和密封剂（多氯联苯）防风防雨。对一些人而言，这些物质的名称听上去神秘莫测，如邻苯二甲酸盐、双酚类、全氟癸酸盐。然而，每个名称背后可能隐藏着数百种化学物质。

虽然大多数物质会分解，但这些物质是为了永恒而存在的。它们进入自然循环并留在那里。植物被小动物吃掉，小动物又被大动物吃掉；小鱼被大鱼吃掉，大鱼又被更大的鱼吃掉。这些物质随着海洋传播到全球各地。北极燕鸥从未见过特氟龙锅，但它们的体内却含有全氟辛烷磺酸。从未靠近过田野的北极熊会摄入“滴滴涕”。上年岁的大鱼摄入“滴滴涕”最多，它们将其储存在脂肪中。然后人类吃掉鱼并将这些物质吸收。我们知道得太少，永远太少。我们不断地对新发现感到惊讶。我们只能猜测数百种此类物质如何协同作用。

人类擅长与看得见的敌人战斗。我们可以杀死猛犸象、大象、麋鹿。但环境毒素是另一种敌人。它们躲在阴影中。它们作用于我们看不见、摸不着的事物，它们触及生命的奥秘——我们能否生下孩子，我们如何思考。它们模仿我们的激素并混淆它们。它们会改变遗传物质并可能导致人们罹患癌症。它们进入母乳并遗传给新生儿。它们让我们成长得更快，但也让我们成长得更慢。那些经常研究这个敌人的人试图向我们发出警告。研究者认为这些警告被忽视了。当研究者的担忧浮出水面时，他们可能被称为危言耸听者。

这是 2013 年夏天发生的事情。一位来自卑尔根的儿科医生接受了采访。他认为我们对环境毒素如何影响人体知之甚少，报纸认为这很有趣，因此将其放在头版。报道的标题是《不要给孩子们吃三文鱼》。我们都知道鱼是健康的，我们从小就知道这一点。“吃你的鱼吧！”我们的父母说。我们坐在那里，盘子放在面前的桌子上。盘子里面放着煮熟的鳕鱼、豌豆和土豆，或者是三文鱼、黄瓜沙拉和土豆。如果幸运的话，我们可以用大饼来冲淡味道，但我们渴望肉丸和香肠。但鱼富含我们所需的物质——硒、碘、维生素D。它是一种易于消化的蛋白质来源。更重要的是，鱼类，尤其是三文鱼等富含脂肪的鱼类，为我们提供健康的 ω－3 脂肪酸。

这一发现发生在 20 世纪 70 年代。两名丹麦研究人员汉斯·奥拉夫·邦、约恩·戴尔伯格前往格陵兰岛研究因纽特人的饮食。他们想知道，为什么因纽特人很少得心脏病。毕竟，因纽特人吃了很多脂肪——海豹的脂肪、鲸鱼的脂肪、鱼的脂肪，而且每个人都知道脂肪会损害心脏。丹麦人采集了血液样本并进行了分析。然后他们发现因纽特人的血液中含有两种脂肪酸——EPA和DHA，统称为ω-3脂肪酸。研究人员了解到，并非所有脂肪都是有害的。某些类型的脂肪实际上可以提供更好的健康。

这是一项规模巨大的研究工作的开始。整个行业建立在ω-3脂肪酸之上。工厂生产ω-3脂肪酸作为膳食补充剂。三文鱼等富含脂肪的鱼类成为健康食品。随着世界上越来越多的人患有心脏病，ω-3脂肪酸产业变得更加庞大。效果被确认、再检验、再确认。2013年夏天的一天，海产品出口委员会的公关经理拿起报纸，阅读了头版文章《不要给孩子们吃三文鱼》，对此表示质疑。“我不相信。”很快，挪威海产局的7名人员集结完毕，并制定了一个计划。对于他们来说，情况已经很糟糕了，但他们有一个应急计划。他们在社交媒体上采取了“进攻策略”。

接下来的几天里发生了很多事情。《挪威日报》透露，政府没有就女性应该吃什么提出建议。食品与环境科学委员会认为，年轻女性每周应避免食用两餐以上的多脂鱼。但卫生部担心这会吓到这些妇女，因此没有传达这一建议。

卫生大臣加入了辩论，并承诺解决问题并改变饮食建议。随后，法国媒体想知道为什么挪威人出售已被国内警告不要购买的三文鱼。卫生和福利部门介入，以安抚法国人和市场。但媒体披露，这些部门提供的信息不是由自己的员工撰写的，而是由销售三文鱼的水产联盟撰写的。随着国家食品监管局下令进行新的调查，混乱结束了。食品与环境科学委员会的专家将评估所有研究并查明三文鱼是否健康。他们阅读了大量的研究报告，权衡了已知的环境毒素与鱼体中的健康物质。因此他们得出了“三文鱼健康”的结论。现在孕妇也不用担心了，如果她们愿意的话，可以吃桶装的养殖三文鱼。

食品与环境科学委员会专家的报告后来遭到批评。事实证明，来自挪威海产局的一名游说者能够影响该报告。这名游说者的配偶也是食品与环境科学委员会的专家之一。另一位专家是一家 ω-3 脂肪酸销售公司的共同所有者。第三位专家拥有一家出售藻类饲料的公司。第四位专家嫁给了一位三文鱼企业家。有专家认为，这一切应该被披露，而且至少两名专家不称职。

这并不是说如果没有这些专家，结论就会有所不同。其他国家的委员会也得出了类似的结论。例如，欧盟食品安全局的专家认为，每周吃一至四餐海鲜是健康的。欧洲国家的饮食建议各不相同，从每周应吃 100 克海鲜到每天应吃 200 克海鲜。大多数国家建议每周吃两餐共约150克海鲜。

三文鱼被确认是健康的，世界恢复了平衡，聚光灯转向了那些发出警告的人。他们是否在危言耸听？他们根据一些研究给出健康饮食建议是不道德的吗？

卫生部警告研究人员不要根据“不充分的研究”提供“未经记录的饮食建议”。一位研究经理将三文鱼的批评者称为“饮食建议否认者”。正如气候否认者和疫苗反对者之前所做的那样，他们否认了整体知识。他们是轻浮的、不科学的，是的，他们是危险的。

当这一切发生时，艾格斯伯十分低调。当《世界之路》的新闻引起热议时，她收到了一位朋友的建议，“现在你必须小心了，连卫生大臣都下场了，你也得退后一步！”与媒体发生纠葛可能会损害她的职业生涯。

艾格斯伯专注于研究。第一项研究表明，在母亲子宫内摄入二氯二苯基、二氯乙烯的孩子比其他孩子长得更大，而摄入多氯联苯的孩子则长得更小。环境毒素是否扰乱了体内的激素？

第二项研究表明，从鱼中摄入大量汞的母亲的孩子比其他孩子学会说话的时间晚。

第三项研究表明，母亲接触过二噁英和多氯联苯，那么她的女儿学习语言的时间比其他孩子晚。

第四项研究表明，摄入大量二噁英的母亲生下的孩子会长得更快。

第五项研究表明，接触“滴滴涕”的母亲的孩子更容易出现行为问题。

对于艾格斯伯来说，这些研究相互印证。研究就是挖掘松散的土壤，直到你得到一些不可动摇的东西，我们称之为知识。她相信自己正在接近基岩。有那么一刻，她仍然有些怀疑。鱼是健康的，她错了吗?

研究规模变得更大。研究人员对来自 11 个国家的 26,184 名母亲进行了分析，调查母亲吃了多少鱼，以及这些鱼对孩子的影响。每周吃鱼超过三次的母亲生下的孩子的体型更大。

来自其他研究人员的更多研究也随之而来。每周吃四顿或更多鱼餐的母亲体内的多氯联苯、氟化物毒素、汞和砷含量，比只吃两顿的母亲更多。因此，吃鱼显然与血液中含有较多的环境毒素有关。

体内含有大量全氟辛烷磺酸和六氯化苯的母亲更容易生出患有注意力缺陷多动障碍的婴儿。

如果说艾格斯伯以前并不担心，那么当她读到这些研究后，就开始担心了。这些都是神经心理学效应。它表明环境毒素可能改变大脑发育。

2018 年，发生了一件重要的事情。这件事已经被谈论很多年了。欧洲食品安全局的专家将审查有关食品中二噁英的所有已知信息。这些物质来自石油、天然气和废物的燃烧，我们通过三文鱼等富含脂肪的鱼类获取它们。该报告的截止日期不断被推迟。我们打电话给专家了解到底发生了什么，但他们守口如瓶。

报告发布后，表明二噁英的危害性比人们已知的还要大。这些物质会让孩子的牙齿变得更糟。它们扰乱了生殖系统，导致父母生下的女孩数量异常多于男孩。它们还会导致新生儿发育障碍。最大的损害仍然是对男性生育能力的影响。早年接触二噁英的男性精子质量较差，并且很难生育。欧洲食品安全局认为，人们需要得到更好的保护。专家确定，欧洲人摄入的二噁英是他们从中受益的5~15倍。每周可耐受摄入量，即人们可以承受的摄入量，被设定为7倍。

因此，该份报告对三文鱼销售构成了威胁。如果听从欧洲专家的建议，一个月只能吃一两顿养殖三文鱼。

这时，艾格斯伯已经开始犹豫要不要参加辩论了。她在接受采访时表示，根据新的研究，儿童和孕妇应该接受新的饮食建议。她说话很小心，总是强调自己不代表公共卫生研究所，只代表个人。在电视台辩论中，她说出了深藏多年的想法。

“在多年的研究中，我们发现儿童之所以生病是因为接触了环境毒素。当我们知道鱼类是这些环境毒素的主要来源时，就可以直截了当地说人们必须少吃鱼。”

辩论结束后，她被部门主管召集去开会。3位同事坐在那里批评她。讨论变得激烈起来。她说的话不受欢迎。三文鱼行业对挪威国家广播公司的辩论节目作出了反应。挪威渔业杂志批评道，“该节目违背了更好的判断，将艾格斯伯介绍为公共卫生研究所的研究员，并就此赋予了她可信度，而她绝对不应该被信任，挪威国家电视台犯下了丑陋的错误”。

艾格斯伯也因为没能成功而沮丧。她想让人们了解研究结果。“我认为有些人的态度是‘我再也受不了了，我无法应对它’，”她说，“我们研究人员了解的知识与人们了解的知识之间的差距越来越大。”

三文鱼真的健康吗？

养殖三文鱼有一条单独的发展脉络——这条鱼非常健康，然后变得危险，之后又恢复健康。争论永远不会停止。一种立场是乐观、快乐的，多吃鱼吧！另一种立场是凄凉、黑暗的，充满疑问和不确定性。围绕这一切有很多问题。研究人员应该被允许公开说什么？研究如何进行、谁支付费用以及目的是什么？谁应该被信任？

这一切的背后潜藏着亨利克·易卜生戏剧中的一个人物。来自《人民公敌》的斯托克芒医生发现镇上的浴室遭到污染。他想警告同胞，但他提供的真相令人不快，并且会造成经济后果。由于坚持自己的方式，他将自己与镇上的每个人隔离开来。如果他能放慢一点速度，更有战术性，那么一切都会好起来。

为真理而战成为他的不幸的源头。

31

新鱼种的“敌人”

每个重要的行业都有它的宿敌。2021 年冬天，环保人士奥德卡尔夫在冰面上行走，试图拯救一只落水狗。他的孩子们说，他就是这样的人，不能袖手旁观，看着动物受苦。

作家马克·吐温写道：“对于一个拿着锤子的人来说，一切看起来都像是钉子。”而对于奥德卡尔夫来说，农业就是钉子，他就是锤子。他认为自然正在遭受威胁，因而承担起保护者的角色。他可以在对手面前咆哮，但会因为自然的经历而哭泣。“爸爸所做的一切，都是因为热爱。”他的 4 个孩子写道。

尽管存在激烈的争论和耸人听闻的公关噱头，三文鱼媒体的纪念活动仍然充满了温暖。别误会我的意思，很多人不喜欢奥德卡尔夫。有媒体评论其总是夸大其词，并忽略了不合适的内容，但“对于奥德卡尔夫来说，这样做是为了改变”。他将自己视为拿破仑，一位反对环境破坏的军队领导人。他经常提到，梦见自己把地球仪装在袋子里。因此他背负着沉重的负担。

在北海的另一边，他的朋友、生态战士唐·斯坦尼福德正在战斗，这个男人留着长长的卷发，一件T恤上写着“你想怎么样？”（被海虱吃掉）。凭借着引人注目的天赋，斯坦尼福德向挪威国王和王后写信，要求他们拯救自然。他因海报宣传活动而闻名，海报上贴有烟盒的图片，并警告三文鱼养殖会像吸烟一样致死。一份报纸报道，他是《星球大战》中达斯·维德和巨蟒剧团的混合体。“毫无疑问，我在反对挪威养殖三文鱼的运动中创作的许多海报和口号，都是受到巨蟒剧团的启发。这是讽刺，但农业行业似乎并没有意识到。”斯坦尼福德在谈到诽谤诉讼时说道。虽然他赢了，但法官斥责他“对持不同意见的人怀有恶毒的仇恨”。

我们现在要寻找的另一个农业的对手，也许是世界上最著名的。我们有一个问题：为什么她一生致力于反对三文鱼养殖？

鲸鱼是她的挚爱。当养殖三文鱼来到她的天堂时，她首先表示欢迎。然后发生了一些事情。她原本打算研究虎鲸，后来却迷上了养殖三文鱼。

恐惧与爱戴、钦佩与鄙视——现在我们必须找到她。神秘的美国人亚历山德拉·莫顿孤独地生活在加拿大西北海岸的天涯海角，毗邻爱纳斯特酋长曾经占领的养殖设施所在的岛屿。她写作、研究，出现在电影中，并将农业公司告上法庭。

她接受了《60分钟》《纽约时报》的采访，在《科学》杂志上发表文章，获得了一所大学的荣誉博士学位，并为科恩委员会作证。对于她的批评者来说，她是一位备受争议的环保活动家、反农业游说者、极端分子、北美最引人注目的三文鱼养殖反对者、职业抗议者，而不是真相寻求者，并接受了隐藏的金钱势力的资助。

一个秋天的早晨，一片漆黑。下雨了，枫树上的黄叶粘在挡风玻璃上。当天的第一班渡轮接近马尔科姆岛的索因图拉（Sointula）。房子里的灯都亮了。前往大陆的通勤者和学童正在码头等待。慢慢地，天晴了，阳光洒向海岸，房屋的浓烈色彩格外醒目，绿色、红色、黄色。沿着海港街有几家画廊，精致的木制标牌揭示了这是一个盛产手工艺品的岛屿。我们在岛上的商店前停下来，这是不列颠哥伦比亚省经营时间最长的合作社。有人在这里贴上了新生儿的照片。这些婴儿的名字听起来像芬兰语。那么“Sointula”在芬兰语中也是“和谐之地”的意思。

通往莫顿家的土路沿着岛的外侧延伸。雾气像飞毯一样升起，在树顶上崩塌。一只鹿突然站在车前，也许有一秒钟，它把头转向我们，看着我们，然后消失了。森林正在逼近，树木有可能压倒汽车。然后我们就到达了天涯海角。是这里吗？可以看到一栋房子。附属建筑上装饰着三文鱼的图画，墙上写着“野生鱼是唯一的三文鱼”。是的，就是这里。这座房子由不平坦的木板组装而成，位于一座小山上，实际上是在岛的尽头。

她来了，留着灰白色的长发，穿着羊毛开衫，脚上是一双皮鞋。握手坚定，笑容温柔。“进来吧。”她边说边带我们走过一个工具棚，里面堆满了生活设备，这里无须通电和供水。

客厅的玻璃墙模糊了自然与文明之间的界限。窗外有一条著名的鲸鱼迁徙路线。阳光、大海、天空，涌入。我们看到地板上摆放着奇怪的仪器和天线。这个地方让人想起尼莫船长的工作室，稍后会详细介绍。

亚历山德拉·莫顿看到我们被这景色迷住了。“当我们来到这里时，我也有同样的感觉。我们在海峡另一边的一个小型定居点住了很长一段时间。”她指着回音湾说道。

她所说的小型定居点隐藏在小岛和珊瑚礁后面。乘船 20 分钟即可到达回音湾和布劳顿群岛，一个盛产三文鱼、鲸鱼，并以旅游业和养殖业闻名的群岛。

“过去有很多三文鱼游到群岛产卵。现在三文鱼几乎都消失了。”她边说边煮咖啡，不住地摇头。

“海岸正处于危机之中，这里的情况确实很糟糕。

上个季节，只有0.3%的洄游粉红三文鱼回到我们最大的河流格伦代尔河。鲸鱼不再进入群岛。熊快饿死了。生态系统正在发生一些让我害怕的事情。”

当我们望向窗外时，一股垂直的水柱从水中喷起。“一击。”她热情地说。水柱可能来自座头鲸。她的脸上洋溢着喜悦的光芒。

“生活让我跌下了贫困线，但至少我的屋外还有鲸鱼。”

它们就是莫顿要实地考察的鲸鱼。你很快就会明白为什么必须等待鲸鱼。她问我们是否读过行业网站上对美威公司经理的采访。

总理贾斯汀·特鲁多在竞选时表示，2025年，不列颠哥伦比亚省的养殖三文鱼将不得不进入封闭设施。美威公司总监回答说，特鲁多考虑一下可能会改变主意。“当三文鱼行业这样谈论总理时，说明它是自信的。”她说。

我们坐在窗边。大约40年前，她和她的野生动物摄影师丈夫跟随鲸鱼，沿着海岸寻找“完美的地方”居住——像珍·古道尔一样生活，研究栖息地的动物。正是因为古道尔，她才搬到这里。莫顿既不是芬兰人，又不是加拿大人，而是美国知识分子的女儿。父亲是一位画家。当亚历山德拉还是个孩子的时候，她就为了自然而离开了纽约。她被称为“亚历克斯”，是五个兄弟姐妹之一。她出生并成长于良好的文化环境，但很早就穿上了靴子。在《聆听鲸鱼》(2002年)和《不在我的手表上》(2021年)中，她描述了一个户外童年。她记得，当自己发现一只受惊的鹿的耳朵有反射反应的那一刻，就想到，大自然是无情的，却是有形的。青年时代的生活是一个可怕的丛林。年轻女子应该在遍布动物和昆虫的泥泞世界中爬行吗？世界还没有为此作好准备。很长一段时间里，她试图和其他女孩儿一起玩耍，像她们一样穿戴，像她们一样说话。但当她看到一块腐烂的木板时，仿佛听到木板在喊叫：把我举起来，看看藏在这里的奇妙昆虫的生活。

1965年12月，最新一期的《国家地理》杂志送入信箱，救星终于到来了。封面人物是住在丛林中研究黑猩猩的科学家珍·古道尔。一位女士！一位科学家！到大自然中去吧！古道尔富有女性气质，聪明自信。古道尔就像是在对莫顿说：追随梦想。

从那一刻起，莫顿就再也没有回头。

科学家发现，每个逆戟鲸家族都有独特的呼叫信号，即方言。莫顿研究过虎鲸，她想了解虎鲸的语言，她的丈夫罗宾想在水下拍摄它们。他们追随的虎鲸游进了回音湾，那里荒无人烟，邮件只能通过水上飞机运送。两个恋人关掉了船的引擎，船慢慢地滑入了海峡。

当她看着窗外回忆往事时，容光焕发。他们于1984年搬到那里。那个地方堪称完美。拥有平静且受保护的水域，有鲸鱼、太平洋三文鱼、鳕鱼、虾。她回忆说，居民住在漂浮的房子里，他们受到了热烈的欢迎。她和丈夫、儿子每天都出去寻找鲸鱼，直到灾难降临。那是 1986 年，罗宾在海上拍摄，莫顿和儿子杰瑞特坐在船上等待。时光飞逝，他怎么还没有出现？她惊慌失措，凝视着绿色的水面。最后她看到了丈夫，仰面躺在水底，双臂高举，一动不动，“好像他在伸手抓我”。她潜入水中，把一根绳子系在船和她自己之间。为时已晚。4 岁的儿子失去了父亲，她失去了灵魂伴侣。莫顿和孩子留下来了。1987 年前后，当农业产业在海湾站稳脚跟时，莫顿感到了温和的乐观。这意味着出现更多的人、更强大的当地社区。第一个与太平洋三文鱼合作的工厂由洛克菲勒家族建立。

“政府说三文鱼产业对我们的海岸有利。”她说。一些原住民群体与三文鱼公司签署了合同。莫顿是这样回忆事态发展的，“一切看起来都很好，直到虎鲸消失了”。

“嘭”，她一边拍手一边说道。

“鲸鱼研究人员掌握沿海大多数虎鲸的名称和数字代码，我们通过声音、行为和外表来识别它们。”

莫顿认为虎鲸被吓跑了。为了让海豹和虎鲸远离笼子，养殖者在水下使用声波，即所谓的声音骚扰装置。这个装置可以发出相当于喷气式飞机起飞水平的噪声，类似于蚱蜢的高频声音。莫顿说，对于通过声音进行长距离交流的鲸鱼来说，这就像它们的耳朵被针扎了一样。

“有一天，鲸鱼消失了。‘嘭’。”她重复道。

“养殖设施变得更大。藻类大量繁殖。我们发现野生三文鱼身上长满了海虱。我们看到养殖设施里有病鱼。在太平洋三文鱼生活的河流中发现了逃逸的养殖大西洋三文鱼。”

每个例子后面都会有响亮的拍手声。这就是她的生活开始围绕三文鱼展开的原因。

“事情不应该是这样的。有几天的早晨我不想起床。这个问题困扰了我好几年：我现在可以离开三文鱼，回到鲸鱼身边吗?”四周一片寂静，莫顿的目光暗了下来。

“他的死彻底且不可挽回地改变了我。失去所爱之人的震惊仍然萦绕在我的心头。我了解到，你所爱的东西可能在眼前消失。当我们失去罗宾时，我所爱的一切变得更加珍贵。我在其他遭受损失的人身上也看到过同样的情况。”

“结果是这样的：只有当繁殖设施从野生三文鱼最重要的迁徙路线上移走时，我的生活才能继续。”

她与渔业当局关系良好，与省鲸鱼研究人员交流知识。但现在她联系的是别的事情。回音湾的渔民请她写一封关切信。

政府回复：“亲爱的莫顿夫人，没有证据表明……”她说，她给政府、渔民工会和环保组织写了整整一万页的信。

“‘亚历山德拉，你就是我们开门营业的原因！’邮政局长告诉我。”

令人担忧的消息落在两把椅子之间——养殖设施由省政府负责，设施的性质由中央政府决定。

2001 年，莫顿开启了新的篇章。一位熟人提着水桶向她走来。“看！”“看！”水桶里是两条三文鱼苗，上面覆盖着看起来像芝麻的东西。莫顿可以识别三文鱼海虱，但这些“种子”对于她来说似乎很陌生。渔夫绝望地将水桶举向她。

“这不应该是三文鱼海虱。我有一些客人从苏格兰来到这里捕捞三文鱼，因为海虱破坏了三文鱼来源地的捕捞活动。”

莫顿答应去检查。她联系了研究人员并了解到，“种子”是早期的海虱。“我每天都在船上数几条小三文鱼身上的海虱，我拍摄了海虱如何攻击鱼。”

她再次要求政府进行调查。但传闻和沿海渔民的报告并不成立。政府只关注科学期刊上发表的知识。

“当他们没有调查，也没有这些知识时，我决定：我不会打扰鲸鱼，我会给他们证据。”

她收集了长满海虱的三文鱼。她邀请科学家和她住在一起。在实验中，她们发现，受到海虱攻击的鱼苗和小三文鱼死亡后，可能成为捕食者的猎物。她再次要求政府进行调查。

“你能给我们一些样品吗？”

这个答复让她很高兴，说明政府正在处理此事。她自费给政府寄了长满海虱的三文鱼。“然后发生了一件我永远不会忘记的事情。我被指控偷猎。”

她愤怒地说，并猛击手臂。

她改变了策略。令人担忧的报告和对科学文章的贡献都没有任何用处。现在回音湾的房子变成一个研究站——三文鱼海岸野外站，她邀请了新的研究人员。也许政府会听取她们的意见。

谈话转向“行动主义”这个词。我们讨论研究人员如何避免被贴上“激进分子”“野生三文鱼倡导者”“环保主义者”等标签。

“‘激进分子’这个标签是一种统治手段。它会令一个人被质疑是否与现实或科学相关。我们的财政支持受到阻碍，职业生涯陷入停滞，发表的研究成果也被忽视了。”

“好吧，”她重复道，“30 年来，我一直努力保护不列颠哥伦比亚省的海岸。17 年来，我为研究作出了贡献，并且是《科学》等杂志的文章的合著者。我的行动主义之路是由研究铺就的。问题是行业和政府不希望进行这项研究。我是否要成为一名活动家？另一种选择就是变得冷漠，想象自己很无助。”她放下咖啡杯，温柔的脸色变了。

还有其他一些标签让她不舒服。

“我被称为战士、环保女王和圣人。相信你拥有超能力的人期望你使用这种能力。他们说：坚持！因此我要在他们无能为力的时候去战斗？正如我经常被指责为一名受雇的新教徒，受雇于提出反农业议程的富人。”她笑了。

“环顾四周，你就会发现这种说法是多么滑稽。我收集雨水是因为我买不起水泵。只有我！一位没有钱的老太太，定期从认识和不认识的邻居那里获取食物！像我这样的人让这个行业感到困惑。”

“你批评养殖业和政府的监管，但危机的发生不是有很多原因吗？”

“每个人都认识到过度捕捞、伐木、气候变化和污染。但我正在研究我们能做些什么，比如，将养殖三文鱼从野生三文鱼的洄游路线中移除。”

她经常提到研究文章的主题，比如，小三文鱼死于三文鱼海虱、野生鱼类被农业生产中的病毒传染、养殖三文鱼逃逸等。她凭记忆引用了一项研究中的几句话，该研究表明，所有农业国家的野生三文鱼数量都在下降。

2010 年，转机出现了。世界上最著名的三文鱼河流之一的弗雷泽河，河中的野生三文鱼种群锐减。研究人员估计，当年红三文鱼减少了 1,000 万条。一个委员会成立了，即科恩委员会，调查所发生的事情。出庭作证的人中，有一位戴着口罩的研究员克里斯蒂·米勒-桑德斯。

莫顿也提供了证词。这就是她获得数千份文件的方式。

“我将笔记本电脑连接到健身车上，这样我就可以边锻炼边阅读。在这些文件中，我发现渔业管理部门的研究人员对此表示担忧，这就是我发现米勒-桑德斯等人的研究的方式。”

莫顿在文件中发现了鱼类传染性疾病的相关内容，她怀疑养殖三文鱼携带三文鱼贫血症病毒和猪瘟病毒。“然后我与三文鱼海虱斗争了 10 年，突然我意识到了一些事情。”

“你应该回到鲸鱼身边吗?”

“不,”她说,“我应该亲自调查病毒。”

现在，莫顿在病毒研究方面获得了最大的动力。她描述了来自学术界、工业界、政界的反对意见。

“我研究了数千条小三文鱼。它们是如此的美丽，令人难以置信。”她猛击双臂。

“它们有一双深邃的黑眼睛，身体闪烁着银色、绿色和蓝色的光芒。这些小家伙真是太勇敢了。脆弱的它们出海，从照射到水面的阳光收集能量，吃掉浮游生物，而小三文鱼在旅程中收集能量并将其带回海岸，在那里它们也是其他物种的食物。为什么关心三文鱼？如果你呼吸，你就必须关心三文鱼。”

“我对三文鱼的兴趣是一种防御。我梦想看到群岛的鲸鱼、鱼类和人类得到治愈。物种灭绝就像浓雾一样，没有严格的物理界限，突然你就置身其中。我今年63岁了。我只想回到鲸鱼身边。”她说。

令人惊讶的是，她补充道：“现在其他人正在接管。”“叛乱”正在沿海地区的原住民中蔓延。

她说，与该行业的斗争给了他们新的力量。

“我曾在前线作战，现在我属于支持战斗的后勤人员。”

她走到面向大海的窗户前。

“水听器。”她边说边拿起一副耳机。这是她晚上聆听鲸鱼叫声时使用的器具。电缆出墙入海。她识别出了这些信号。她说，她可以听到鲸鱼何时兴奋或害怕，何时吃饭、开始及结束对话，以及它们来到大海深处某个十字路口时发出的声音。夜晚，当一群鲸鱼在女族长的带领下经过时，她仍然知道它们是谁，因为她闭着眼睛坐在扶手椅上，在黑暗中倾听。

32

新鱼种征服新土地

冒险是不安宁的，它必须继续下去。金钱的诱惑，政客的梦想。

农耕之战就是这样向北、向南、向外、向寒冷的方向蔓延。

现在它已经抵达冰岛。

汽车沿着狭窄的道路呼啸而过，穿过开阔的风景。阳光时不时地透进来，黄白色的光芒洒满山谷。大片的田野一望无际，干草捆在绿色的衬托下就像白色的点。很快我们就看到了又长又浅的峡湾，闻到了咸水的味道。孤独的白色房屋在黑暗的风景中矗立。成群的羊长着弯曲的角和缠结的羊毛。从晴天到突然起雾。狂风撕扯着汽车，倾盆大雨敲打着挡风玻璃。

道路蜿蜒通向西峡湾，那里的战斗关乎冰岛的农业，关乎什么对国家重要、什么对生活重要。

我们知道，询问农业问题的挪威人会遭到冰岛人的怀疑。冰岛人想知道我们来进行这项工作，是否拿到了农业行业支付的报酬。据说冰岛国内由农业引发的矛盾尖锐。伯吉森领导冰岛厨师协会对抗峡湾农业已有两年了。后来他们撤回了抗议，并写了一份措辞巧妙的道歉信，引发了他们被施压的传闻。

“你得过一会儿再打电话，”伯吉森正站在河边指导三文鱼渔民，“我整个星期都会很忙。埃里克·克莱普顿要来。”

行驶几个小时后，写有三文鱼名字的标志出现了。在布扎达吕尔，峡湾很安静。在河边待了很多天后，舒尔铎来到这里，他留着胡子，脸颊通红。

“我们正在与风车作斗争。”他一边说，一边呼唤他的狗并与它交谈。

“农业对西峡湾地区的居民来说是件好事，但它却破坏了这里的三文鱼河流。”

来自美国和英国的渔民为持续几天的三文鱼捕捞支付了大笔费用。他们住在漂亮的小屋里，晚餐有三道菜。查尔斯王子、足球运动员大卫·贝克汉姆、电影制片人盖·里奇都会来。甚至挪威国王哈拉尔五世也曾到过这里，专门捕捞三文鱼。这里的河流被认为是世界上最好、最独特且未被破坏的河流之一。

“三年前，我在河里发现了一条养殖三文鱼，”舒尔铎说，很容易认出它，“鳍被击碎了，尾鳍几乎消失了。”

当时他有一种预感——政府希望三文鱼养殖业迅速升级。住在河边的人很紧张，而且人数也不少。三文鱼河的所有者是沿河居住的农民，估计有3,000个农场。这些人的收入的四分之一来自三文鱼捕捞。在冰岛西部，三文鱼捕捞收入甚至更高。现在这个系统正面临压力。它也很脆弱。野生三文鱼的存量是如此小，甚至小到可以放进笼子。

“即使是养殖三文鱼发生的小事故，对于野生三文鱼来说，可能也是致命的。”

直到最近，冰岛政府还在保护野生三文鱼，并禁止在大部分峡湾进行养殖。现在必须打开闸门。

大片的积雪、一个接一个的峡湾、废弃的农场、偶尔出现的教堂。西峡湾的风景崎岖不平。一辆警车躲了起来，它亮着蓝灯追着我们，但我们避免了超速罚单，警察的读卡器在这里不起作用，没有手机信号覆盖。

经过三个小时的车程，第一个三文鱼养殖笼出现了。

接下来出现的是小镇伊萨菲厄泽，坐落在陡峭的山坡之间，镇子里是低矮的房屋。这是周一的深夜，街上空无一人，你可以听到自己的脚步声。这些房屋在几十年前就被保留了下来，当时小镇是靠峡湾捕鱼发展起来的。自那时起，一些变化发生了——“鱼招待会”搬走了，渔获量减少，就业机会减少。

2020 年春天，政府在伊萨菲厄泽开放了农业，这个 75 千米长的峡湾由小峡湾连在一起，是一个很深的峡湾。冷水为浮游生物提供了良好的生存条件，吸引了鱼类、鲸鱼、海豹和鸟类。海洋生物学家称其为“国家的金宝箱”，因为峡湾是幼鳕鱼、黑线鳕和虾的放牧区。咨询公司毕马威计算出，峡湾农业可提供 640 个新的就业岗位。

这座小镇的酒店像一个白色盒子。一家商务酒店可以反映当地的状况——如果酒店设施好，客人多，经济就走上正轨。这里有丰富的菜单和繁忙的大堂，这是个好兆头。酒店老板丹尼尔·雅各布森也是高级民选官员。

“你从哪里来？利勒哈默尔，挪威最好的城市！奥运会期间我就在那里，在越野滑雪中获得了第 38 名。”他用瑞典语打招呼。

他指着山腰。时值 8 月，那里还有雪，这里的滑雪季节很长。

“这里的农业不再是一个想法，而是已经开始。”他说。

“这里已经‘冷’了 20 年，现在房价却在上涨。100 多人从事这项事业。”

几年前，他被安排到挪威学习。他与挪威皇家三文鱼公司的人员进行了交谈，该公司在这里设有办事处，并安排他在阿尔塔的一家工厂熏制三文鱼6个月。

“我想在这里的养殖业发展壮大之前赶快学习。”他说。

他的电话铃声响起，他用手指坚决地轻敲了一下，拒绝了来电。

他是个“狂热分子”，浅色的头发向各个方向竖起。他拥有小镇需要的能量。他是那种认识每个人、促成事情发生、放慢年轻人向大学城进军步伐的人。经济必须运转起来，每个工作场所都很重要。这样一来，首都的环保主义者谈论生态系统和环境影响，或者河流沿岸的人们对养殖三文鱼的恐惧，就都变得不那么重要了。在雅各布森看来，三文鱼养殖纯粹是常识，必须利用自然资源。

“我们向挪威学习，”他说，“来自冰岛的三文鱼品牌将成为一种特别的东西——更高品质的三文鱼，在更美丽的峡湾中按照严格的环境要求和最好的认证标准生产。我们离美国更近了。”

远处的街道上有一家挪威人开的餐馆。“老板是挪威人，他的名字叫斯坦·奥维，”雅各布森说，“我知道他在城里。不久前他来这里吃过午饭。”

三文鱼需要寒冷、干净的峡湾。环境恶劣的冰岛峡湾城镇需要新的就业机会。

在三文鱼产地，最好的峡湾已被占领。气候变化使水变暖。它为三文鱼提供的氧气更少，压力更大，海虱繁殖得更快。

在挪威西部，海虱的增长速度正在放缓——在某些地区，政府要求减少海虱的数量。在加拿大，环保活动人士和原住民正在减缓养殖业的扩张速度。

农业被挤出核心地区，转向更寒冷、更艰苦的地区和水域。对石油的追逐将石油公司推向程度更深、更肮脏的独裁统治，而三文鱼公司则将养殖推向外部地区的极限。

在智利，这条路通向一个神话般的自然地区，原住民居住在冰川与峡湾之间。

那里的水很清澈，疾病携带者较少，需要的抗生素也较少。

在阿根廷边境也发生了一场“战斗”，环保活动人士称开放农业是“一个将令人永远遗憾的历史错误”。该国最南端的省份于2021年颁布了三文鱼养殖禁令。在挪威，农业之战发生在像维加这样的地方，以及拥有稀有物种的巴尔斯峡湾。慢慢地，养殖业的重心正在向北转移，转向芬马克郡。

冰岛野生动物基金会发言人乔恩·卡尔达尔提出了反对意见。“我意识到我们拥有多少野生的、未被破坏的自然环境，以及它对旅游业的重要性。所有这一切都可能面临风险。”他说。卡尔达尔遇到了钓鱼者，并被他们的承诺所感动。钓鱼让他们更接近自然。

当卡尔达尔成为发言人时，他说："你必须停止谈论'三文鱼养殖'。你应该说'开放式网箱养殖三文鱼'。那就是问题所在。"

不同的批评者，不同的策略。热情的亚历山德拉·莫顿、原住民酋长爱纳斯特以及疯狂的、幽默的唐·斯坦尼福德。

冰岛人争论技术解决方案、统计数字和经济。卡尔达尔重新定义了这场争论，它不是支持或反对食物，也不是支持或反对就业和三文鱼养殖。这是关于技术的选择。旧式农业是生态系统的一部分，而新型农业将海虱拒之门外，将逃亡者锁在里面，收集排放物和海虱毒药。

但这是我们普通人无法决定的，不是吗？还是由政治家决定？是的，在加拿大确实如此。2025 年，所有农业活动都必须在封闭设施中进行。

"我们必须反对那些通过表格看整个世界的人。"卡尔达尔说。他说，90%的冰岛农业公司为外国公司所有。挪威公司拥有大量股份。"这些公司没有向冰岛缴纳过所得税。"他指出。这些公司将利润转移到了税收政策对自己更有利的国家。

他还认为，令人不安的是，放入笼中的三文鱼是来自挪威的大西洋三文鱼。这种鱼是一个外来物种，与冰岛鱼不同。他指出，挪威政府禁止养殖非挪威原产的三文鱼。现在外来鱼很快就会逃跑。其中一些会逆流而上，与冰岛野生三文鱼交配。

由于全球变暖和夏季干燥，这里的野生三文鱼已经减少。卡尔达尔担心利润丰厚的三文鱼旅游业可能会消失。

“最糟糕的是我们不需要三文鱼养殖，”他叹息道，“我们从其他国家了解到，这将损害经济的重要组成部分，如旅游业和农业。三文鱼养殖工作处于劳动力市场的底部。我们不需要更多的低收入工作。”

2015 年，冰岛养殖三文鱼产量为 3260 吨。政府已开放生产 32 倍的产量。根据其他国家的经验，冰岛海洋研究所估计，每年约有 85,000 条养殖三文鱼从笼子里逃走。这比冰岛野生三文鱼的全部数量还要多。

伊萨菲厄泽酒店的对面是一座灰色砖房，曾经是一家银行。现在“北极鱼”公司已经搬到这里了。我们敲了敲门，见到了斯坦因·奥维·特维滕，他是一位穿着白色运动鞋的年轻男子。他会说哈当厄尔方言，但在海于格松为挪威皇家三文鱼公司工作了几年后，他开始使用海于格松语，该公司还拥有“北极鱼”公司 50%的股份。

他解释说，他来这里是为了“发展生意”。“冰岛农业经历了不同的发展阶段，这是第三次浪潮。”第一次尝试失败了，但现在他和整个行业有了更大的信心。

他提到了三个因素。第一，三文鱼市场形势良好，价格连续几年居高不下，利润丰厚。这里生产三文鱼的成本更高，因为三文鱼在冷水中生长得更慢，但只要价格高，市场形势依旧很好。第二，这里有更好的技术。寒冷的、波涛汹涌的大海需要良好的设备，但人们已经在芬马克尝试并开发了解决方案。第三，拥有资金和技术的挪威公司也参与其中。

“以正确的方式做到这一点很重要。”特维滕强调。他希望“按照自然条件”工作。他说，环境要求很严格，所有三文鱼必须获得水产养殖管理委员会的生态标签；对笼子底部的测量要求也更加严格，而且他的公司保留了二氧化碳账户。

“冰岛三文鱼应该是一个利基市场。”特维滕解释道。

“讲述关于寒冷的北极气候、纯净的自然、良好的环境条件的故事”。冰岛三文鱼应该吸引挑剔的顾客。

在旧银行的地下室里，我们坐在没有窗户的砖墙后面。当我们说话时，感觉到特维滕左右为难。他表示，自己希望业务完全透明，但也必须谨慎行事。谈论三文鱼可能是一个雷区，他害怕人们以这种视角看待三文鱼养殖——“挪威人要靠冰岛的三文鱼致富”。

“我是暂时留在这里，”他指出，“冰岛人将会接手。我是 55 名员工中唯一的挪威人。”

他说，冰岛人阅读挪威报纸并翻译最糟糕的报道。

“有时，这里的养殖业比挪威更强大，”他转身问道，“你要写什么？”

我们说这本书不是“支持或反对农业”，它是要找出事情为什么会变成现在这样的原因。该行业已经发展了几十年，与任何新行业一样，它也面临着问题。一个新的行业会尝试，也会失败，它需要指导、框架和限制才能积极发展。与业内人士进行公开对话是一种解放——不再与那些捶胸顿足、认为这个行业是童话故事或抱怨媒体的育种者进行讨论。“兴趣”这个词可以用来指一切，但它的真正含义是一种被低估的品质，意味着人们会倾听、尝试理解和学习。特维滕拥有这种品质。

“小心驾驶。”当我们告别时他说道。埃里克·克莱普顿离开了。

“钓鱼很艰难，我钓到的东西并不多。”厨师伯吉森坐在阿苏姆河边的小屋里，讲述自己如何在农业界尽人皆知。“我站在河边钓鱼。突然它咬了一下钩，但我感觉有什么奇怪的。我钓过数百条三文鱼，但这次不同。它没有挣扎。它只是任由自己被拉进去，好像它就是一个塑料袋。”

伯吉森第一次钓到了养殖三文鱼。事后，他感到空虚。接下来的一周——2018 年——他得知冰岛厨师协会有了新的主要赞助商阿纳拉克斯，即冰岛领先的三文鱼养殖者。伯吉森感到不安。他是第一位参加博古斯世界烹饪大赛的冰岛人，此前曾在冰岛厨师协会工作了 25 年。现在他感到自己的良心受到了拷问。

“我必须决定自己的立场。”他回忆道。

他最终在社交媒体上写了一些东西。他写到，自己从厨师协会退休，“然后一切变得疯狂起来”。

压倒性的支持、愤怒的泡沫——这一切都对他不利。其他一些厨师也支持他，并退出了冰岛厨师协会。

除此之外，还发生了一些神秘的事情。

厨师们取消了与阿纳拉克斯的协议，但发表了一份新闻稿并道歉。冰岛厨师协会写到，我们“对阿纳拉克斯受到不公平的批评感到遗憾”，“养殖三文鱼在世界各地都被使用，它是一流的食材”。

行业媒体报道称，厨师们“在骚乱后，被阿纳拉克斯要求道歉”。但当我们问他时，伯吉森否认了这一点。

“你从哪里得到那个说法的？我从来没有道歉过。”

他要求我们与厨师协会主席比约恩·布拉吉交谈。他是新闻稿的签署人。当我们打电话时，布拉吉并不是特别感兴趣。

“那个东西？它是旧的。”

他不会回答他们是否受到诉讼威胁的问题。他说，“当时的处境是困难的”，“阿纳拉克斯与律师进行了交谈，我们也与自己的律师进行了交谈，我们找到了最好的解决方案”。没有什么可说的，他总结道。

从伊萨菲厄泽镇出发，我们驱车穿过一条6千米长的隧道，隧道漆黑且只有一条车道。汽车在石头路上颠簸，沾满了泥土。现在，绿色的山脉变得雄伟壮观，悬崖陡峭得令人眼花缭乱。一个不愉快的想法闪现：如果你开车掉下去，没有人会知道，汽车将消失在深处。一辆汽车的前部被撞坏了。黑羊渴望地凝视着前方。

一座被风吹拂的村庄，建有教堂和旅馆。午餐餐厅供应鸡蛋和培根，顾客显得冷酷且粗鲁。码头是阿纳拉克斯总部所在地。我们没有预约，但也许有人有空？

门开着，接待处空无一人，弥漫着旧湿袜子的味道。一个男人睡在沙发上。他起身查看老板（挪威人）是否有空。

“不，”他说，“他戴着耳机坐着，门关着。他可能正在与挪威老乡交谈。”

我们前往远处的房子等待，那是一个关于海怪的博物馆。

“这里是海怪的圣地。”柜台后面的男子解释道。这些怪物源自当地人的描述，类似于野猪、恐龙、食人鱼和鲸鱼。

我们询问是否有人拍过这些怪物的照片。

“是的，我的祖父，”他在柜台后面说道，“他用电线架起了一台带有自拍定时器的相机。第一次拍摄时，拍下了一个没有看到摄像机但试图偷钢丝的农民。第二张照片是一只被践踏的羊。但在第三张照片中他终于得到了海怪。他把这卷胶片送到雷克雅未克冲洗，不幸的是，它消失了。”

回到阿纳拉克斯，我们只见到一个年轻人。“别问我。我什么都不知道，”他说，“我是新人，刚从雷克雅未克来上班。”说完他关上了我们面前的门。

在小镇帕特雷克斯费尤尔杜尔，距离养殖笼子更近了。港口里弥漫着鱼腥味，周围都是垃圾。一座破旧的建筑被赋予了一个闪闪发光的新标志——“阿纳拉克斯”。这里的人们想要工作是很容易理解的。这些农业社区有一些共同点：寂静、冷风、海水的味道、被风吹拂的房屋。每个峡湾都有自己的名字，虽然互相矛盾但相似。批评者说，这是开放式与封闭式笼子之间的问题，但还有更多的利益冲突，例如河流所有者与峡湾居民、农民与实业家、现实与可能的未来、中心与外围、保守主义与自由主义、增长与保护。与我们所知和所拥有的相比，未来是未知的。

去雷克雅未克的路上，下雨了。一开始轻轻地、轻轻地，雨水滴在车窗上，像有节奏的鼓点。然后就好像有什么东西被打开了，一切都涌了出来。

33

反思

我们驯养鱼，我们仿佛培养了一个新物种，把这个新物种放入大海。

驯服三文鱼的故事就是这样开始的，随后还发生了许多奇妙的事情。

在开放式设施中，我们养出的新鱼种成为沿海生态系统的一部分。与此同时，人类的养殖场规模越来越大，数量越来越多，海洋生态系统发生了变化。海虱随海水漂流，钻进三文鱼体内。在三文鱼的养殖笼子里，海虱大量繁殖，甚至连从笼子旁边游过的野生三文鱼幼鱼也会遭到攻击。

在对抗海虱的过程中，人类动用了毒药，然而这些毒药的效力并不局限于海虱。这让人们不禁担忧：这些海域里的龙虾、大虾等海洋生物又会受到怎样的影响？在三文鱼养殖过程中，化学药品的过量使用已导致海虱产生抗药性，引发了人们的恐慌。为了驱除海虱，养殖户尝试用热水冲洗三文鱼，结果是，海虱虽被高温吓退，三文鱼也因极度恐慌而大量死亡。

人们在海岸边捕捉濑鱼，然后把它们放进笼子。据说这是一种更环保的灭杀海虱的方法，但是濑鱼经常生病和死亡，于是养鱼户需要更多、更干净的濑鱼，濑鱼养殖也开始了。

一切都在进行中，而问题必须在出现时得到解决。就像多米诺骨牌一样，一件事接着另一件事。但是当我们注意到这些问题时，往往为时已晚。

所有的三文鱼必须依靠人工和大自然来喂养。但是，野生三文鱼的鱼油吸收了来自全世界工业的大量环境毒素。我们也没有足够多的野生鱼来制造鱼饲料喂养养殖三文鱼。于是，我们开始用植物生产三文鱼饲料。随之而来的是土地和雨林势必被清除，以腾出空间建造大片农田。大豆种植使用了杀虫剂，其中一部分杀虫剂最终会进入饲料。所有东西必须借助货轮漂洋过海，这导致了温室气体的排放。

每一种解决方案都可能引发新的问题。

人类养殖的三文鱼逃走了。它与野生三文鱼交配，削弱了本来就很脆弱的原始的野生三文鱼种群。于是，一种不育的“三倍体”鱼诞生了。这种鱼经常畸形，也常常因意外产生的各类伤口而死亡。

为了保护野生三文鱼，养殖场需要减少海虱的数量。每一种海虱处理方法都削弱了养殖鱼类的体质，导致其大量死亡。

我们可以看到，寿司在世界各地的城市出售，而制作寿司所用的三文鱼是用飞机运输的。飞机排放二氧化碳，温室气体排放量增加。

三文鱼养殖户富裕起来了，其他人也更挑剔了。挪威政府和三文鱼养殖者不得不为自己辩护，宣传取得的一切成就：健康食品、就业、可持续发展、“蓝色革命”、国家的未来以及满足世界人民的口腹之欲。

这个关于养殖三文鱼的故事，讲述了对一个复杂系统的干预，以及出人意料的所有后果的产生过程。

人类的一项发明造就了一项新发明诞生的必要性，而新发明必须修复前一项发明。诗人沃尔特·惠特曼曾经说过：“每一个成功的果实，无论它多么圆满，都将带来一些需要我们进行更大的战斗才能解决的问题。”

就拿蜗牛来说吧。1936年，非洲大蜗牛通过邮件或旅客行李来到夏威夷。它缓慢但肯定地逃离了原产地，并开始繁殖。夏威夷以蜗牛闻名，大约有750种蜗牛。现在，外来的巨型蜗牛也是其中之一。但这种新蜗牛很贪婪，它啃食植物和建筑，把灰泥当早餐。人们又恐慌了，现在该怎么办？巨型蜗牛的敌人出现了——食肉蜗牛被引入夏威夷。一个入侵物种要消灭另一个，但是食肉蜗牛过着自己的生活，没有去理会非洲大蜗牛。相反，它吃掉了夏威夷当地的蜗牛，将它们吞噬殆尽。据估计，夏威夷90%的蜗牛物种已经灭绝。人们在实验室里喂养了蜗牛“乔治”14年，希望拯救这个物种。人们纷纷来看望“乔治”，直到它厌倦了，作为最后一个物种安静地睡着了。没有人类的帮助，大多数物种无法长途跋涉。查尔斯·达尔文深知这一点。在他的“物种起源”理论中，每个物种都起源于一个特定的地方。“分散的限制”是生物多样性的原因，也是世界千变万化的根本原因。

想想欧洲椋鸟。

它之所以被引入美国，是因为莎士比亚戏剧中的一个单词。来到纽约的德国移民尤金·席费林读过莎士比亚的《亨利四世》。剧中，叛军霍次普尔幻想用狡猾的方法折磨国王。他在剧中说道：“哼，我会找来一只椋鸟，教它只会说‘莫蒂默’这仨字儿，然后把它送给他（国王），整天叫，气死他。”席费林非常喜欢这位英国戏剧家，于是萌生了将莎士比亚提到的所有鸟类带到美国的想法。1890年，他在中央公园放飞了欧洲椋鸟。它们在当地鸟类无法抵御的生态系统中生活和繁殖。如今，美国有4500万至2亿只欧洲椋鸟。欧洲椋鸟被称为瘟疫，成群结队地攻击果树和庄稼。

新西兰的麦考利岛位于澳大利亚与南极洲之间，岛上有绿色的悬崖峭壁，经常笼罩在浓雾之中。该岛似乎是一处世外桃源。1985 年，有人试图杀死岛上所有的猫，目的是拯救岛上的鸟类，因为它们快要被引进的猫杀光了。但我们记得，作家约翰·缪尔曾经在《山间夏日》中写道:“当我们试图将某个事物单独挑出来时，我们发现它与宇宙中的其他事物是息息相关的。”因为你杀了猫之后，还会有一连串因为猫消失而产生的问题。

1978 年被带到岛上的兔子可以无拘无束地繁殖了。它们跳来跳去，遇到什么吃什么。人们试图用一种致命的兔子病毒来消灭兔子。但后来，剩下的猫开始捕食海鸟，而不是兔子。于是，这个可怜的小岛的生态系统崩溃了。

如果我们篡改了大自然的组成部分，就相当于启动了机器。很少有人意识到，世界的经济增长和繁荣也会导致地球变暖、两极解冻和洋流变化。我们无法理解的是，工业化产生的废物和不断出现的化学物质最终会进入海洋，在食物链中累积，并导致人类不孕和发育障碍。

现在回想起来，人类的行为太天真了。生态系统看起来如此简单。在这里作出改变，人为地“抹去”一个物种，引进另一个物种，会出什么问题呢？生态学教授弗兰克·埃格勒曾经谈道:“生态系统不仅比我们想象的更复杂，而且比我们能够理解得更复杂。”任何一个微小的错误可能会在日后造成严重的后果。

从我们驯服动物并开始饲养驯化动物开始，我们就与生活在身边的物种发生了冲突。我们饲养鸡、羊和牛，但狐狸叼走了鸡，狼、貂熊和猞猁叼走了羊，甚至牛也遭到了攻击。我们修建了滑雪栅栏，牧羊人照看牲畜，我们还安装了电网。但这还不够，因为掠食者不断来袭。于是我们改变策略，改变生态系统，猎杀狼、貂熊和熊。

后来，人类学会了选择不同的解决方案。例如，公鸡和母鸡被关进了封闭的谷仓，它们不再被狐狸捕食，不再是生态系统的一部分。绵羊则被允许在夏天自由活动，从而不断受到攻击。这对养羊人来说是一场灾难，并引发了年复一年的畜牧业内部的激烈冲突。

有些人认为，三文鱼养殖应该走人类培育和获取鸡肉的老路。三文鱼可以在陆地和海洋中的封闭设施中生长。在那里，三文鱼可以免受海虱的侵害，也无法逃跑，化学物质、药物、病鱼、粪便和饲料都被收集在封闭笼子的底部。当与生态系统分离时，三文鱼及其周围的物种都会受到保护，免受无法预测和控制的人类行为及其后果的影响。

1936年，被称为现代社会学奠基人的罗伯特·金·默顿分析了“意外后果”的概念。为什么人类总是做一些自己没有意识到后果的事情呢？

默顿曾经说过，人类行为是会被人为误导的。人类虽然最初知道自己选择了什么，但选择造成的结果可能是奇怪的、意想不到的和错误的。为什么这种情况会一再出现？我们的价值观，包括文化、宗教和经济价值观，都会被自身的行为所蒙蔽。有时候，我们会因为匆忙而作出错误的选择。我们不得不临时作出选择，凭直觉行事，结果却弄错了。还有一些时候，我们不了解自己所处的系统。它们可能很复杂，我们无法对其进行分析。事后，人们会说："早知如此，何必当初。"然而，此类评估效果也需要反复进行实践和验证。我们不仅需要时间，而且需要知识，需要花钱才能获得研究成果。另外，我们也会错误地分析当下的事实，我们错误地认识今天，也不可能正确地认识明天。我们可能认为在昨天行之有效的方法，明天同样有效，却不知道条件已经发生了微妙的变化。

默顿还说过，"当我们对某种结果有强烈的渴望时，就会对这种结果之外的其他结果产生盲点"。

是的，很多意想不到的结果看似神秘且难以预测。

在默顿的分析中，我们可以了解到，人类是作为可以作出选择的行动者出现的。要想作出正确的选择，人类必须克服恶习，如匆忙、一厢情愿、准备不足和无知。

在即将完成本书的写作时，我们看到了 1993 年的一份报告。该报告由全国科学技术伦理研究委员会撰写。我们很惊讶，研究会早就了解这一切吗？该报告引用了谢沃尔德的观点。他认为，在三文鱼研究及人工养殖三文鱼的历史中，“人类尚未掌握操作如此复杂的大规模生物实验的方法”。他认为，必须缩小人工养殖三文鱼的生产规模，按照更严格的环境要求进行监管，许可证制度必须与生物学研究相协调，而不是由那些搞砸了事情却仍能连任的政客设计。谢沃尔德论述的许多问题今天依然如故。

全国科学技术伦理研究委员会则认为，用通常可用作食物的鱼喂养三文鱼的制度是不可持续的。委员会指出了这种制度对环境、养殖三文鱼逃逸、野生三文鱼感染和药物释放的影响。三文鱼养殖业是在“没有相应的职业道德规范的情况下”被大规模引入的。委员会提供的一份报告称，除三文鱼养殖之外的其他畜牧业有道德准则，且农民“对畜牧业的态度各不相同”。该份报告批评说，挪威三文鱼养殖业的许可证是根据网箱的容量而不是一定数量的鱼来发放的，“这种做法肯定不利于鱼类福利和动物保护”。

委员会自问道：“一项最初充满希望的技术开发怎么会导致如此不可预见的后果?”委员会想知道研究人员是否失败了。科学家是否可以将失败归咎于无能的政治。他们指出了“众所周知的人性弱点”。人们被一厢情愿的想法所引导，高估了管理流程的能力，低估了负面影响，忽视了警告信号。委员会写道：“我们所作的选择总是充满了不确定性，但当这些选择没有历史依据，没有足够的知识基础，或者违反了基本准则和价值观时，它们就变得不负责任了。”这与罗伯特·金·默顿的研究不谋而合。委员会指出，人们和社会机构的行为“在新的或不寻常的情况下往往不够理性”。这同样适用于“我们知之甚少且无法预测的自然进程”。该份报告似乎对即将出现的问题发出了警告，甚至几乎预见了这些问题。

人类该如何补救呢？解决办法就是更加谨慎。哲学家苏格拉底曾说过，只有意识到自己所知甚少的人才是最聪明的。在他的时代几千年后的20世纪70年代，这种思想作为一项原则再次出现。它来自德语“Vorsorgeprinzip”（风险预防），该词语后来成为英语中的“预防原则”，在挪威语中亦被称为“预防原则”。“预防原则”是一种人类社会对自然灾害、全球变暖和酸雨的预警式自动反应。该原则的目的是为人类社会提供一种对未来可能发生的灾难和破坏的强有力的保护和防御机制。

如果一次行动、一项干预措施、一种技术、一条新鱼的效果不确定，人类社会就应遵循“预防原则”，应该选择与此保持一定的距离，并且将应用限制在一定的程度之内，以确保其安全性。

尽管有时人类把自己想象成无所不能的存在，但仍然非常需要一种条件反射，谨慎地对待我们的奇妙想法，以保护自身的发展，保护大自然。

34

寻觅最后的秘密天堂

"天堂仍然存在。"

这是我们收到的一封电子邮件的标题。发件人名叫特里格沃·鲍勃，他是一位著名的研究员、教授，也是狂热的野生三文鱼垂钓者，他既受到养殖业的尊敬，又受到养殖业反对者的尊敬。让我们继续阅读这封邮件。

> 你们必须到更远的北方去，那里的河流尚未被养殖业和水力发电公司干扰，那是我们在这个时代所能见到的未被开垦的原生态地区。祝你们旅途愉快！但要记住，一定要保守我们之间的这个秘密。

我们打开邮件的附件，那是一幅手绘地图。

这个世界还是那么神奇吗？还能见到在夕阳下觅食的麋鹿吗？还能见到野生三文鱼在银光闪烁的河流中，不受任何阻碍地游到上游产卵吗？还有尚未被人类染指、控制的地方吗？显然，这是一种天真的想法。人类的影响无处不在、无所不及。被人类开垦的大自然越多，人类就越怀念那些未被开垦的原始地带。

在北极漫长冬季的夜晚，当我们走进古老的森林，或突然看到猫头鹰的眼睛，或仔细查看地图时，这种冥冥梦想在血管里搏动。但是对这种感觉还有另一种解释。我们阅读了有关三文鱼生长河流的文章，并考察了那些地方，读过关于人类对生态系统造成的影响的报道，多年以后人们认识到，那些单调的、苍白的、悲观的报道，没完没了地展现在我们面前。

大自然有自己的轮回，但我们读到的退化往往是由于人类的破坏所致。文章中的一些语句是极有道理的：地球上一些物种灭绝的速度比其自然消失快1000倍。

你可能会想，正像伊丽莎白·科尔伯特在《第六次大灭绝》里所讲的：“现在，对于我们来说，就是现在的这个非凡时刻，我们正在作出决定，其实我们根本不知道自己在做什么，哪些进化途径将保持畅通，哪些将永远被关闭。很遗憾，它将是我们留下的最持久的后遗症。”

请闭上眼睛，屏住呼吸，我们收到了一封电子邮件，邮件上说，“一直向北方去就能看到这种景象”。神奇的景象仍然存在，荒凉的原野仍然存在。

这就是我们的目的地——芬马克郡。我们来到了普桑格峡湾，这里汇聚了三条让挪威骄傲的河流：鲑鱼河、斯塔布什河和伯什河。正是这几条河流受到了来自伦敦、纽约和迪拜的野生三文鱼垂钓爱好者的青睐。我们在租赁的汽车的全球定位系统中输入了“Edes hage”（艾登花园），欢笑着驶向前方。

儿时记忆中的河流以及在沃索消失的河流，将在这里被发现。此时的气温是 9 摄氏度，天阴沉沉的，天空中飘落着薄薄雨雾，路上看不到任何车辆。向前行驶了 10 千米，第一次看到前方有一个移动的目标，那是一只流浪狗。又向前行驶了 6 千米，看到一群驯鹿横穿马路。此后行驶了几十千米也没见到人影、房子和小木屋。没有加油站、小卖部，没有出售汉堡包、盒装寿司和其他小吃的商店。矮小的桦树林在风的吹拂下慢慢地舞动，白色的树干晃动，铜绿色的树叶不停地摇曳。

汽车收音机和手机都没有了信号。我们看到道路的东侧有一条深深的沟壑，它是在冰川时期形成的，曾经是河流的发源地。我们停了下来，被这里的旖旎风光迷住了，蚊子在风的吹动下对我们构不成什么骚扰。

向北，继续向北行驶。我们进入了一片铺满细沙、石块儿和几千年山体挤压形成的岩石块儿的地区。这里有灰棕色细沙堆积的小山丘，它呈波浪状，看似柔软。

在另一些地方能看到水渍层，那里的沙石仍然是海平面下降时留下的沉积物。这里曾是远古时的海滩。我们行驶了不久，展现在眼前的仍是碎石。道路蜿蜒崎岖，延伸入地平线，好像突然从高处跌入深谷。我们终于来到海边。

我们看见一只雄鹰在碎石上空盘旋，海水呈现如绿松石一般的碧绿色。

我们在峡湾最里面的分岔处，见到了指向企业所在地的路标。这里就是养殖业建立的鱼苗培育场。那里的建筑看起来像是一座座体育馆。我们没看到人影，房屋也很少，只有显示通往莱瑞、格里格和美威这三家公司的标牌。

我们在朋友的指引下继续前行，行驶到一个浮动的码头旁停了下来，周边停泊着几艘小游艇。我们将背包装上一只小船。当我们的船驶离码头时，首先展现在面前的是巴伦支海。如果刮西风的话，将会把船吹到俄罗斯；如果吹南风的话，将会把我们带到斯瓦尔巴德群岛。很幸运，风力减弱了，我们慢慢地驶进了峡湾。

船主突然指向水面高呼："看，海豚！"一头黑灰色的、柔软的海豚呈新月形露出水面，然后消失在海水中。海平面像铺上了一层锡箔纸，又像是一块银灰色地毯，水面上的涟漪很像动画片里的画面。"看，鼠海豚（又称短吻海豚）！"船主又一次指向海面。这是一头小海豚，它们习惯在沿海海域活动，特别是在河流入海口附近游弋觅食。此时我们的兴趣高涨起来。

我们在海湾深处减缓了船速，棕红色的悬崖在东边若隐若现，海湾西岸的山坡被绿色植被覆盖，海水清澈透明。当船的发动机关闭后，这里呈现出一片寂静，没有一点响声，连刮风的声音都听不到。我们背着双肩包，小心翼翼地踩着湿滑的鹅卵石向前行走。我们会将钓到的鱼作为餐食。汗水湿透了衣服。我们几乎没看见蚊子。经过一段跋涉，我们终于来到山上的制高点。我们的背后是大海，前面是一片高原。我们刚刚走过的地方是什么呢？是一个巨大的湖泊，是下面河流的发源地，是野生三文鱼、海鳟鱼和虹鳟鱼的家乡。正像那位退休教授说的，这里是未被开垦的原生态区域。30 多年来，老教授像隐居者一样，年年独自来此钓鱼。

这就是他曾经讲过的“天堂”。

这条河流比我们想象的漂亮。我们的目光慢慢地跟踪着水流，当水流从湖边的一个峡谷流出的时候，我们的心跳加快了。这条河从这里起源，水流形成一个瀑布，雷鸣般地倾泻而下，下面的水闪烁着绿色的光。此后，河水变得平缓许多，流向白桦树覆盖的小岛周边，然后流入一个深色池塘。河流像一串镶嵌宝石的项链。

站在高处，我们可以看到河水流入大海。可是由于地势变化，河流进入峡谷，消失了，但在不远处河流又闪着银光出现了。令人感到不可思议！我们策划到这样的地方来，已有半年的时间。我们跪在长满野生蓝莓的草地上，一边喘着气，一边凝视前方。这里弥漫着浓重的山林和沼泽的气味。就是这里，原生态大自然仍然存在！我们透过望远镜欣赏着周边的风光。

那边绿色的东西是什么？我们眯缝着眼睛会看得更清楚。眼前的景象使我们的情绪爆发了。那绿色的东西是帐篷！它被搭建在距河流仅几米远的地方。而后，我们又看到一顶蓝色的帐篷，一顶接着一顶，沿着河岸搭建，这里简直是一个宿营地。我们甩掉肩上的背包，飞快地顺着斜坡跑下去。接下来，我们见到了他们，他们是垂钓者。他们从帐篷里钻了出来，径直走向河流的上游。这条天堂般的河流太小了，两岸站满了垂钓者。当我们走进他们中间时，说话有些结巴了。我们变得如此渺小。我们想询问他们钓到多少条野生鲑鱼、来到这里多长时间了，都没能说出口。我们只能礼貌地摘下帽子点头与其告别，并向下游走去。

由于现在水位比较低，人们很难钓到鱼。但是在教授发给我们的地图上，我们看到 1 千米以外有一处他标记的地方。我们气喘吁吁地赶到那里。在灌木丛覆盖的小山丘上，我们看到了那个水潭，水潭看起来十分美丽。

仅仅几秒钟以后，眼前的景象再次令人震惊。这里也有钓鱼的人。我们看到三个人，其中一人在我们到来时正在“遛鱼”，这是垂钓者的术语，即大鱼上钩后，先让其在水中消耗体力，然后才能成功地将其拉上岸。

看到这些，我们真的泄气了。我们开了很久的车，穿过整个挪威，又乘船来到峡湾的入海口，然后翻山越岭，看到的却是人满为患，简直没有地方可去，没有一条河可供垂钓。寻觅未被人类触及的大自然的人，简直太可怜了！

在我们面前，那位垂钓者成功地将鱼拉上岸，这条鱼肥硕、漂亮，有五六千克重。

“到河流最后一个深水区去。”年长的垂钓者说，在那里可能会钓到更多的鱼。

我们赶紧往前走，去看看那个深水区的情况。这个狭长的深水区的拐弯处，距大海不远。

可是，那里也有人垂钓。此时我们遇到了管理员，实在打不起精神与他对话。他解释道，我们周围的垂钓者都是芬兰人。芬兰一本户外运动杂志上的一篇文章，介绍了“原始的芬马克”是垂钓鲑鱼的天堂。

当我们返回营地时，又遇到一位手提一条硕大鲑鱼的芬兰人，此时又有一些帐篷搭建起来。见到这种情景，我们放弃了寻觅“天堂”的计划，因为“天堂”已经人满为患了。于是我们讨论下一步该怎么办。我们还知道另一条秘密的河流。到那条河去，要翻越一座小山，徒步需一天的路程。但当我们告诉芬兰人时，我们泄气了，因为他们正是从那条河走过来的。他们在那里没有立足之地，显然，他们被人冒犯了。

当手机有了信号后，我们给鲍勃教授发了信息，告诉他，我们这次旅行是徒劳无益的，他非常沮丧。他回复说："我料想，这个'天堂'的消失是时间早晚的问题。"他补充道："那个'天堂'是一点点被蚕食的。"最后他把挪威哲学家彼得·维塞尔·扎普夫的一句话发给我们，"狒狒的脚板能为我们通向坟墓开辟道路"。

在三文鱼养殖业兴起初期，鲍勃是鱼类兽医。他经历了海虱肆虐的时期，当三文鱼心脏破裂及被发现疾病时，养殖户曾寻求他的帮助。当其他人眼望银光闪闪的养殖三文鱼奇迹时，他却捧着死掉的三文鱼进行解剖研究。

"作为动物的代言人，我必须要讲出来。"他在专业杂志和媒体上说。当他谈到将活鱼在清水中进行清洗时，声音有些颤抖。他谈到，将三文鱼投入温水进行清洗，鱼表现得惊慌和恐惧。此时此刻，他握紧拳头敲打桌子。他敦促所有兽医和具备实践科学知识的人，都要站出来为此发声。

他并不是反对养殖产业的人，与此相反，他的一生都在这个产业中工作。他说，我们必须真正做些实际工作，不要因为道德上的顾虑而彻夜难眠。

后　记

我们看到，渔业大臣有一个梦想。他认为，我们应该像法国人对待自己的葡萄酒一样，为自己养殖的三文鱼感到骄傲。可是有些人却说，直到人们对其进行深入研究之前，水产养殖业是世界上最好的产业。那么我们今天看到了什么呢？我们看到的是一种多病的三文鱼，遭受越来越多的伤害和各种病毒的侵扰，以及在生产过程中大批死亡。养殖网箱里生存着太多的海虱，以至挪威政府要求整个行业减产，但遭到养殖户的反对，并将政府告上法庭。

与此同时，我们看到反对养殖浪潮的迹象已经显现。阿根廷南部已明文规定禁止养殖三文鱼。美国华盛顿州也同样禁止养殖三文鱼。在加拿大，许多地区的养殖场被迫撤离，或关闭养殖设备。在智利，示威群众焚烧汽车轮胎，敲打挪威国王的汽车。在挪威，年轻人身着印有三文鱼图案的服装走上街头，示威者在政府渔业部门外举行抗议集会。尽管政府的广告宣传已经深入幼儿园，可是年轻的挪威人已经对吃三文鱼失去了兴趣。三文鱼养殖产业的信誉在下降。批评不仅来自反对养殖业的人士，而且来自兽医研究所的专家、国家食品监管局、经济犯罪侦查局、国家审计局以及在该产业工作的兽医。尽管如此，养殖户仍然赚得盆满钵满，越来越多的人成为富翁。面对扑面而来的批评声，他们重金聘请了律师、说客、公关顾问，并且资助进行科研。渔业大臣要求人们为养殖业感到骄傲，可是这种骄傲是不能用金钱买到的。

耶德莱姆和养殖业先驱梦想着进行一场“蓝色革命”，寄希望于人们在海洋里生产出更多的食物。但是，当一个智利研究团队近期询问这种蓝色转型是否已经实施时，他们已经朝着错误的方向走去。

与此同时，养殖技术不断变革，脱离了曾经的开放式网箱，转向了海上的巨大的三文鱼工厂以及陆地上的封闭式养殖设施。如果有大型海产养殖集团参与，并摒弃水产养殖业制定的政策，发展速度会更快。

还有另一种选择。在法罗群岛，养殖户被允许放生一些三文鱼，但数量并不像挪威那样多。这意味着照顾到每一条鱼，使其健康成长。国家食品监管局认为这样做可以照顾到鱼的福利，早在1993年，全国科学技术伦理研究委员会就明确指出了这一点。

在加拿大，贾斯廷·特鲁多政府要求水产养殖必须在封闭的网箱中进行。这样，三文鱼的养殖被隔离在海水之外，海虱的传播被阻断，也防止养殖三文鱼逃逸，同时，养殖产生的粪便垃圾必须收集再利用。资深三文鱼养殖人士阿特勒·埃德认为，挪威必须实行同样的政策。

美威公司和挪威养殖业曾经制定了一个“零逃逸、零海虱、零资源浪费”的愿景蓝图。遗憾的是，这个世界最大的养殖企业的倡议遭到了来自挪威水产联盟的批评，挪威政府部门对此也持消极态度。

世界上的一些养殖者先行一步，他们主动清除鱼饲料中的有毒物质，降低网箱里养殖鱼的密度，为三文鱼提供更好的活动空间，投喂更多的海产饲料，淘汰有害的化学物质，用电池取代柴油发动机，确保所有三文鱼的质量符合标准。这种三文鱼是我们愿意购买的，我们走进商店，首先查看其产地，选择质量最好的，然后带着自豪感享用。

然而，今天我们别无他选。商品包装上除了标明“半片三文鱼剔骨肉”，很少有进一步的说明。超市出售的是挪威三文鱼，可能是任何一种挪威三文鱼。它们是产自三文鱼死亡率为29%的养殖场，还是产自死亡率只有3%的养殖场呢？它们是否感染过病毒？它们身上是否曾有溃疡，或表皮布满海虱？它们是否是“三倍体”鱼？它们是否以焚烧热带雨林而种植的大豆为饲料呢？我们不得而知。

那么，法国的葡萄酒现在怎么样了呢？酒瓶上只标明酒庄的名字。我们可以去那里参观。现在也不再标明“法国葡萄酒”，只印着产地的名字，如阿尔萨斯、勃艮第、波尔多、香槟、罗讷河谷等。法国葡萄酒不像从前那样出名了，因为法国葡萄酒厂商尽可能地增加产量、降低价格，以获取最大利润为目的。其实，葡萄酒最初是由修道院的修道士酿造的，他们专注于酒的质量和口感。这个传统仍然存在，葡萄酒有着非常严格的衡量标准。

今天，挪威的三文鱼就像消费者买到的美国肉鸡，或其他经基因技术繁殖的、成批生产的产品；同时，应从养鸡产业学习点什么。最初，一些人说："我们的肉鸡质量很好，鸡生活得也不错。"他们将这些内容编入宣传广告。于是，各个生产厂家在动物福利方面相互攀比。这样会促使他们在维护动物福利方面做得更好。

那么，三文鱼养殖业如何能做到这些呢？首先要做到的是能跟踪所有生产环节，使每一条生产链做到透明。公布所有养殖场的三文鱼死亡率，对那些成绩优秀的企业予以嘉奖，这是有可能实现的。塞马克公司已经着手这样做了，可是渔业局却对三文鱼死亡率守口如瓶。

挪威政府遵循一个信条——国家应该回避，保证企业盈利。当全世界都重视动物福利、气候变化和食物质量时，挪威政府的这一做法是消极的。必须为养殖产业配套奖励措施，历史证明，光靠市场是无法解决环保、动物福利、气候变化和企业信誉等问题的。

挪威国家食品监管局必须掌握一切资源，控制三文鱼养殖全过程，必须拥有权力制止暗箱操纵生产，如提高水温消杀海虱、培育“三倍体”鱼和“清洁鱼”。国家食品监管局在法庭上必须与养殖业的律师处于平等地位。

国家机关必须维护自己的信誉。有些人扮演着双重角色，其中包括政府大臣、行政管理人员和科研人员，这样会失去人们的信任。如果对“产业友好型”管理的热情过于强烈，就会被质疑政府与产业的关系过于密切。半官方机构——如水产联盟和科研理事会——应该划归独立于企业的国家机构或成为企业下属机构。

如果三文鱼要成为“气候友善的食品”，必须尽快减少废气排放量。多个国家的海洋专家建议，“避免用飞机运输三文鱼”。只有这样做，那些想成为“气候友好型”的企业才有前途。

养殖业资深人士塔拉尔·斯沃森于2014年写道，水产养殖业必须获得“社会契约的合法性”。他认为，养殖业需要符合法律规定，这样做也是为了社会能够享有出租公共土地或海洋所产生的一部分收益。当企业被允许使用全民拥有的土地与海洋时，就应当承当起一份社会责任。

50年后的今天，三文鱼养殖业依然如故，就像谢沃尔德说的那样，它仍然是一项“复杂的生物学实验”。三文鱼养殖者遇到的挑战是，在与社会及大自然的和谐相处中找到自己的位置。在此之前，农民、渔民和工业工人已经做到了。养殖业首先要从挪威的峡湾里生产出干净的、可持续发展的三文鱼，才能像法国葡萄酒一样驰名世界。

参考文献

Nettsteder, avis–og tidsskriftartikler er redegjort for i kildelisten.

Almås, Karl (mfl.). *Norges muligheter for verdiskaping innen havbruk.* Utred–ning fra arbeidsgruppe for havbruk oppnevnt av Det Kongelige Norske Videnskabers Selskab og Norges Tekniske Vitenskapsakademi, 1999.

Alvial, Adolfo (mfl.). *The Recovery of the Chilean Salmon Industry.* Rapport.

Verdensbanken, 2012.

Bagley, Marlene Furnes. *Fjørfeboka.* Fagsenteret, 2002.

Bakke–Jensen, Hanna Kristie. *Å kjenne lakselusa på* gangen. Masteroppgave i organisasjon og ledelse, UiT Norges arktiske universitet, 2019.

Balcombe, Jonathan. *I hodet på en fisk: Alt du ikke visste om våre slektninger under vann.* Vega, 2017.

Barlaup, Bjørn T. (red). *Vossolaksen–bestandsutvikling, trusselfaktorer og tiltak.* Utredning 2004–7. Direktoratet for naturforvaltning, 2004.

Barlaup, Bjørn T. (red). *Redningsaksjonen for vossolaksen 1-2013.* Direktoratet for naturforvaltning, 2013.

Berman, Marshall. *Allt som* är *fast förflyktigast*, Arkiv, 1995.

Berge, Aslak. *Opp som en bjørn: Historien om Pan Fish.* Octavian, 2004. Bjørnstad, Andreas Sveen. *Matsikkerhet som handelsbarriere.* Masteroppgave,

Universitetet i Oslo, 2013.

Brekk, Lars Peder (mfl.). *Evaluering av primærnæringsinstituttene.* Norges forskningsråd, 2018.

Bugge, Annechen Bahr og Alexander Schjøll. *Forstudie om nedadgående norsk sjømatkonsum.* Oppdragsrapport 5/2018, Forbruksforskningsinstituttet SIFO.

Børresen, Bergljot. *Fiskenes ukjente liv.* Transit, 2007.

Carson, Rachel. *Den tause våren.* Tiden, 1963. Cermaq. *Sustainability Report 2020.* Cermaq, 2021.

Changing Markets. *Fishing for Catastrophe.* Changing Markets Foundation, 2019.

Cohen, Bruce. *The Uncertain Future of Fraser River Sockeye–Final Report.*

Government of Canada, 2012.

Costello, Christopher (mfl.). *The Future of Food from the Sea.* World Resour–ces Institute, 2019.

Det Norske Bibelselskapet. *Bibelen 2011.* Verbum.

EFSA. *Scientific Opinion on health benefits of seafood (fish and shellfish) consumption in relation to health risks associated with exposure to methyl-mercury.* EFSA panel on Dietetic Products, Nutrition and Allergies. EFSA Journal 2014.

EFSA. *Risk for animal and human health related to the presence of dioxins and dioxin-like PCBs in feed and food.* EFSA Panel on Contaminants in the Food Chain. EFSA Journal 2018.

EFSA FEEDAP Panel. *Scientific opinion on the safety and efficacy of ethoxy-quin (6-ethoxy-1,2-dihydro-2,2,4-trimethylquinoline) for all animal species.* EFSA Journal 2015.

Ernst & Young. *The Norwegian Aquaculture Analysis 2019.*

FAO. *Ethoxyquin.* I *Pesticide residues in food 2005.* Report of the Joint Mee–ting of the FAO Panel of Experts on Pesticide Residues in Food and the Environment and the WHO Expert Group on Pesticide Residues. Food and Agriculture Organization of the United Nations, 2005.

FAO. *The State of World Fisheries and Aquaculture 2018–Meeting the sustai-nable development goals.* FAO, 2018.

FAO. *The State of World Fisheries and Aquaculture 2020. Sustainability in action*. FAO, 2020.

FAO/WHO. *1969 Evaluations of some pesticide residues in food*. Felles møte for ekspertkomite fra FNs organisasjon for ernæring og landbruk og Ver–dens helseorganisasjon, Roma 1969.

Fauske, Merete. *Nøkkeltall fra norsk havbruksnæring 2020*. Fiskeridirektoratet, 2020.

Finstad, Terje. *Våte drømmer: Konstruksjonen av en genetisk modifisert fisk i Norge på 1980-tallet*. Masteroppgave i tverrfaglige kulturstudier, NTNU Trondheim, 2007.

Fiskeri–og kystdepartementet. *Om gjennomføring av råfiskloven og fiskeeksportloven i 2005 og 2006*. St.meld. nr. 13, 2007–2008.

Fiskeri–og kystdepartementet. *Gjennomføring av råfisklova og fiskeeksportlova i 2007 og 2008*. St. meld. 8, 2009–2010.

Fiskeri–og kystdepartementet. *Gjennomføring av råfisklova og fiskeeksportlova i 2009 og 2010*. St. meld. 16, 2011–2012.

FNE. *Interpone Requerimiento en contra de Biomar Chile S.A. y otras*. Fiscala

Nacional Economica, 2019.

Foer, Jonathan Safran. *Eating animals*. Hamish Hamilton, 2009.

Fosen tingrett. *Påtalemyndigheten mot Lerøy Midt AS*. Dom avsagt 7.6.2019. Foss, Johan G. og Hans U. Hammer. *Frøya fiskeindustri gjennom 50 år*. Frøya

Fiskeindustri AS, 1997.

Garseth, Åse (mfl.). *Kardiomyopatisyndrom (CMS) hos laks*. Veterinærinsti–tuttet, rapport 1–2017.

Goethe, Johann Wolfgang von. *Faust. Tragedie i to Dele*. Gjendiktet av P. Hansen. Gyldendals forlagstrykkeri i København, 1929.

Giertsen, Johan mfl. *Granskingsutvalgets uttalelse: Forskning på spredning av laksevirus*. Nasjonalt utvalg for gransking av redelighet i forskning, 6.4.2011.

Goethe, Johann Wolfgang von. *Faust. En tragedie*. Gjendiktet av André Bjerke. Aschehoug, 1999.

Gjedrem, Trygve. *Oppdrett av laksefisk (fisk som husdyr)*. Landbruksbokhandelen, Ås–NHL, 1975.

Gjedrem, Trygve. *Oppdrett av laks og aure*. Landbruksforlaget, 1979.

Gjedrem, Trygve. *Akvaforsk i nasjonal og internasjonal akvakultur*. Akvaforsk, 2007.

Gjedrem, Trygve (red.). *Oppdrett av laks og aure*. Landbruksforlaget, 1979. Gjein, Harald. Årsrapport 2015–*Mattilsynet*. Mattilsynet, 2015.

Greaker, Mads og Lars Lindholt. *Grunnrenten i norsk akvakultur og kraftpro-duksjon fra 1984 til 2018*. Statistisk sentralbyrå, 2019.

Greenberg, Paul. *Four Fish–The Future of the Last Wild Food*. Penguin, 2010.

Greenpeace. *A Waste of Fish–Food security under threat from the fishmeal and fish oil industry in West Africa*. Rapport, juni 2019.

Gruben, Maren Hestetun. *Etterspørsel etter laks*. Masteroppgave. Universitetet i Oslo, 2007.

Grytten, Ola. *Blom fiskeoppdrett: Ny-haugiansk entreprenørskap innen akva-kultur*. Fagbokforlaget, 2017.

Habermas, Jürgen. *Borgerlig offentlighet*. Gyldendal, 1971.

Haldorsen, Anne–Katrine Lundebye. *Toxicology of synthetic antioxidants EQ, BHA, BHT and their metabolites retained in the fillet of farmed Atlantic salmon*. Sluttrapport. Forskningsrådet, 2011.

Hallin, Daniel C. *The Uncensored War*. Oxford University Press, 1986. Hallingstad, Finn (red.). *Skretting i hundre: 1899–1999*. T. Skretting AS, 1999.

Hallström, Elinor (mfl.). *Näringsinnehåll, oönskade* ämnen *och klimatavtryck av odlad lax–en vetenskaplig sammanställning*. Oppdragsrapport for Fiskbranschens Riksförbund, 2020.

Hammer, Hans U. *I fremste rekke i 40 år: Fiskeoppdrettsnæringa på Hitra*. Hitra havbrukslag, 2000.

Hammer, Hans U. *Havbruksnæringas historie på Nordmøre*. Kystmuseet i Sør–Trøndelag, 2012.

Hansen, Tom (mfl.). *Oppdrett av steril fisk*. Rapport 13–2012. Havfors–

kningsinstituttet, 2012.

Hanssen, Olav (mfl.). *Rapport om registrering av fiskeoppdrettsanlegg i 1974 og 1975*. Fiskeridirektoratets havforskningsinstitutt, 1976.

Harrison, Ruth. *Når dyr blir maskiner*. Johan Grundt Tanum, 1965.

He, Ping og R.G. Ackman. *Ethoxyquin and its oxidation products in fish meals, fish feed and farmed fish*. Research report 1998–7. International Fishmeal & Oil Manufacturers Association, 1998.

Helland, Leif. *Grenser for segmentering?* Makt–og demokratiutredningens rapportserie 1998–2003.

Henriksen, Edgar (mfl.). *Bruk av permitteringer og utenlandsk arbeidskraft i fiskeforedling: Deskriptiv statistikk og kvantitativ og kvalitativ analyse*. Nofima, 2017.

Hiorth, Finngeir. *Makt*. Universitetsforlaget, 1975.

Hjeltnes, Brit (mfl.). *Fiskehelserapporten 2018*. Veterinærinstituttet, 2019. Hochschild, Arlie. *Strangers in Their Own Land*. The New Press, 2018. Hoegh–Guldberg, Ove (mfl.). *The Ocean as a Solution to Climate Change–*

Five Opportunities for Action. Report. World Resources Institute, 2019.

Hovland, Edgar (mfl.). *Over den leiken ville han rå. Norsk havbruksnærings historie*. Fagbokforlaget, 2014.

Hume, Stephen (mfl.). *A Stain Upon the Sea: West Coast Salmon Farming*.

Harbour Publishing, 2004.

Høviskeland, Hans Tore (mfl.). *Rømt oppdrettsfisk*. Riksadvokatens arbeids–gruppes rapport, 2008.

Ibsen, Henrik. *Peer Gynt: Et dramatisk digt*. Gyldendal, 1928. Ione, Amy. *Art and the Brain*. Brill, 2016.

Jensen, Arne (red.). Å dyrke havet: Perspektivanalyse på norsk havbruk. Rap–port fra NTNFs planleggingsgruppe for havbruk. Tapir, 1985.

Johnsen, Geir og Mona Lindal. *Laksefeber: Nordnorsk fiskeoppdrett gjennom 35 år*. Orkana, 2006.

Johnsen, Per Fredrik (mfl.). *Nasjonale ringvirkninger av sjømatnæringen i 2019*. Menon–publikasjon 98, 2020.

Jones, Simon og Richard Beamish (red.). *Salmon Lice: An Integrated Approach to Understanding Parasite Abundance and Distribution.* Wiley–Blackwell, 2011.

Julshamn, Kåre (mfl.). Årsrapport 2003: Overvåkingsprogram for fôrvarer til fisk og andre akvatiske dyr. NIFES, 2004.

Kaiser, Mathias (mfl.). *Oppdrettslaks–en studie i norsk teknologiutvikling.* Den nasjonale forskningsetiske komité for naturvitenskap og teknologi, 1993.

Kant, Immanuel. *Werke.* Königlich Preussische Akademie der Wissenschaf–ten. Berlin, 1902.

Kibenge, Fred og Carey Cunningham. *Joint report Cunningham & Kibenge*

December 2010. Sakkyndiguttalelse til granskingsutvalget.

Kjøglum, Sissel (mfl.). *Milepælsrapport: Storskala produksjon av triploid laks under kommersielle forhold.* Fiskeridirektoratet, 2016.

Kolbert, Elizabeth. *Den sjette utryddelsen–en unaturlig historie.* Mime, 2016. Kommunaldepartementet. *På rett kjøl: Om kystens utviklingsmuligheter.*

Stortingsmelding 32, 1990–1991.

Kristiansen, Bernt og Odd Strand. *Statsmakt mot laksepionerer–overgrepene mot dem som startet eventyret.* Corvus, 2002.

Kurlansky, Mark. *Salmon.* Patagonia, 2020. Lenth, Lars. *Brødrene Vega.* Kagge, 2015.

Lerøy jr., Hallvard og Johanne Grieg Kippenbroeck. *Det beste fra havet gjen-nom hundre år.* Hallvard Lerøy AS, 1999.

Lien, Marianne. *Becoming Salmon.* University of California Press, 2015.

Lindahl, Håkon. *Fem måltider inn, ett måltid ut.* Rapport. Framtiden i våre hender, 2018.

Lundeberg, Heidi. *Soya i norsk fôr–Forbruk og arealbeslag.* Rapport. Framti–den i våre hender, 2018.

Lynas, Mark. *The God Species.* Fourth Estate, 2012.

Maclean, Norman. *A River Runs Through It.* The University of Chicago

Press, 1976.

Marx, Karl. *Det kommunistiske manifest og andre ungdomsskrifter*. Oversatt av Tom Rønnow mfl. De norske Bokklubbene, 2005.

Mattilsynet. *Rapport: Kadmium-saken. 8. mars–10. juni 2005*. Intern evalue–ringsrapport. 31.1.2006.

Mattilsynet. *Legemiddelkampanjen 2015–2017*. Sluttrapport etter Mattilsynets tilsynskampanje på legemiddelbruk i oppdrettsnæringen. Mattilsynet, 2018.

MFRI. *Risk of intrusion of farmed Atlantic salmon into Icelandic salmon rivers*.

MFRI Assessment Reports, 2020.

Miljøverndepartementet. *Om vern av villaksen og ferdigstilling av nasjonale laksevassdrag og laksefjorder*. St.prp. nr. 32, 2006–2007.

Miller, David. *Thinker, Faker, Spinner, Spy*. Pluto Press, 2007. Milton, John. *Det tapte paradis*. Aschehoug, 1993.

Misund, Bård (mfl.). *Grunnrenteskatt i havbruksnæringen–kunnskapsgrunnlag*. Rapport nr. 88. FHF, 2019.

Mjåset, Christer. *Legen som visste for mye*. Gyldendal, 2008. Morton, Alexandra. *Listening to Whales*. Ballantine Books, 2002.

Morton, Alexandra. *Not on My Watch*. Penguin Random House, 2021. Mowi. *Integrated annual report*, 2019.

Mueller, Martin Lee. *Being Salmon, Being Human*. Chelsea Green, 2017. Muir, John. *My First Summer in the Sierra*. Houghton Mifflin, 1911.

Måge, Amund (mfl.). Årsrapport 2005. *Overvakningsprogram for fôrvarer til fisk og andre akvatiske dyr*. NIFES, revidert versjon, 2006.

Nestle, Marion. *Food Politics: How the Food Industry Influences Nutrition & Health*. UC Press, 2002.

Nestle, Marion. *Unsavory Truth: How Food Companies Skew the Science of What We Eat*. Basic Books, 2018.

NHO. Økonomisk overblikk 2/2018. Tema: Skatt i en globalisert verden.

Næringslivets hovedorganisasjon, 2018.

Nordby, Trond. *Korporatisme på norsk 1920–1990*. Universitetsforlaget,

1994. Norges Sjømatråd. *Fiskespiseren*. Innsiktsrapport om den norske sjømatkon–sumenten, 2018.

Norsk Industri. *Veikart for havbruksnæringen*. Norsk Industri, 2017. Norsk Veterinærhistorisk Selskap. Årbok 2014.

NOU. *Kapitalbeskatning i en internasjonal økonomi*. Norges offentlige utred–ninger 2014:13.

NOU. *Skattlegging av havbruksvirksomhet*. Rapport. Norges offentlige utred–ninger 2019:18.

Nærings–og fiskeridepartementet. *Verdens fremste sjømatnasjon*. St.meld. 22, 2012–2013.

Nærings–og fiskeridepartementet. *Forutsigbar og miljømessig bærekraftig vekst i norsk lakse-og ørretoppdrett*. St.meld. 16, 2014–2015.

Olafsen, Trude (mfl.). *Verdiskaping basert på produktive hav i 2050*. Rapport fra arbeidsgruppe oppnevnt av Det Kongelige Norske Videnskabers Sel–skab (DKNVS) og Norges Tekniske Vitenskapsakademi (NTVA), 2012.

Olsen, Pål Gerhard. *Pinse*. Gyldendal, 2004.

Olsen, Terje Antero. *Triploid laks: Produktegenskaper og omdømmeperspektiver*. Masteroppgave i fiskeri–og havbruksvitenskap. Norges fiskerihøgsko–le, 2015.

Olson, Mancur. *The Logic of Collective Action*. Harvard University Press, 1965. Oltedal, Audgunn, og Kristin Aalen Hunsager. *Inn i genalderen*. Det Norske

Samlaget, 1988.

Oreskes, Naomi og Erik Conway. *Merchants of Doubt*. Bloomsbury Press, 2010.

Osland, Erna. *Bruke havet. Pionertid i norsk fiskeoppdrett*. Det Norske Samla–get, 1990.

Otterdal, Magne (mfl.). *Gullegg–Historien om Aquagen og genetikkens betyd-ning for akvakulturen*. Blue Frontier Media AS, 2017.

Pettersen, Ivar (mfl.). *Havbruksnæringens fotavtrykk: Lakseoppdrett, effektiv matproduksjon i tre dimensjoner*. FHF, 2016.

Poppe, Trygve (mfl.). *Hjerte-rapporten: Rapport om hjertelidelser hos laks og regnbueørret.* Utarbeidet av Brit Tørud (Fiskehelsa BA) og Marie Hille–stad (BioMar), 2004.

Poppe, Trygve (red.). *Fiskehelse og fiskesykdommer.* Universitetsforlaget, 1999.

Raknes, Ketil. *Lobbyspeak–understanding the rhetoric of lobbyists.* UiO (upublisert doktorgrad).

Raknes, Ketil og Bård Vegar Solhjell. *Jakta på makta.* Gyldendal, 2018. Refseth, Gro Harlaug (mfl.). *Miljørisiko ved bruk av hydrogenperoksid.*

Økotoksikologisk *vurdering og grenseverdi for effekt.* Rapport: 8200–1. Akvaplan–niva AS, 2016.

Regnskogsfondet og Framtiden i våre hender. *Salmon on soy beans–Deforestation and land conflict in Brazil.* Rapport, 2018.

Reve, Torger og Amir Sasson. *Et kunnskapsbasert Norge.* Universitetsforlaget, 2012.

Riksadvokaten. *Rømt oppdrettsfisk.* Riksadvokatens arbeidsgruppe, 2008. Riksrevisjonen. *Riksrevisjonens undersøkelse av havbruksforvaltningen.* Doku–ment 3:9, 2011–2012.

Robson, Peter. *Salmon Farming: The Whole Story.* Heritage House, 2010. Rokkan, Stein og Bernt Hagtvet (red.). *Stat, nasjon, klasse.* Universitetsforla–get, 1987.

Sandvik, Kjersti. *Under overflaten: En skitten historie om det norske lakseeven-tyret.* Gyldendal, 2016.

Sandvik, Kjersti. *Laksefeber.* Kapabel, 2020.

Sayer, M.D.J. (red.). *Wrasse: Biology and Use in Aquaculture.* Wiley–Black–well, 1996.

Scott, James C. *Against the Grain–A Deep History of the Earliest States.* Yale University Press, 2017.

Shelley, Mary. *Frankenstein.* Kagge, 2005.

Skåre, Janneche Utne. *The synthetic antioxidant ethoxyquin (6-ethoxy-2,2,4-trimethyl-1,2-dihydroquinoline): Studies on its biological dispo-sition and interaction with a hepatotoxic agent in the rat.* Doktorgradsav–handling. Universitetet i Oslo, 1980.

Skutlaberg, Marie E. og Birger Linga. *Det er her me bur–lokalt engasjement, globalt perspektiv. 40 år med Lingalaks.* Lingalaks AS, 2018.

Solberg, Tor. *Sluttrapport for Vossolauget–2008–2019.* Vossolauget. Norce, 2019.

Sommerset, Ingunn (mfl.). *Fiskehelserapporten 2020.* Veterinærinstituttet, 2021.

Statens legemiddelkontroll. *Terapianbefaling: Behandling mot lakselus i opp-drettsanlegg.* SLK–publikasjon 2000:02.

Statsministeren. *Om Maktutredningen.* St.meld. nr. 44, 1982–83.

Stefánsson, Gunnar, Bruce J. McAdam og Kevin A. Glover. *Report of the independent committee reviewing the methodology, risk assessments and aquaculture carrying capacity analyses performed by the Marine and Fresh-water Research Institute in Iceland.* 2020.

Stubholt, Liv Monica (red.). *Hav21: FOU-strategi for en havnasjon av format.*

Forslag til nasjonal marin utviklingsstrategi. HAV21, 2012.

Strøksnes, Morten. *Hva skjer i Nord-Norge.* Kagge, 2006.

Stuchtey, Martin (mfl.). *Ocean Solutions That Benefit People, Nature and the Economy.* World Resources Institute, 2020.

Sunstein, Cass. *Republic.com 2.0.* Princeton University Press, 2007.

Svele, Helena. *Miljøgifter i produkter.* Rapport fra Framtiden i våre hender, 2015.

Stien, Lars Helge (mfl.). *Første samlerapport: Velferd for triploid laks i Nord-Norge.* Havforskningsinstituttet, 2019.

Stien, Lars Helge, Geir Lasse Taranger (mfl.) (red.). *Risikovurdering norsk fiskeoppdrett 2014.* Fisken og havet. Havforskningsinstituttet, 2015.

Sæther, Knut Erik (mfl.) (red.). *Straff og frihet: Til vern om den liberale retts-stat.* Gyldendal, 2019.

Thomassen, Petter (mfl.). *Havbruk: En artikkelsamling.* Universitetsforlaget, 1985.

Thoreau, Henry D. *Week on the Concord and Merrimack Rivers.* Houghton, Mifflin and Company, 1891.

Thorstad, Eva B. (mfl.). *Status for norske laksebestander i 2020*. Rapport. Viten–skapelig råd for lakseforvaltning, 2020.

Tiller, Carl Frode. *Innsirkling 3*. Aschehoug, 2015.

Ulseth, Otto. *Glad laks: Historien om SalMar.* Gyldendal, 2016.

Ulstein, Heidi (mfl.). *Evaluering av Norges sjømatråd*. Menon–publikasjon 30, 2014.

UNCTAD. *A Case Study of the Salmon Industry in Chile*. Forente nasjoner, 2006.

Ustad, Odd. *Måsøval fiskeoppdrett AS gjennom 40 år*. Vindfang, 2013. Vangsnes, Ella Marie Brekke. *Erfaring*–vår framtid. AS *Bolaks 1975–2010*. AS

Bolaks, 2010.

Verdensbanken. *Fish to 2030. Prospects for Fisheries and Aquaculture*. Rapport.

FAO og Verdensbanken, 2013.

VKM. *Et helhetssyn på fisk og annen sjømat i norsk kosthold.* Vitenskapskomi–teen for mattrygghet, 2006.

VKM. *Benefit-risk assessment of fish and fish products in the Norwegian diet–an update*. Vitenskapskomiteen for mattrygghet, 2014.

Wells, Spencer. *Pandora's Seed: The Unforeseen Cost of Civilization*. Allen Lane 2010.

Whitman, Walt. *Leaves of Grass*. Whitman Archive, 1871.

Wiesener, Anders. *Påvirket «Science»-saken etterspørselen etter fersk laks i EU*. Masteroppgave, Universitetet i Tromsø, 2006.

Wilson, Edward O. *The Social Conquest of Earth*. Liveright, 2012.

Winther, Ulf (mfl.). *Greenhouse gas emissions of Norwegian seafood products in 2017*. Sintef Ocean, 2020.

Young, Nathan og Ralph Matthews. *The Aquaculture Controversy in Canada*.

UBC Press, 2010.

Ystanes, Karl. *Bolstadelva–laksefiske i 200 år*. Bolstadelva elveeigarlag, 2019. Ytrestøyl, Trine (mfl.). *Sluttrapport: Effekt av fôr, temperatur og stress på pigmentering i laks*. Nofima. Rapport nr. 24, 2019.

Øvreås, Stig Hovlandsdal. *Jakten på det sølvblanke gullet. Historien om Osland havbruk: 50 år med fiskeoppdrett i Høyanger kommune*. Finurlig forlag, 2013.

Aars, Sophus. *Fortællinger om jagt og fiske*. Gyldendalske Boghandel, Nordisk forlag, 1910.